浙江省高职院校“十四五”重点教材
城市轨道交通专业系列教材
新形态教材

城市轨道交通
供配电技术

主　编　李　明　付　杰　许　丛
副主编　包超峰　徐瑾昊　开博扬　谭　超

内 容 提 要

本书以轨道交通类专业学生的就业为导向，遵循职业院校学生的认知规律，针对轨道交通供电系统的特点，对基础理论知识、供配电主要设备、供配电系统结构、系统运行进行介绍，囊括了城市轨道交通供电系统基本知识，主要包括：城市轨道交通供配电系统认知、城市轨道交通供配电主要设备、城市轨道交通照明、城市轨道交通供配电线路、架空接触网与接触轨、供配电系统安全技术、供电系统运行管理与事故处理。

本书可作为高职高专院校轨道交通供配电技术、机电一体化技术、轨道交通机电技术、轨道交通车辆应用技术、轨道交通运营管理等相关专业教材，也可作为地铁员工的培训教材和相关专业人员的参考用书。

图书在版编目（CIP）数据

城市轨道交通供配电技术 / 李明, 付杰, 许丛主编 ; 包超峰等副主编. -- 天津 : 天津大学出版社, 2024.1

浙江省高职院校“十四五”重点教材　城市轨道交通专业系列教材、新形态教材

ISBN 978-7-5618-7617-6

Ⅰ. ①城… Ⅱ. ①李… ②付… ③许… ④包… Ⅲ. ①城市铁路－供电系统－高等职业教育－教材②城市铁路－配电系统－高等职业教育－教材 Ⅳ. ①U239.5

中国国家版本馆CIP数据核字(2023)第213756号

出版发行　天津大学出版社
地　　址　天津市卫津路92号天津大学内（邮编:300072）
电　　话　发行部:022-27403647
网　　址　www.tjupress.com.cn
印　　刷　天津泰宇印务有限公司
经　　销　全国各地新华书店
开　　本　787mm×1092mm　1/16
印　　张　14
字　　数　315千
版　　次　2024年1月第1版
印　　次　2024年1月第1次
定　　价　49.80元

前　言

近年来,我国轨道交通取得了巨大发展,城市轨道交通迅猛推进。本书根据我国城市轨道交通行业发展现状,结合轨道交通机电技术、城市轨道交通车辆应用技术、机电一体化技术、轨道交通供配电技术等专业人才教育理念和培养经验进行内容设计与编排。本书各个学习单元下设若干模块,部分模块下又包括学习目标、知识储备、知识加油站、学习效果检测等内容,每部分都有微课视频和电子题库,辅助学生进行线上或线下学习。我们在教材体系设计中借鉴了德国行动教学中的步骤,因此本书具有如下特点。

1. 凸显城轨行业新发展,突出职业教育特色

本书引入行业新技术、新规范,体现行业前沿的创新成果和经验。我们从职业能力分析入手,进行充分的调查研究,充分了解企业对岗位职业能力的基本需求,使教材具有较强的职业性。

2. 融入课程思政元素,注重价值引领

本书融入了教师多年的教学经验和企业导师工作实践经验,深入挖掘岗位所蕴含的思政元素。教材中渗透"中国系列"元素:如从电力工业发展史的角度,从以认识我国电网电压等级等基础知识为切入点到了解我国特高压电能传输技术;知识加油站中提及的轨道交通系统电压均为我国地铁供电模式,从而使学生建立文化自信;在教材中引入的标准、图例均为 GB 或 GB/T 系列标准,时刻培养学生爱国情怀和民族自豪感。教材将实时融入课程思政元素,将"电气中国"理念引入教材和课程。

3. 新形态立体化设计,丰富教学手段。

本书将传统的纸质形式与信息化教学资源相结合,进行新形态立体化设计,提升学生学习兴趣,提高学生学习效率。

4. 导入数字化信息,实现线上线下混合式教学

书中加入大量二维码,可提高学生学习兴趣,提升课堂教学的效果及趣味性,并为学习者提供移动教学服务,亦可为教师线上线下混合式教学的开展提供帮助,有效提升育人成效。

5. 模块丰富,生动有趣

本书中穿插"知识加油站"等丰富的内容,将相关知识点生动地展现出来,使学生轻松愉快地学习。

6. 提供电子题库，用于同步检测

本书每个任务均附有同步练习，学生通过扫描二维码，可自主检测学习效果。

7. 提供电子课件，用于巩固学习

本书配有教学视频及习题，学生可扫描封底二维码自行下载，便于课后巩固。

本书配有电子课件，教师可登录天津大学出版社官网“资源下载栏”下载。

本书由浙江交通职业技术学院李明、付杰、许丛任主编，包超峰、徐瑾昊、开博扬、谭超任副主编。

在本书的编写过程中很多同行都给予了帮助和指导，同时我们还参阅和借鉴了大量文献、论文、规范和书籍，在此特向这些资源的作者表示衷心的感谢。

由于供配电技术发展迅速，理念日新月异，虽然在编写时力求做到内容全面、通俗实用，但由于编者水平有限，书中难免存在疏漏和不当之处，敬请各位同行、专家和广大读者批评指正。

编者

2023 年 10 月

资源索引

目　　录

学习单元1

城市轨道交通供配电系统认知

【案例导读】

2013年3月30日晚7时许,深圳地铁3号线龙岗爱联站往双龙方向一列列车驶入塘坑站,到站之后,工作人员进入车厢清客。一些乘客下车后原地等候,站台上很快挤满了人。工作人员告知列车无法继续运行,请乘客改乘公交车。由于当天正下着雨,现场比较混乱。

直至晚上10时,深圳地铁官方微博发布信息:多次持续雷暴及强风天气,造成地铁3号线高架段龙岗爱联站供电电缆故障,3号线调度控制中心及时组织客运调整,运营公司立刻组织抢险,迅速排除故障,深圳地铁3号铁全线已恢复正常运行。

思考:地铁供电系统的主要作用有哪些?

模块1.1 城市轨道交通供电系统

城市轨道交通供电系统是城市轨道交通总系统中的一个重要组成部分,它的有效运行是城市轨道交通总系统安全可靠运行的重要保障。本模块是城市轨道交通供电系统认知的核心部分。

【学习目标】

(1)掌握城市轨道交通供电系统的结构。

(2)掌握供电系统向牵引变电所的供电方式。

(3)掌握城市轨道交通供电系统的运行方式。

1-电力系统的组成

【知识储备】

1.1.1 供电系统的组成

1.1.1.1 电力系统的组成

大多数发电厂建在能源基地附近,往往离用户很远,需要经长距离输配电。为了减少输电损失,一般要经升压变压器升压,而用户使用的电压一般是低压,因此最后要经降压变压器降压。

由发电厂的发电机、升压及降压变电设备、电力网及电力用户(用电设备)组成的系统统称电力系统。图 1-1-1 是从发电厂到电力用户的送电过程示意图。

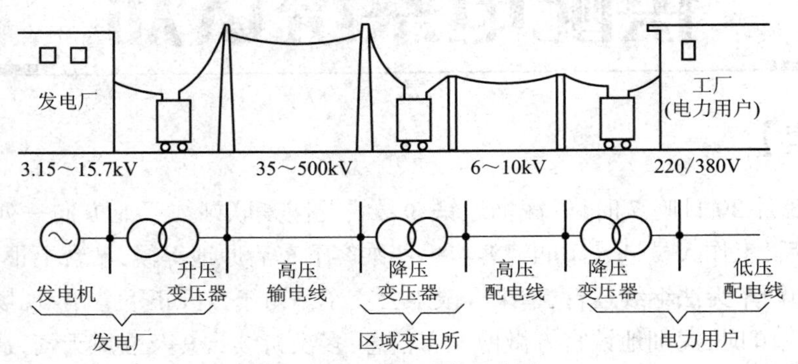

图 1-1-1 送电过程示意图

2-发电厂的类型

1. 发电厂

发电厂是生产电能的场所,在这里可以把自然界中的一次能源转换为用户可以直接使用的二次能源——电能。根据发电厂所取用一次能源的不同,发电形式主要分为火力发电、水力发电、核能发电等,此外还有潮汐发电、地热发电、太阳能发电、风力发电等。无论发电厂采用哪种发电形式,最终将其他能源转换为电能的设备是发电机。

2. 电力网

电力网的主要作用是变换电压、传输电能。它由升压、降压变电所和与之对应的电力线路组成,负责将发电厂生产的电能经过输电线路送到电力用户(用电设备)。

3. 配电系统(电力用户)

配电系统位于电力系统的末端,主要承担将电力系统的电能传输给电力用户(用电设备)的任务。电力用户是消耗电能的场所,通过用电设备将电能转换为满足用户需求的其他形式的能量,如电动机将电能转换为机械能,电热设备将电能转换为热能,照明设备将电能转换为光能等。

电力用户根据供电电压分为高压用户和低压用户。高压用户的额定电压在 1 kV 以上，低压用户的额定电压一般是 220/380 V。

1.1.1.2　配电系统的组成

1. 供电电源

配电系统的电源可以取自电力系统的电力网或企业、用户的自备发电机。

2. 配电网

配电网的主要作用是接收电能、变换电压、分配电能，由企业或用户的总降压变电所（或高压配电所）、高压输电线路、降压变电所（或配电所）和低压配电线路组成。其功能是将电能通过输电线路，安全、可靠且经济地输送到电力用户（用电设备）。

3. 用电设备

用电设备是指专门消耗电能的电气设备。据统计，用电设备中 70% 是电动机类设备，20% 左右是照明用电设备。

实际上配电系统的基本结构与电力系统极其相似，所不同的是配电系统的电源是电力系统中的电力网，电力系统的用户实际上就是配电系统。

配电系统中的用电设备根据额定电压分为高压用电设备和低压用电设备。高压用电设备的额定电压一般在 1 kV 以上，低压用电设备的额定电压一般在 400 V 以下。

1.1.2　城市轨道交通供电系统的结构

1.1.2.1　城市轨道交通供电系统的组成

城市轨道交通作为城市电网的一个用户，一般都直接从城市电网取得电能，无须单独建设电厂；城市电网也把城市轨道交通看成一个重要用户。城市轨道交通供电系统由外部供电系统、牵引供电系统、动力照明供电系统、电气安全与防护系统和电力监控系统组成。供电系统的电源由发电厂经国家电网提供，属于高压供电网络。城市轨道交通供电系统的组成如图 1-1-2 所示。

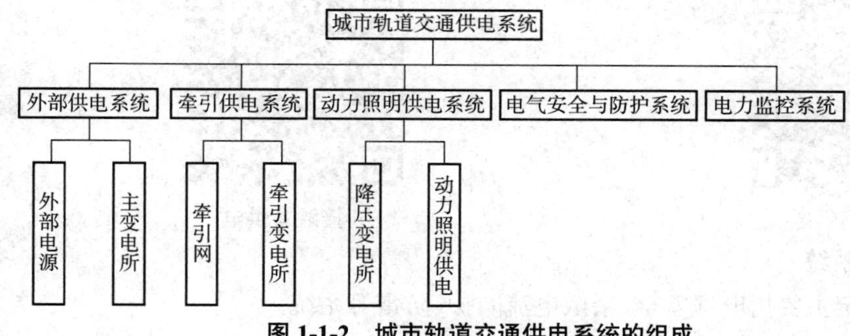

图 1-1-2　城市轨道交通供电系统的组成

3-城市轨道交通供电系统结构

1. 外部供电系统

外部供电系统包括外部电源和主变电所，一般从城市电网 10 kV、110 kV、220 kV 系统接口接入。

2. 牵引供电系统

牵引供电系统是将中压网络输送的电能经牵引变电所降压、整流后，通过牵引网为机车提供直流电源的系统。在区段内为机车供给牵引电能的变电所称为牵引变电所。牵引网包括架空接触网和接触轨（也称第三轨）等形式，主要由接触网、馈电线、走行轨（又称钢轨）和回流线等部件构成，机车通过受流器与接触网的直接接触来获得电能，再通过走行轨和回流线将电能引回牵引变电所。架空接触网、接触轨分别如图 1-1-3 和图 1-1-4 所示。

图 1-1-3　架空接触网

图 1-1-4　接触轨

3. 动力照明供电系统

中压网络输送的电能经降压变电所降压后，通过低压配电系统为场站和区间各类照明设备，扶梯、风机、水泵等动力机械设备，以及通信、信号、自动化等设备提供低压电源。部分工程动力照明供电与牵引供电共用一个中压供电网络，归属牵引供电系统，而低压配电系统则与动力照明供电系统相对独立。

4-接触网供电

5-接触轨供电

4. 电气安全与防护系统

电气安全与防护系统主要指电气安全、杂散电流防护、防雷等系统。

5. 电力监控系统

电力监控系统是在控制中心通过调度端、通道、执行端对整个城市轨道交通系统的主要

设备进行控制、监视和测量的系统。

下面以城市轨道交通直流电力牵引供电系统为例，说明电力牵引供电系统各个组成部分的关系和作用，如图 1-1-5 所示。

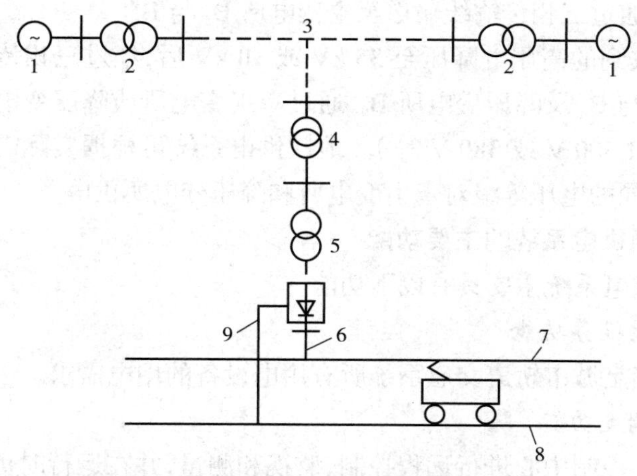

图 1-1-5　城市轨道交通直流电力牵引供电系统

1—发电厂(站)；2—升压变电所；3—电力网；4—主变电所；5—直流牵引变电所；6—馈电线；7—接触网；8—走行轨；9—回流线

1.1.2.2　城市轨道交通供电系统的特点和功能

1. 城市轨道交通供电系统概况

城市轨道交通供电系统从城市电网引入中高压电源，并将引入的电源进行变压、整流或直接分配至各牵引变电所和降压变电所，为机车和辅助设备提供电能，是城市轨道交通系统的重要组成部分。城市轨道交通供电系统如图 1-1-6 所示。

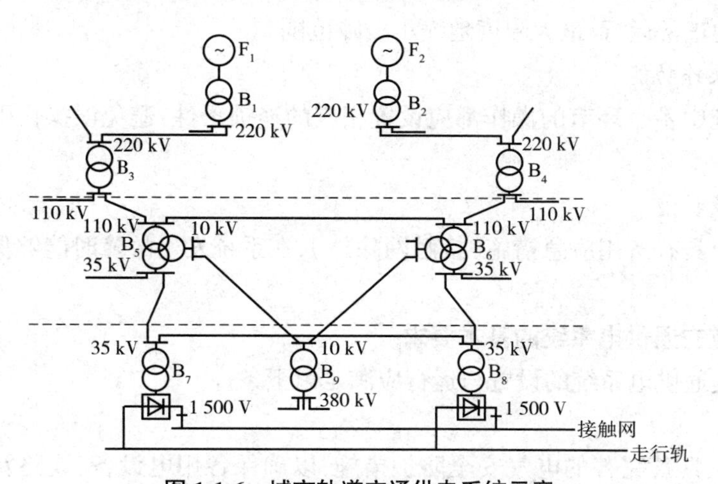

图 1-1-6　城市轨道交通供电系统示意

图 1-1-6 中的发电厂 F_1 与 F_2，升压变电所 B_1 与 B_2，以及区域变电所 B_3 与 B_4 均属于城市电网中的一次供电系统，由国家电力部门统一建造和管理。发电厂一般可分为火电厂、水电厂和核电厂等，发电厂的发电机产生的电能须先经过升压变压器升压至 110 kV、220 kV 甚至更高的电压后，通过三相传输线输送至主变电所 B_5 与 B_6。

主变电所将接收到的高压电降压至 35 kV 或 10 kV 后，经过三相传输线输送至本区域内的牵引变电所 B_7 与 B_8 及降压变电所 B_9，通过牵引变电所或降压变电所降压至各供电负荷所需的电压等级（1 500 V 或 380 V 等）。地铁供电系统可根据实际需要设立专门的高压主变电所，以通过不同的电压等级对牵引变电所和降压变电所供电。

2. 城市轨道交通供电系统的主要功能

城市轨道交通供电系统主要具有以下功能。

1）全方位的供电服务功能

供电系统应能满足城市轨道交通系统所有用电设备的用电需求。

2）高效便捷的调度功能

供电系统应能在控制中心进行远程控制、监视和测量，并在运行时可根据实际需要进行方便快捷的调度操作。

3）完善的控制、显示和计算功能

供电系统应具有完善的控制功能，并能明确显示系统中各个环节的运行状态，对电量的测量和电能的计算应高效、准确。

4）电磁兼容功能

供电系统中的各种电气、电子设备应做到良好的兼容。

5）自我保护功能

供电系统应具备完善的保护功能，在发生故障时可自动切断故障设备、线路，以确保其他非故障部分的正常运行，最大限度地缩小故障范围。

6）防止误操作功能

对供电系统中各个环节的操作都应设置相应的连锁条件，避免误操作引发的供电系统故障。

7）故障自救功能

供电系统应具有备用应急措施（接触网除外），在系统发生故障时能够保证城市轨道交通的正常运行。

3. 城市轨道交通供电系统的基本要求

城市轨道交通供电系统的设置与运行应满足以下条件。

1）安全性

供电系统应具备完善的电气安全防护措施，以确保各用电设备、线路及操作人员的安全，且不能为周边环境和过往行人留下安全隐患。

2）可靠性

供电系统应具备稳定可靠地对机车和各用电设备持续供电的能力。

3）经济性

供电系统的设置应综合考虑城市轨道交通项目全生命周期各种因素，全面、科学地核算施工、运营成本，确保经济实用。

4）适用性

供电系统应满足城市轨道交通项目的建设目的和性能要求。

5）先进性

供电系统应在设计理念、系统方案设计、设备选型、工艺处理、管理运营等方面充分考虑社会发展形势和科技发展趋势，保证供电系统具备足够的先进性和升级改造潜力。

模块 1.1 同步练习

模块 1.2　城市轨道交通供电系统的供电制式

供电制式的选择是供电方案设计的重要环节，供电制式决定了系统设备和运行方案，对项目施工安装和后期运营管理都会有影响，应根据实际情况综合多种因素做出科学合理的选择。本模块通过对供电制式的学习，结合对全国各大城市轨道交通系统供电制式的调查分析，全面掌握供电制式的选择方法。

【学习目标】

（1）掌握城市轨道交通供电系统的供电制式。

（2）掌握供电制式的选择原则。

（3）了解国内外轨道交通供电系统的发展。

（4）了解不同供电制式的优缺点。

6-供电制式及选择

【知识储备】

1.2.1 城市轨道交通供电系统的供电制式

城市轨道交通的供电系统，由变电所、接触网（接触轨）和回流网三部分构成。变电所通过接触网（接触轨），由车辆受电器向电动客车馈送电能，回流网是牵引电流返回变电所的导体。

牵引网的供电制式主要指电流制式、电压等级和馈电方式。

1.2.1.1 电流制式

电流制式分为直流和交流两种制式。直流供电相对于交流供电在调速范围、可控性、启制动平稳性、成本和电压质量等方面均有优势。目前，由直流牵引电动机、交流牵引电动机以及线性电动机来驱动的机车（电动车组），基本上采用直流供电制式。

1.2.1.2 电压等级

国际上城市轨道交通直流牵引供电有 600 V、700 V、750 V、900 V、1 000 V、1 500 V 等多种电压等级，我国国家标准规定的电压等级为 750 V、1 500 V 两种。

1.2.1.3 馈电方式

馈电方式有架空接触网和接触轨两种，架空接触网适用于直流和交流制式，接触轨仅适用于直流制式。在我国，供电系统的馈电方式结合不同的电压等级，可组成直流 1 500 V 架空接触网、直流 1 500 V 接触轨、直流 750 V 架空接触网、直流 750 V 接触轨，共 4 种形式。

1.2.2 供电制式选择的原则

（1）供电制式与客流量相适应。客流量是轨道交通设计的基础，应根据预测客流量的大小，选择适用的电动客车类型和列车编组数量。一般大运量的轨道交通系统，采用 DC 1 500 V 电压和架空接触网馈电方式，中运量的系统采用 DC 750 V 电压和接触轨馈电方式。

（2）供电安全可靠。城市轨道交通是城市交通的骨干，一旦牵引网发生故障，造成列车停运，就会影响市民出行，引起城市交通混乱。因此，安全可靠是选择供电制式最重要的条件。

（3）便于安装、维修和抢修。选用的牵引网应便于施工安装和日常维修，一旦发生牵引网故障，应便于抢修，尽快恢复运营。

（4）牵引网的使用寿命长、维修工作量小，是降低轨道交通运营成本的重要条件。

（5）城市轨道交通是城市的基础设施，应注重环境和景观效果。

1.2.3　国内外轨道交通供电系统的发展

电力牵引用于轨道交通系统已有 100 多年的历史，随着经济和科学技术的不断发展，用于轨道交通的电力牵引方式有许多不同的制式出现。

从 1863 年伦敦建成世界上第一条地下铁道以来，在 160 多年的时间里，世界各国已有近百座城市修建了城市轨道交通。世界各国的城市轨道交通几乎毫无例外地采用直流供电制式是因为城市轨道交通运输需要的列车功率并不大，其供电半径（范围）也不大，因此供电电压不需要太高；还因为没有电抗压降，此时直流制比交流制的电压损失小（同样电压等级下）。另外，城市内的轨道交通的供电线路都处在城市建筑群之间，为确保安全，供电电压不宜太高。世界各国城市轨道交通的供电电压都在 DC 550~1 500 V，但其档级很多，这是交通形式、发展历史造成的。现在国际电工委员会拟定的电压标准为 600 V、750 V 和 1 500 V 三种，后两种为推荐值。我国国标也规定为 750 V 和 1 500 V，不推荐现有的 600 V。DC 1 500 V 接触网和 DC 750 V 第三轨馈电都是可行的。从世界范围来看，采用第三轨馈电的占多数。

目前，为了降低工程造价，各国城市轨道交通有向地面线和高架线发展的趋向。随着人们环保意识的增强，越来越重视轨道交通的城市景观效果，因此新建的轨道交通系统采用第三轨馈电的日益增多。例如，1990 年建成的新加坡地铁，号称集中了世界最先进的技术，为保护旅游城市环境，采用了第三轨馈电。近年新建的吉隆坡轻轨、曼谷地铁、德黑兰地铁，都采用 DC 750 V 第三轨馈电。

部分国家城市轨道交通供电系统架空接触网和接触轨制式分别见表 1-2-1 和表 1-2-2。

表 1-2-1　部分国家城市轨道交通供电系统架空接触网供电制式

电流制式	电压等级（V）	国家	电流制式	电压等级（V）	国家	电流制式	电压等级（V）	国家
DC	250	美国	DC	2 400	德国、法国	50 Hz	6 600	德国
	500	多数国家		3 500	英国	25 Hz	8 000	德国
	525	瑞士	16.7 Hz	5 500	德国		10 000	新西兰
	550	英国	DC	6 000	俄罗斯	16.7 Hz	11 000	瑞士
	900	瑞士	50 Hz	6 000	德国	50 Hz		法国
	1 000	匈牙利		6 250	英国	16.7 Hz	12 000	法国
	1 100	阿根廷	25 Hz	6 300	德国	25 Hz、60 Hz	12 500	美国
	1 200	西班牙、古巴、德国		6 500	澳大利亚	50 Hz、60 Hz	20 000	德国、法国、日本
	1 350	意大利、瑞士		6 600	挪威		50 000	南非、美国、加拿大

表 1-2-2　部分国家城市轨道交通供电系统接触轨供电制式

接触方式	电压等级（V）	国家
走行轨	50	英国
接触轨上部	110	
	160	
走行轨	180	德国
接触轨上部	200	瑞士
摩根架	250	美国

接触方式	电压等级（V）	国家
接触轨上部	440	英国
	550	阿根廷
	660	英国
接触轨下部	700	美国
	800	德国
	825	英国

接触方式	电压等级（V）	国家
接触轨下部	850	德国
接触轨上部	1 000	德国
接触轨侧面	1 200	新西兰
	1 500	法国

我国自 1969 年在北京建成第一条地下铁道以后，上海、广州、南京等城市的轨道交通也相继投入商业运营。国内在运营或者将要运营的轨道交通的供电系统主要采用架空式接触网和第三轨式（又称接触轨式）两种馈电类型。其中北京、天津等地铁采用 DC 750 V 的第三轨馈电，无锡地铁采用 DC 1 500 V 的第三轨馈电，电压提高到 1 500 V 是第三轨馈电技术发展的一个方向；上海、南京等地铁采用 DC 1 500 V 架空式接触网馈电。

1.2.4　供电制式比较分析

下面从不同角度对以上两种供电制式进行分析比较。

1.2.4.1　设备施工安装比较

架空接触网悬挂在钢轨轨面上方，由承力索、滑触线、馈电线、架空地线、绝缘子、支柱、支持与悬挂零部件、隔离开关、电缆及下锚装置等组成，结构比较复杂，零部件较多。架空接触网施工安装，因作业面较高，作业不方便，安装调整比较困难，需要使用专用的架线车和大型机具，施工费用较高。

第三轨安装在车辆走行轨外侧，由导电接触轨、绝缘子、绝缘支架、防护罩、隔离开关和电缆组成，结构比较简单，零部件较少。第三轨安装高度较低，钢铝复合接触轨每延米质量为 14.25 kg，施工安装方便，施工机具简单，施工安装费用较低。

1.2.4.2　设备投资比较

现以青岛地铁为例，对两种供电制式的设备投资进行比较。青岛地铁第一期工程长约 16.455 km，全部为地下线，设 13 座车站，采用以主变电所为主的混合式供电方案。除去两种供电制式相同部分设备的投资（2 座主变电所、车辆段的 1 座牵引降压混合变电所和两座降压变电所、10 kV 电缆网络），对两种供电制式下可比部分的设备投资比较如下。

1. DC 1 500 V 架空接触网方案

青岛地铁第一期工程，采用 DC 1 500 V 架空接触网方案，正线上设牵引降压混合变电所 6 座，设降压变电所 7 座。按牵引降压混合变电所每座造价 1 000 万元、降压变电所每座造价 400 万元、架空接触网（柔性隧道内）每千米造价 165 万元计算，系统中可比部分的造价为 14 262 万元。

2. DC 750 V 低碳钢接触轨方案

采用 DC 750 V 低碳钢接触轨方案，正线上设 9 座牵引降压混合变电所、4 座降压变电所。该方案变电所的单价与 DC 1 500 V 架空接触网方案相同，接触轨每千米造价按 103 万元计算，系统中可比部分的造价为 14 009 万元。

3. DC 750 V 钢铝复合接触轨方案

钢铝复合接触轨是由不锈钢带，通过机械方法，与铝合金型材相结合制成的接触轨。其特点一是质量轻，每延米 14.75 kg；二是电阻率低，牵引网损耗小；三是供电距离较长。

青岛地铁第一期工程，采用 DC 750 V 钢铝复合接触轨方案，正线上设 7 座牵引降压混合变电所（接触网方案为 6 座）、6 座降压变电所。钢铝接触轨每千米造价按 125 万元计算。系统中可比部分的造价为 13 538 万元。

由此可见，以设备投资而论，架空接触网方案和低碳钢接触轨方案基本持平，钢铝复合接触轨方案造价最低。

1.2.4.3　供电可靠性比较

地铁每天运营时间长，必须保证供电不间断。一旦供电中断，就会造成地铁停运，打乱城市交通秩序。因此，安全可靠的供电是选择供电制式的重要条件。

1. 架空接触网系统

柔性架空接触网结构复杂，固定支持零部件较多，所以薄弱环节也多。一旦某个零部件发生问题，会引起滑触线脱落，甚至发生刮弓等恶性事故。

另外，架空接触网靠导线张力维持其工作状态，经过多年磨损及电弧烧伤，导线的截面会逐渐减小，其强度也随之降低。加上导线材料的缺陷，在拉锚装置及故障电流作用下，极易发生滑触线断线事故，造成地铁停运。

香港地铁采用 DC 1 500 V 架空接触网供电，建成后发生多次架空线断裂事故，造成地铁长时间停运，引起地面交通瘫痪。

上述事实说明，架空接触网供电的可靠性较差，一旦发生断线事故，因高空作业不便于抢修。上述架空线事故，内地一些城市的地铁也已发生多起。

2. 接触轨系统

接触轨系统的零部件少，结构比较简单，坚固耐用，不存在断轨和刮碰受流器等事故隐患，北京和天津地铁的三轨系统使用近 30 年，从未发生过因接触轨故障造成列车停运事故。由此可见，接触轨供电系统的可靠性较高，一旦发生事故，抢修方便快捷。

1.2.4.4 使用寿命比较

接触网的使用寿命,关系到接触网更新改造的再投资,磨耗到限的导线必须及时更换。国产架空接触导线的设计使用寿命为15年,进口接触线的使用寿命可达20年。就是说采用架空接触网供电,系统每隔15~20年就需要更换一次滑触导线。

接触轨的特点是坚固耐磨,使用寿命长。我国地铁考察人员在伦敦地铁看到了使用100多年的第三轨。前几年,北京地铁曾对低碳钢接触轨磨耗状况进行过检测,经过20多年的运营,其磨耗率不到5%。按此推算,接触轨使用100年其磨耗率也不到25%。

因此,从使用寿命和节约投资考虑,接触轨方案具有较大优势。

1.2.4.5 维修费用比较

1. 架空接触网系统

架空接触网在运营中维修调整工作量较大,需要组建接触网维修工区。一个接触网工区定员需25人,配备专用的接触网检查车,承担10 km左右线路接触网的维修任务。按此计算,一条20 km长的地铁,需要设2个接触网工区,定员50人。

接触网工区的车辆、机具设备以及人员工资福利等,使运营管理单位每年要付出一笔很高的维修费用及管理费用。

另外,在日常运营中,若接触网发生断线事故,由于作业面高,抢修很困难。香港地铁最长的抢修时间达12 h。

2. 接触轨系统

第三轨馈电结构简单,坚固耐用,几乎不用维修。北京地铁没有专职的三轨维修人员,由线路维修人员兼顾三轨维修。

平常三轨维修的内容有:擦拭绝缘瓷瓶、检查馈电线接头焊点、调整三轨安装位置、检查防爬设备、调整三轨弯头。这些简单的维修工作,不需要大型机具设备,所花维修费用较少。

1.2.4.6 土建费用比较

快速轨道交通的土建费用,与工程地质条件和施工方法有关。地下车站明挖施工,与供电制式无关,两种供电制式盾构法施工的区间隧道断面相同,不需要进行比较。

用明挖法施工的区间隧道,两种供电制式的净空高度不同,具有可比性。

我国地下铁道限界标准规定, DC 1 500 V架空线系统的隧道净空高度为4.5 m, DC 750 V三轨系统的隧道净空高度为4.2 m,两者相差0.3 m。

按此计算, DC 750 V三轨系统,每延米区间隧道(双线),可节约钢筋混凝土0.42 m^3,每千米隧道可节约投资46万元。

用矿山法施工的直墙拱形隧道, DC 1 500 V系统与DC 750 V系统,隧道净空高度相差0.25 m,每千米隧道减少开挖量2 350 m^3,可节约投资约70万元。

1.2.4.7　城市景观效果比较

随着人们环保意识的增强，越来越重视城市环境和景观。上海地铁 3 号线建成以后，人们开始反思架空接触网对城市景观的负面影响，实际上这个问题在国外已经引起重视。

1990 年建成的新加坡地铁 67 km 线路，1998 年马来西亚吉隆坡建成的两条高架轻轨，以及 1999 年建成的泰国曼谷轻轨，从城市景观效果考虑，均采用第三轨馈电。

北京地铁 13 号线，以地面线和高架线为主，采用第三轨馈电，其景观效果受到了市民的称赞。广州地铁总结了过去的经验，在地铁 4 号线上采用 DC 1500 V 电压的第三轨馈电方式。

从城市景观效果考虑，第三轨馈电系统有较大的优势。

1.2.4.8　人身安全比较

系统采用 DC 1 500 V 架空接触网，其滑触线悬挂在线路上方 4 m 处，不会对轨道维修人员及发生事故时人员快速疏散带来影响，安全性较好。城际快速轨道交通系统采用地面线和高架线形式，城市景观退居次要地位，出于人身安全考虑，倾向于采用架空接触网馈电。

DC 750 V 三轨系统，接触轨安装在走行轨旁边，高度较低，在接触轨带电情况下，人员进入隧道，或发生事故人员快速疏散时有一定危险性。因此，从人身安全考虑，架空接触网系统具有优势。实践说明，由于在三轨上安装有绝缘防护罩，北京地铁运营 30 多年来也未发生工作人员和乘客被电击伤的事故。

1.2.4.9　牵引网能量损耗比较

牵引网系统的能量损耗，与牵引网的电压制和馈电方式有关。在列车功率相同的条件下，牵引网电压和列车电流成反比，即牵引网电压提高一倍，其列车电流降低一半。因此 DC 1 500 V 系统比 DC 750 V 系统的列车电流小。

模块 1.2 同步练习

模块 1.3 低压配电负荷的分级

【学习目标】

（1）掌握城市轨道交通低压配电负荷的类别。

（2）掌握城市轨道交通低压配电负荷的分级。

（3）了解各级负荷的供电方式。

7-常用的备用电源

【知识储备】

1.3.1 低压配电负荷的分类

1.3.1.1 按用途分类

按用途不同，低压配电负荷可分为动力设备负荷和照明负荷两类。

1. 动力设备负荷

动力设备负荷主要包括通信、防灾报警、信号、火灾自动报警系统（Fire Alarm System，FAS）、自动售检票（Automatic Fare Collection，AFC）设备、屏蔽门、风机、空调器、气体灭火、垂直电梯、污水泵、机电设备监控系统（Electrical and Mechanical Control System，EMCS），扶梯、检修插座，冷冻机组、空调水泵、冷却塔、清扫插座等。

2. 照明负荷

照明负荷主要指车站和隧道内的各类照明。

1.3.1.2 按动力设备的重要程度分类

供电系统根据供电对象的重要性不同，可将负荷分为以下 3 级。

1. 一级负荷

电动列车、通信及信号设备、消防设备等用户，通常采用两路电源供电，当任何一路电源发生故障时系统能自动、迅速地切换电源，以确保对该类用户进行不间断供电。

一级负荷包括消防设备、通信、信号、AFC 设备、事故风机、排风机、排烟机、废水泵和屏蔽门等。

一级负荷设备极为重要，一级负荷设备的停电，可能引起运营的延误或乘客疏散的困难，导致较大伤亡事故。一级负荷采用两路独立电源供给，并配有不间断电源（Uninterruptible Power Sypply，UPS）。

2. 二级负荷

停电后会影响系统的服务质量，但不会影响列车的安全运行，通常采用二路进线电源，进行分片、分区供给。

二级负荷包括一般风机、自动扶梯、直升电梯及污水泵等。

二级负荷设备较为重要，二级负荷设备的停电，将可能引发运营的延误或乘客疏散的困难，导致一定程度受伤事故发生。二级负荷采用两路独立电源供给。

3. 三级负荷

此类用户并不直接影响客运服务质量，应确保正常供电，并能根据电网负荷情况进行调整。

三级负荷包括商业用电空调机、冷水机组、清扫及检修等设备。

三级负荷相对重要性较低，三级负荷的停电会导致乘客舒适度下降，但不会导致伤亡事件。

1.3.2　低压配电设备的供电方式

供电系统必须根据不同的用电需求将供电负荷加以区分，对于重要的用户采用一级负荷、两路电源供电，并辅以自动切换电源功能。车站电梯、自动扶梯、照明、售检票系统、消防设备、给排水系统、通信与信号系统等用户全天用电变化较大，应全力保证高峰期时段的安全供电，在供电紧张时可停止三级负荷供电，以保障重要用户的用电需求。

不同负荷、不同供电系统的供电方式各有不同，主要有以下 3 个级别。

1. 一级负荷供电方式

一级负荷设备，如通信系统、信号系统和站控室等，系统由降压变电所低压柜Ⅰ、Ⅱ段母线（即两路引自变电器电源）各引一路电源到设备附近，在设备末端设双电源自动切换箱。相对集中的小容量一级负荷，为节省投资可共用一个双电源自动切换箱就近配电。

2. 二级负荷供电方式

二级负荷设备，如自动扶梯与污水泵等，系统由降压变电所低压柜Ⅰ或Ⅱ段母线引一路电源，当所在母线故障时母联开关投入，由另一母线供电。当电网只有一路电源时，允许将其从电网中切除（人工切除）。

3. 三级负荷供电方式

三级负荷设备，如环控三级负荷、冷水机组及空调机等，系统由降压变电所低压柜三级负荷总开关引来一路单电源，一路总进线电源故障时自动被切除，人工复位。在火灾情况下，FAS 直接切断三级负荷总电源。

【知识加油站】

电气线路或设备绝缘损伤后，在一定环境下，对靠近的物质（穿线金属管、电气装置金属外壳、潮湿木材等)会发生漏电,使局部物质带电。当电气设备发生漏电即碰壳短路时,设备外壳、保护接零线(保护接地线)、零线(大地)将形成闭合回路,漏电电流很大,会使熔断器工作而切断电源。但是由于诸多原因的存在,如熔断器规格可能被人为加大数倍或被铜丝代替、接地装置不符合要求造成接地电阻较大、接地线接地端子连接不牢、保护装置失灵或设置不合理等,过流保护装置可能起不到过流保护作用,这样漏电一旦发生,将持续存在,从而导致触电或电气火灾事故。

模块 1.3 同步练习

【课程思政案例】

中华人民共和国电力工业发展史

1. 电力工业背景(1949—1978 年)

电力工业是在传承解放前的"中共中央燃料工业处"的基础上起步的。中华人民共和国成立后,在这个燃料工业处的基础上,组建了燃料工业部,管理全国的煤炭、石油和电力工业,但燃料工业部组建的初期,直接领导的仅有部分地区的电力工业,大部分电力工业由于中华人民共和国成立初期特定的历史条件均由各地军事管理委员会领导和管理。到 1952 年,全国的电力单位才被基本集中到燃料工业部管理,形成了垂直垄断、政企合一的电力工业管理体系。

2. 电力工业的改革探索路程

1979 年 2 月国务院决定撤销水利电力部,成立电力工业部和水利部。"电力工业是建立在现代化技术基础上的大生产,必须实行高度集中统一管理。跨省(自治区、直辖市)的和一省范围内的电网,由电力工业部统一管理,电力供应由国家统一分配。"这是在总结以往经验教训和吸取世界各国共同经验的基础上达成的共识。

3. 电力工业的市场化

1996 年年底,在建立社会主义市场经济新体制的社会背景条件下,电力行业市场化的转制工作也开始了。国务院决定将长期以国有企业模式运营的电力行业进行公司制改制,组建成立了采取国有独资企业形式的国家电力公司。1997—1998 年是电力工业部与国家

电力公司两块牌子、两套班子双规运行时期。1998 年 3 月,九届人大一次会议决定撤销电力工业部,将电力工业部和水利部的电力行政管理职能移交给国家经济贸易委员会,从此开始了电力工业实行政企分开、市场化新体制改革的新时期。体制改革的主要内容如下。

(1)开始实施中央层面的电力工业的政企分开——成立国家电力公司。1997 年 1 月 16 日,国家电力公司正式成立。

(2)电力行业开始以企业机制独立运行。

(3)农村电网两改一同价。

(4)推进厂网分离、竞价上网的试点。国家经贸委选择上海、浙江、山东、辽宁、吉林、黑龙江六省(直辖市)进行厂网分离、竞价上网试点。

(5)实施地方电力部门的政企分开。

(6)将电力集团公司改组为国家电力公司分公司。

(7)取消一切电价外的加价。

(8)由国家计委牵头研究制定电力体制改革总体方案。

改革开放以来,电力工业实行"政企分开,省为实体,联合电网,统一调度,集资办电"的方针,大大调动了地方办电的积极性和责任,迅速筹集资金,使电力建设飞速发展。从 1988 年起连续 11 年每年新增投产大中型发电机组超过 10 000 MW,按全国统一口径达 15 000 MW。各大区电网和省网随着电源的增长加强了网架建设,从 1992 年到 1999 年年底,全国新增 35 kV 以上输电线路 372 837 km,新增变电容量 732 690 MV·A,而 1950—1981 年新增输电线路 277 257 km,变电容量 70 360 MV·A。我国基本上进入了大电网、大电厂、大机组、高电压输电、高度自动控制的时代。到 2000 年,我国发电装机容量在 2 000 MW 以上的电力系统有 11 个,其中,华北、东北、华东、华中电网装机容量均超过 30 000 MW,华东、华中电网甚至超过 40 000 MW,西北电网的装机容量也达到 20 000 MW。南方电力联营系统连接广东、广西、贵州、云南四省电网,实现了西电东送。其他几个独立电网,如四川、山东、福建等电网和装机容量也超过或接近 10 000 MW。各电网中 500 kV(包括 330 kV)主网架逐步形成和壮大。220 kV 电网不断完善和扩充,到 1999 年年底 220 kV 以上输电线路总长达 495 123 km,变电容量达到 593 690 MV·A。其中 500 kV 线路(含支流线路)达到 22 927 km,变电容量达到 80 120 MV·A。随着 500 kV 网架的形成和加强,以及网络结构的改善,电力系统运行的稳定性得到改善。

4. 2002 年至今,电力体制改革

2002 年国务院批准电力体制改革方案,实施厂网分开,重组发电和电网企业。原国家电力公司管理的资产按照发电和电网两类业务划分并分别进行资产重组。

在电网方面,成立国家电网公司和南方电网公司。国家电网公司作为原国家电力公司管理的电网资产出资人代表,按国有独资形式设置,在国家计划中实行单列。由国家电网公司负责组建华北(含山东)、东北(含内蒙古东部)、西北、华东(含福建)和华中(含重庆、四川)五个区域电网有限责任公司或股份有限公司。西藏电力企业由国家电网公司代管。

学习单元 2

城市轨道交通供配电主要设备

模块 2.1 常用电气设备

【学习目标】

(1)了解一次设备的种类。

(2)了解主要一次设备的图形符号。

【知识储备】

供配电系统中担负输送和分配电能任务的电路,称为一次电路,也称主电路。供配电系统中用来控制、指示、监测和保护一次电路及其中电气设备运行的电路,称为二次电路,通常称为二次回路 。相应地,供配电系统中的电气设备可分为两大类:一次电路中的所有电气设备,称为一次设备;二次回路中的所有电气设备,称为二次设备。

供配电系统的主要电气设备是指一次设备。一次设备按其功能可分为以下几类。

(1)变换设备:指按系统工作要求来改变电压或电流的设备,如电力变压器、电压互感器、电流互感器及变流设备等。

(2)控制设备:指按系统工作要求来控制电路通断的设备,如各种高低压开关。

(3)保护设备:指用来对系统进行过电流和过电压保护的设备,如高低压熔断器和避雷器。

(4)无功补偿设备:指用来补偿系统中的无功功率 、提高功率因数的设备,如并联电容器。

(5)成套配电装置:指按照一定的线路方案的要求,将有关的一次设备和二次设备组合

成一体的电气装置，如高低压开关柜、动力和照明配电箱等。供配电系统中主要一次设备的图形符号和文字符号见表 2-1-1。

表 2-1-1 主要一次设备的图形符号和文字符号

序号	设备名称	图形符号	文字符号	序号	设备名称	图形符号	文字符号
1	双绕组变压器		T	13	断路器		QF
2	三绕组变压器		T	14	隔离开关		QS
3	电抗器		L	15	负荷开关		QL
4	分裂电抗器		L	16	刀开关		QK
5	避雷器		F	17	熔断器		FU
6	火花间隙		FG	18	跌开式熔断器		FD
7	电力电容器		C	19	负荷型跌开式熔断器		FDL
8	具有一个二次绕组的电流互感器		TA	20	刀熔开关		QKF
9	具有两个二次绕组的电流互感器		TA	21	接触器		KM
10	电压互感器		TV	22	电缆终端头		X
11	三绕组电压互感器		TV	23	输电线路		WL
12	母线		WB	24	接地		GND

模块 2.1 同步练习

模块 2.2 常用高压开关设备

【学习目标】

(1)掌握高压断路器的功能和分类。

(2)掌握高压隔离开关的功能和分类。

(3)掌握高压负荷开关的功能和分类。

8-高压隔离开关

9-高压负荷开关

【知识储备】

高压开关设备主要有高压断路器、高压隔离开关、高压负荷开关等。

2.2.1 高压断路器

2.2.1.1 高压断路器的功能

高压断路器是高压输配电线路中最为重要的电器设备,它的性能直接关系到线路运行的安全性和可靠性。高压断路器具有完善的灭弧装置,其在电网中的作用可归纳为两方面:一是控制作用,即根据电网的运行需要,将部分电器设备或线路投入或者退出运行;二是保护作用,即在电器设备或电力线路发生故障时,继电保护自动装置将发出跳闸信号,启动断路器,将故障部分设备或线路从电网中迅速切除,确保电网中无故障部分正常运行。

2.2.1.2 高压断路器的分类及型号

高压断路器按灭弧介质的不同可分为油断路器、真空断路器和六氟化硫(SF_6)断路器;按使用场合的不同可分为户内式和户外式;按分断速度的不同可分为高速(<0.01 s)、中速(0.1~0.2 s)和低速(>0.2 s)。

高压断路器全型号的表示和含义如图 2-2-1 所示。

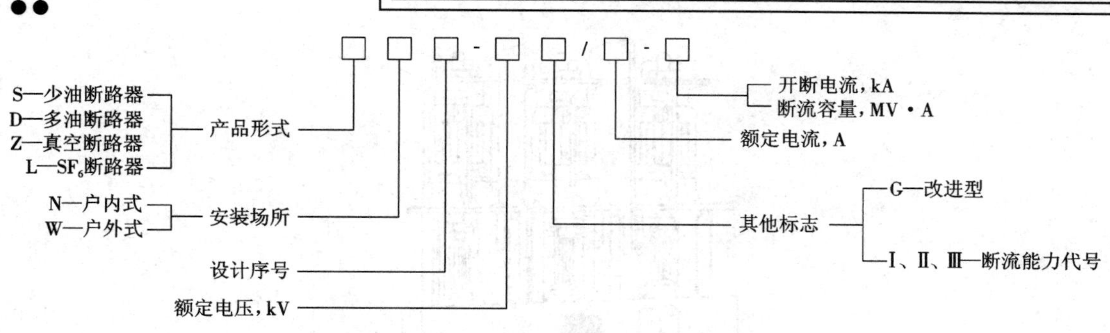

图 2-2-1　高压断路器全型号的表示和含义

（1）油断路器：指采用变压器油作为灭弧介质的断路器。按油量的多少可将油断路器分为多油断路器和少油断路器。多油断路器的油量多，兼有灭弧和绝缘的双重功能；少油断路器的油只作为灭弧介质使用。与多油断路器相比，少油断路器具有用油量少、体积小、质量轻、运输安装方便等优点。在不需要频繁操作且要求不高的高压电网中，少油断路器得到了广泛应用。在 6~10 kV 户内配电装置中常用的少油断路器有 SN10-10 型，按断流容量可将其分为Ⅰ、Ⅱ和Ⅲ型。Ⅰ型断流容量 S_{oc} 为 300 MV·A，Ⅱ 型断流容量 S_{oc} 为 500 MV·A，Ⅲ 型断流容量 S_{oc} 为 750 MV·A。SN10-10 型高压少油断路器的外形结构如图 2-2-2 所示。

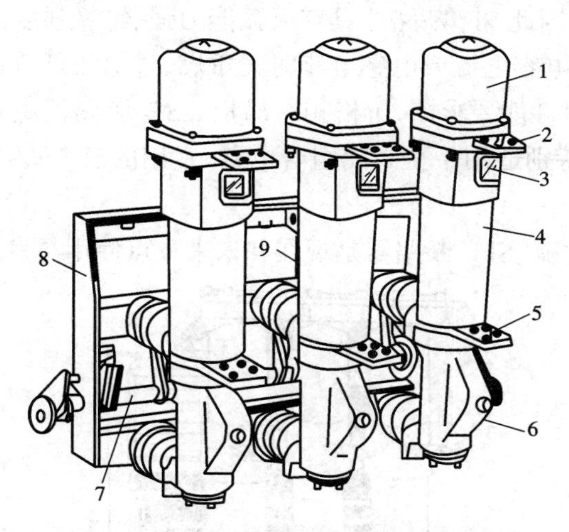

图 2-2-2　SN10-10 型高压少油断路器

1—铝帽；2—上接线端子；3—油标；4—绝缘筒；5—下接线端子；6—基座；7—主轴；8—框架；9—断路弹簧

（2）真空断路器：因其灭弧介质和灭弧后触头间隙的绝缘介质都是高真空而得名。这种断路器的动静触头密封在真空灭弧室内，利用真空作为灭弧介质和绝缘介质。其特点有不爆炸、噪声低、体积小、寿命长、结构简单、可靠性高等。真空断路器主要用于频繁操作的场所，尤其是安全要求较高的工矿企业、住宅区、商业区等。常用的真空断路器有 ZN3-10 型、ZN12-12 型、ZN28A-12 型。ZN3-10 型高压真空断路器的外形结构如图 2-2-3 所示。

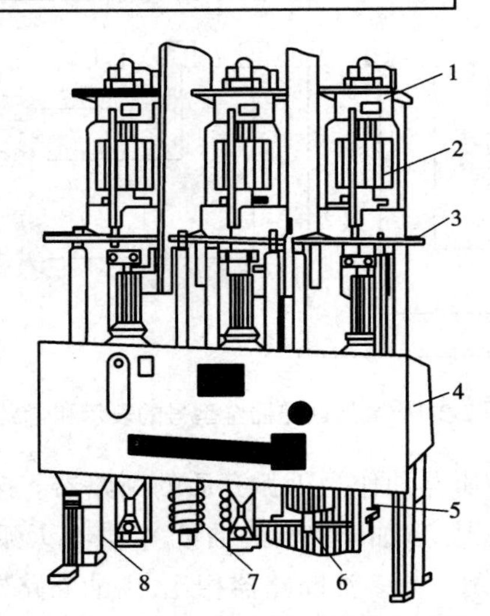

图 2-2-3　ZN3-10 型高压真空断路器

1—上接线端子；2—真空灭弧室；3—下接线端子；4—操动机构箱；5—合闸电磁铁；6—分闸电磁铁；7—断路弹簧；8—底座

（3）六氟化硫（SF_6）断路器：指利用 SF_6 气体作为灭弧介质和绝缘介质的断路器。由于 SF_6 气体是无色、无味、无毒、不可燃的气体，在 150 ℃以下其化学性能相当稳定，其绝缘能力约等于空气的 2.5 倍，因此 SF_6 断路器具有灭弧能力强、绝缘强度高、开断电流大、燃弧时间短、检修周期长、断开电容电流或电感电流时无重燃、过电压低等优点。但是 SF_6 断路器对加工精度要求高，密封性能要求严，价格相对昂贵。SF_6 断路器主要用于需频繁操作且有易燃易爆危险的场所，特别适用于全封闭组合电器，常用的有 LN2-10 型，其外形结构如图 2-2-4 所示。

真空断路器、六氟化硫（SF_6）断路器是现在和未来重点使用与发展的断路器。

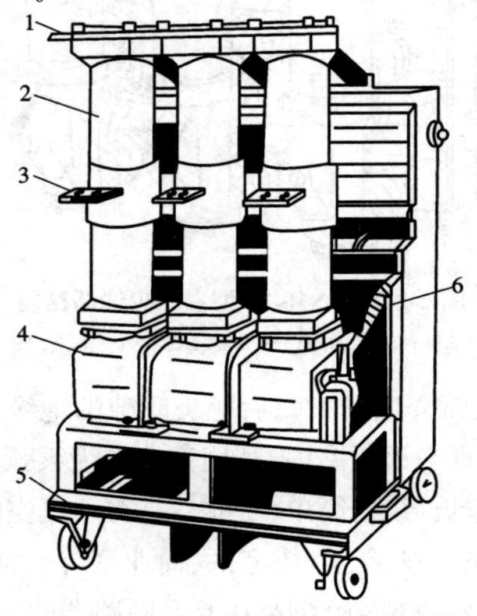

图 2-2-4　LZ2-10 型高压 SF_6 断路器

1—上接线端子；2—绝缘筒；3—下接线端子；4—操动机构箱；5—小车；6—断路弹簧

2.2.1.3 断路器的操动机构

断路器在工作过程中的合、分闸操作均是由操动机构完成的。操动机构按操动能源的不同可分为手动型、电磁型、液压型、气压型和弹簧型等。手动型需借助人的力量完成合闸；电磁型则依靠合闸电源提供操动功率；液压型、气压型和弹簧型则只是间接利用电能，并经转换设备和储能装置用非电能形式操动合闸，在短时间内失去电源后可由储能装置提供操动功率。

（1）CS 系列的手动操动机构可手动和远距离跳闸，但只能手动合闸。该机构采用交流操作电源，无自动重合闸功能，且操作速度有限，其所操作的断路器开断的短路容量不宜超过 100 MV·A。CS2 型手动操动机构的外形结构如图 2-2-5 所示。

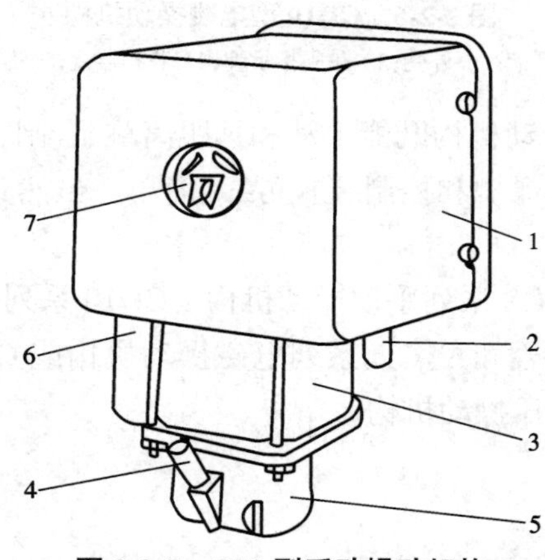

图 2-2-5 CS2 型手动操动机构

1—外壳；2—手动跳闸按钮；3—合闸线圈；4—合闸线圈手柄；5—缓冲底座；6—接线端子排；7—开关

（2）CD 系列电磁操动机构通过其分、合闸线圈能手动和远距离跳、合闸，也可进行自动重合闸，但合闸功率大，需直流操作电源。CD10 型电磁操动机构的外形结构如图 2-2-6 所示。CD10 型电磁操动机构根据所操作断路器的断流容量不同，可分为 CD10-10 Ⅰ 型、CD10-10 Ⅱ 型和 CD10-10 Ⅲ 型三种。电磁操作机构分、合闸操作简便，动作可靠，但结构较复杂，需专门的直流操作电源，因此一般在变压器容量 630 kV · A 以上、可靠性要求高的高压开关中使用 。

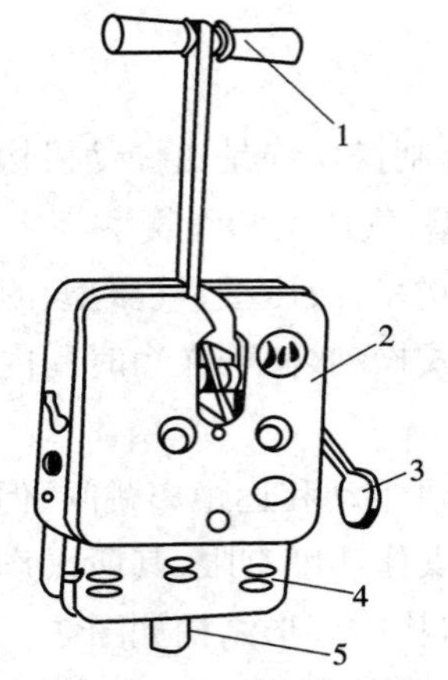

图 2-2-6　CD10 型电磁操动机构

1—操作手柄；2—外壳；3—跳闸指示牌；4—脱扣器盒；5—跳闸铁芯

（3）CT 系列弹簧储能操动机构既能手动和远距离跳、合闸，又可实现一次重合闸，且操作电源交、直流均可，因而其保护和控制装置可靠、简单。虽然其结构复杂、价格昂贵，但应用已越来越广泛。

SN10-10 型断路器可配 CS 系列手动操动机构、CD10 系列电磁操动机构或 CT 系列弹簧储能操动机构。真空断路器可配 CD 系列电磁操动机构或 CT 系列弹簧储能操动机构。SF_6 断路器主要采用弹簧、液压操动机构 。

2.2.2　高压隔离开关

2.2.2.1　高压隔离开关的功能

高压隔离开关是高压电气装置中保证工作安全的开关电器，其作用主要体现在以下方面。

（1）隔离电源，保证安全。利用隔离开关将高压电气装置中需要检修的部分与其他带电部分可靠地隔离，这样工作人员就可以安全地进行作业，不影响其余部分的正常工作。隔离开关断开后有明显可见的间隙，能充分保证人身和设备的安全。

（2）倒闸操作。隔离开关经常在电力系统运行方式改变时进行倒闸操作。例如，当主接线为双母线时，利用隔离开关将设备或线路从一组母线切换到另一组母线。

（3）接通或切断小电流。可以利用隔离开关通断一定的小电流，如励磁电流不超过 2 A 的空载变压器、电容电流不超过 5 A 的空载线路以及电压互感器和避雷器电路等。

特别强调：高压隔离开关没有专门的灭弧装置，在任何情况下，均不能带负荷操作，并应设法避免可能发生的误操作。当隔离开关与断路器配合操作时，其顺序应为：断电时，先拉开断路器，再拉开隔离开关；送电时，先合隔离开关，再合断路器。总之，在隔离开关与断路器配合操作时，隔离开关必须在断路器处于断开（分闸）的位置时才能进行操作 。

2.2.2.2　高压隔离开关的分类和型号

高压隔离开关按装设地点不同,可分为户内式和户外式两种;按绝缘支柱数目不同,可分为单柱式、双柱式和三柱式;按有无接地刀闸,可分为无接地刀闸、一侧有接地刀闸和两侧有接地刀闸;按操动机构不同,可分为手动式、电动式、气动式和液压式。高压隔离开关全型号的表示和含义如图 2-2-7 所示。

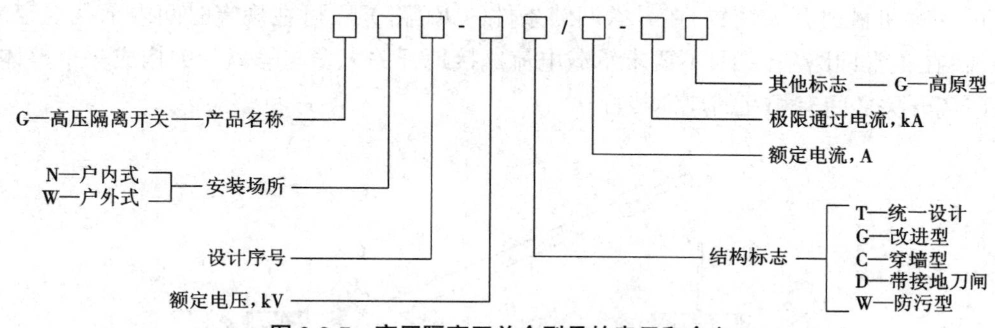

图 2-2-7　高压隔离开关全型号的表示和含义

户内式高压隔离开关(GN)的额定电压一般在 35 kV 以下。10 kV 户内式高压隔离开关种类较多,常用的有 GN8、GN19、GN22、GN24、GN28、GN30 等系列。GN8-10 型户内式高压隔离开关的外形结构如图 2-2-8 所示,其三相刀闸安装在同一底座上,刀闸均采用垂直回转运动方式。户内式高压隔离开关一般采用手动操动机构进行操作 。

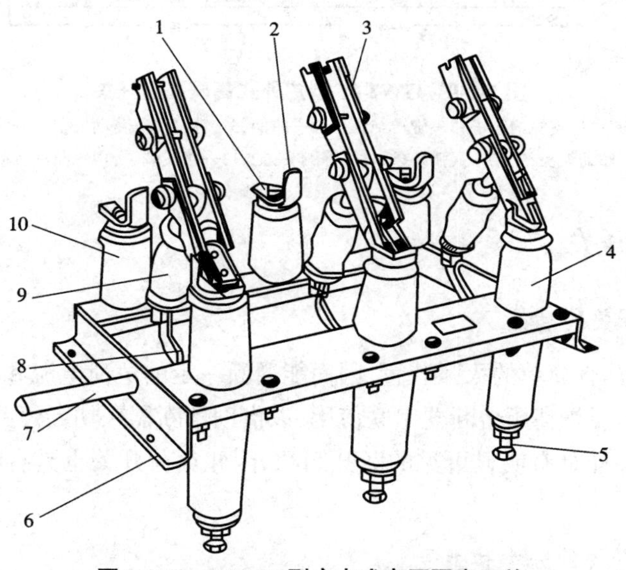

图 2-2-8　GN8-10 型户内式高压隔离开关

1—上接线端子;2—静触头;3—刀闸;4—套管绝缘子;5—下接线端子;
6—框架;7—转轴;8—拐臂;9—升降绝缘子;10—支柱绝缘子

户外式高压隔离开关(GW)由于触头暴露在大气中,工作条件比较恶劣,因此一般要有较高的绝缘等级和机械强度。户外式高压隔离开关的额定电压一般在35 kV以上,常用的有GW2-35型、GW4-35G(D)型和GW4-110D型。GW2-35型户外式高压隔离开关的外形结构如图2-2-9所示。为了熄灭小电流电弧,该隔离开关安装有灭弧角条,采用的是三柱式结构。带有接地开关的隔离开关称为接地隔离开关,可用来进行电气设备的短接、连锁和隔离,一般用来将退出运行的电气设备和成套设备部分接地或短接。接地开关是用于将回路接地的一种机械式开关装置,在异常回路条件(如短路)下,可在规定时间内承载规定的异常电流;在正常回路条件下,不要求承载电流。接地开关大多与隔离开关构成一个整体,并且与隔离开关之间有相互的连锁装置。

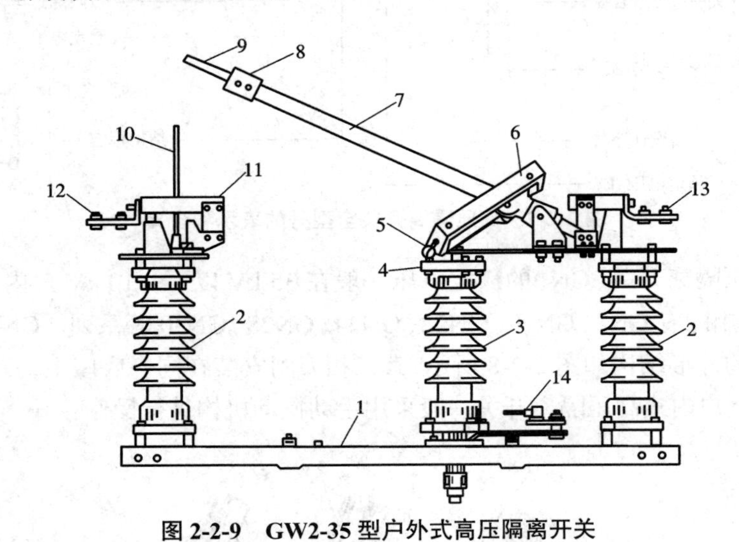

图2-2-9 GW2-35型户外式高压隔离开关

1—角钢架;2—支柱绝缘子;3—旋转绝缘子;4—曲柄;5—轴套;6—转动框架;7—管形刀闸;8—工作动触头;9、10—灭弧角条;11—静触头;12、13—接线端子;14—曲柄转动机构

2.2.3 高压负荷开关

2.2.3.1 高压负荷开关的功能

高压负荷开关具有简单的灭弧装置,因而能通断一定的负荷电流和过负荷电流,但不能断开短路电流,它必须与高压熔断器串联使用,以借助熔断器来切断短路故障。负荷开关断开后,与隔离开关一样具有明显可见的断开间隙,因此负荷开关也具有隔离电源、保证安全检修的功能。

2.2.3.2 高压负荷开关的分类和型号

高压负荷开关按安装地点不同可分为户内式和户外式,按灭弧方式不同可分为产气式、压气式、油浸式、真空式和SF_6式。

高压负荷开关全型号的表示和含义如图 2-2-10 所示。

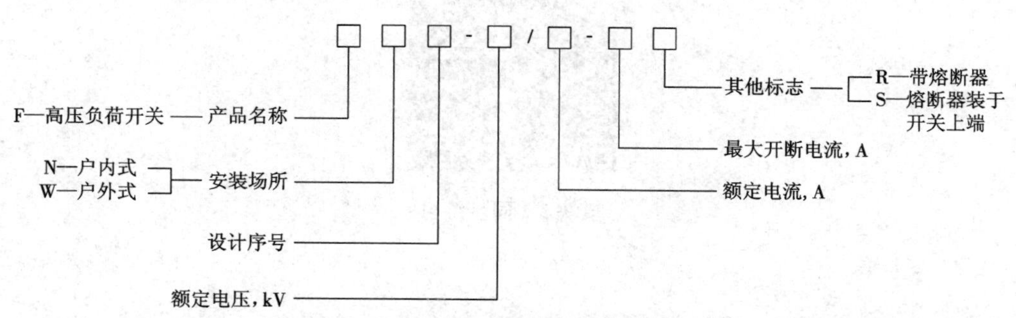

图 2-2-10　高压负荷开关全型号的表示和含义

实际上，在 35 kV 以上的高压电路中，高压负荷开关的应用很少。目前，高压负荷开关主要用于 10 kV 及 10 kV 以下配电系统中，常用的型号有户内压气式 FN3-10RT 型、FN5-10 型，户外产气式 FW5-10 型及户内高压真空式 ZFN21-10 型等。FN3-10RT 型户内压气式高压负荷开关如图 2-2-11 所示。负荷开关一般配用 CS 型手动操动机构来进行操作。

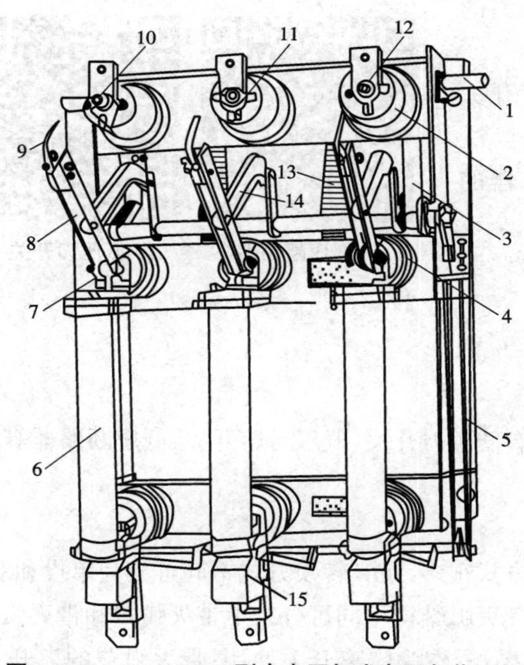

图 2-2-11　FN3-10RT 型户内压气式高压负荷开关

1—主轴；2—上绝缘子；3—连杆；4—下绝缘子；5—框架；6—RN1 型高压熔断器；7—下触座；8—闸门；9—弧动触头；10—绝缘喷嘴；11—主静触头；12—上触座；13—断路弹簧；14—绝缘拉杆；15—热脱扣器

模块 2.2 同步练习

模块 2.3　常用低压开关设备

【学习目标】

（1）掌握低压刀开关的功能和分类。

（2）掌握低压刀熔开关的功能和分类。

（3）掌握低压断路器的作用和工作原理。

（4）掌握低压断路器的型号和分类。

10-低压断路器

11-低压刀开关

12-低压刀熔开关

【知识储备】

低压开关设备主要有低压刀开关、低压刀熔开关、低压断路器等。

2.3.1　低压刀开关

低压刀开关的分类方式很多，按其转换方式不同可分为单投和双投；按其极数不同可分为单极、双极和三极；按其灭弧结构不同可分为不带灭弧罩和带灭弧罩。不带灭弧罩的刀开关一般只能在无负荷下操作，作为隔离开关使用；带灭弧罩的刀开关能通断一定的负荷电流，有效地使负荷电流产生的电弧熄灭。低压刀开关全型号的表示和含义如图 2-3-1 所示。常用的低压刀开关有 HD13 型、HD17 型、HS13 型等。HD13 型低压刀开关的外形结构如图 2-3-2 所示。

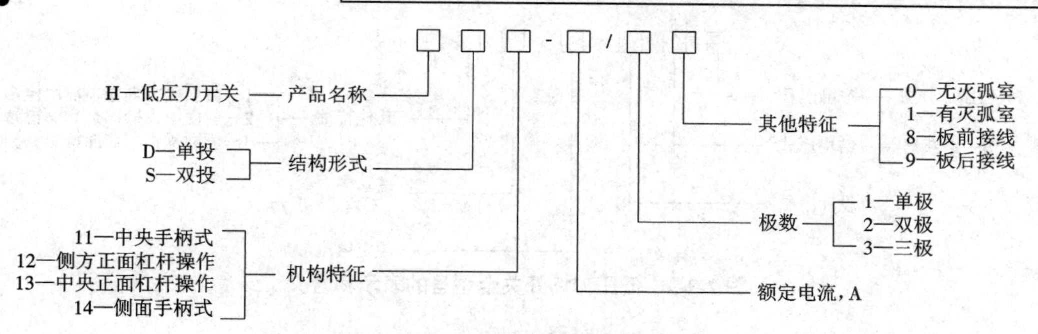

图 2-3-1　低压刀开关全型号的表示和含义

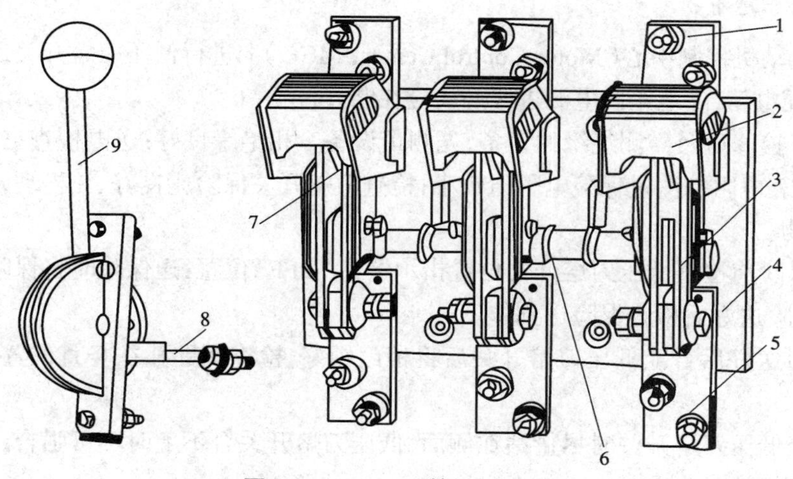

图 2-3-2　HD13 型低压刀开关

1—上接线端子；2—灭弧罩；3—刀闸；4—底座；5—下接线端子；6—主轴；7—静触头；8—连杆；9—操作手柄

2.3.2　低压刀熔开关

低压刀熔开关又称熔断器式刀开关，是一种由低压刀开关与低压熔断器组合而成的开关电器。常见的 HR3 型刀开关将 HD 型刀开关刀闸换为 RT0 型熔断器的具有刀形触头的熔管。低压刀熔开关具有刀开关和熔断器的双重功能。目前，被越来越多采用的新式低压刀熔开关是 HR5 型，它与 HR3 型的主要区别为用 NT 型低压高分断能力熔断器取代了 RT0 型熔断器用作短路保护，其各项电气技术指标更加精确，同时具有结构紧凑、使用维护方便、操作安全可靠等优点，并且它还能进行单相熔断的监测，从而能有效防止熔断器单相熔断所造成的电动机缺相运行故障。低压刀熔开关全型号的表示和含义如图 2-3-3 所示。

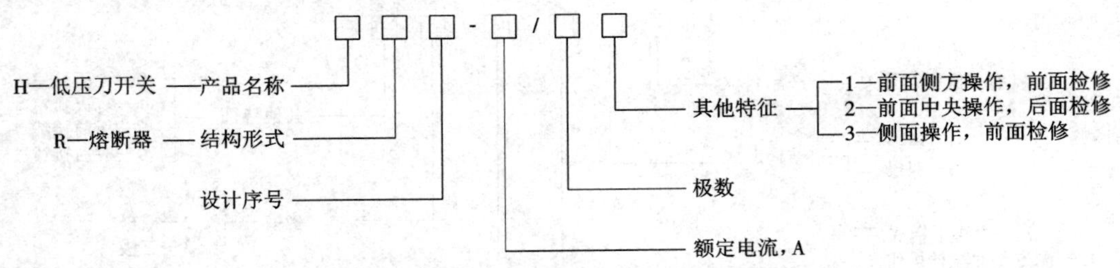

图 2-3-3　低压刀熔开关全型号的表示和含义

低压刀熔开关的一些操作注意事项如下。

2.3.2.1　送电注意事项

（1）在电动机控制中心（Motor Control Center，MCC）上进行低压刀熔开关送电操作时，若负荷侧有配电箱，配电箱内电源进线开关应在断开位置。

（2）对于检修后及需测绝缘的设备，先测量设备三相绝缘良好；送电检查三相保险外观良好，用万用表电阻挡测量保险电阻值较小；检查刀熔开关保险座良好、无松动，低压刀熔开关内部无杂物。

（3）送保险前检查低压刀熔开关位置指示器在“OFF”位置；送保险时将保险竖直放入，不可偏斜，保险送好后检查保险送到位。

（4）保险送好后合上低压刀熔开关后将柜门锁好，检查钥匙孔在竖直位置且钥匙孔要弹出。

（5）合上低压刀熔开关时尽量站在侧面，低压刀熔开关合不上时不可强合，通知维修人员处理正常后再合。

2.3.2.2　停电注意事项

（1）拉开低压刀熔开关时，若有控制保险，先取下控制保险。

（2）拉开低压刀熔开关前，用钳形电流表测量三相确认无电流。

（3）拉开低压刀熔开关后，检查低压刀熔开关位置指示器在“OFF”位置，并测量刀熔开关下侧三相确认无电压。

（4）取下保险后应将柜门锁好 。

2.3.3　低压断路器

2.3.3.1　低压断路器的作用和工作原理

低压断路器又称自动空气开关或自动开关，是低压配电系统中重要的电器元件。低压断路器不仅能带负荷不频繁地接通和切断电路，而且能在电路发生短路、过负荷和低电压（或失压）时自动跳闸，切断故障电路，还可根据需要配备手动或远距离控制的电动操动机构。低压断路器的原理结构和接线如图 2-3-4 所示。过负荷时，串联在一次线路中的加热

电阻丝被加热，使得双金属片弯曲，从而使开关跳闸。当线路电压严重下降或电压消失时，其失压脱扣器动作，同样使开关跳闸。如果按下脱扣按钮6或7，将使失压脱扣器失压或使分励脱扣器通电，则可远距离使开关跳闸。

低压断路器中安装了不同的脱扣器，其作用分别如下所述。

（1）分励脱扣器：用于远距离跳闸（远距离合闸操作可采用电磁铁或电动储能合闸）。

（2）欠电压或失压脱扣器：用于欠电压或失电压（零压）保护，当电源电压低于定值时自动断开断路器。

（3）热脱扣器：用于线路或设备长时间过负荷保护，当线路电流出现较长时间过载时，金属片将受热变形，使断路器跳闸。

（4）过流脱扣器：用于短路、过负荷保护，当电流大于动作电流时自动断开断路器。过流脱扣器的动作特性有瞬时、短延时和长延时三种。

（5）复式脱扣器：既有过流脱扣器的功能又有热脱扣器的功能。

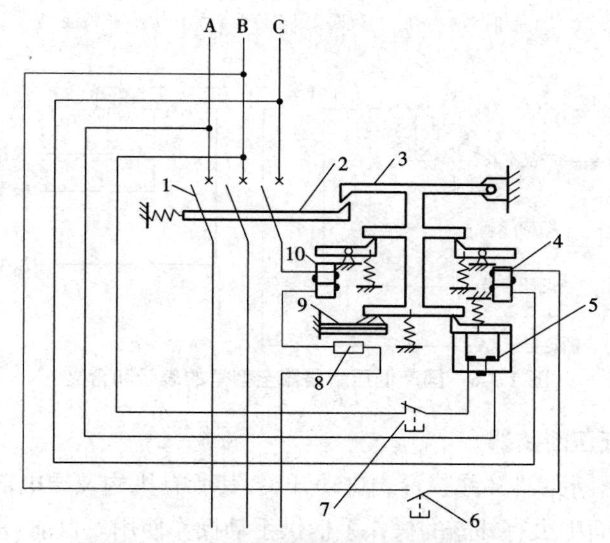

图 2-3-4　低压断路器的原理结构和接线

1—主触头；2—跳钩；3—锁扣；4—分励脱扣器；5—失压脱扣器；6、7—脱扣按钮；8—加热电阻丝；9—热脱扣器；10—过流脱扣器

2.3.3.2　低压断路器的种类和型号

低压断路器的种类很多，按用途不同可分为配电用、电动机用、照明用和漏电保护用等；按灭弧介质不同可分为空气断路器和真空断路器；按极数不同可分为单极、双极、三极和四极断路器。配电用断路器按结构不同可分为塑料外壳式（装置式）和框架式（万能式）断路器；按保护性能不同可分为非选择型、选择型和智能型。非选择型断路器一般为瞬时动作的，通常只用作短路保护；也有长延时动作的，通常只用作过负荷保护。选择型断路器有两

段保护和三段保护两种动作特性组合。两段保护有瞬时和长延时两种组合。三段保护有瞬时、短延时和长延时三种组合。低压断路器的三种保护特性曲线如图 2-3-5 所示。智能型断路器的脱扣器动作由微机控制，保护功能更多，选择性更好。国产低压断路器全型号的表示和含义如图 2-3-6 所示。

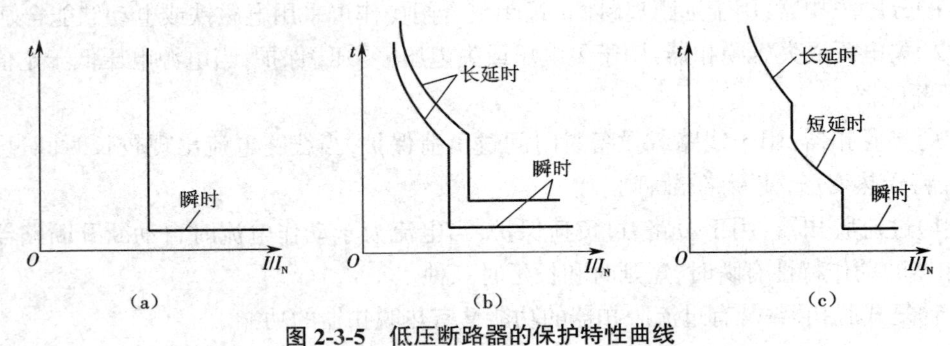

图 2-3-5　低压断路器的保护特性曲线

（a）瞬时动作特性　（b）两段保护特性　（c）三段保护特性

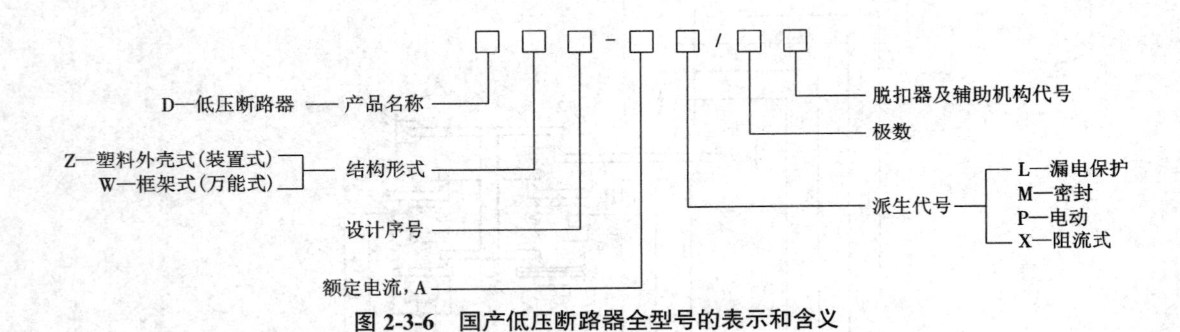

图 2-3-6　国产低压断路器全型号的表示和含义

1. 塑料外壳式低压断路器

塑料外壳式低压断路器又称装置式自动开关，其所有机构及导电部分都装在塑料外壳内，仅在塑料外壳正面中央有外露的操作手柄供手动操作使用。目前，常用的塑料外壳式低压断路器主要有 DZ20 型、DZ15 型、DZX10 型及引进国外技术生产的 H 系列、S 系列、3VL 系列、TO 系列和 TG 系列等 。

塑料外壳式低压断路器的保护方案少（主要保护方案有热脱扣器保护和过流脱扣器保护两种）、操作方法少（手柄操作和电动操作）；其电流容量和断流容量较小，但分断速度较快，一般不大于 0.02 s；其结构紧凑，体积小，质量轻，操作简便，封闭式外壳的安全性好。因此，它被广泛用作容量较小的配电支线的负荷端开关、不频繁启动的电动机开关。DZ20 型塑料外壳式低压断路器的外形结构如图 2-3-7 所示。

塑料外壳式低压断路器的操作手柄有三个位置。

（1）合闸位置。手柄扳向上方，跳钩被锁扣扣住，断路器处于合闸状态。

（2）自由脱扣位置。手柄位于中间位置，是断路器因故障自动跳闸、跳钩被锁扣脱扣、主触头断开的位置。

（3）分闸和再扣位置。手柄扳向下方，这时主触头依然断开，但跳钩被锁扣扣住，为下次合闸做好了准备。断路器自动跳闸后，必须把手柄扳到此位置，才能将断路器重新进行合闸，否则是合不上的。

不仅塑料外壳式低压断路器的手柄操作如此，框架式低压断路器同样如此。

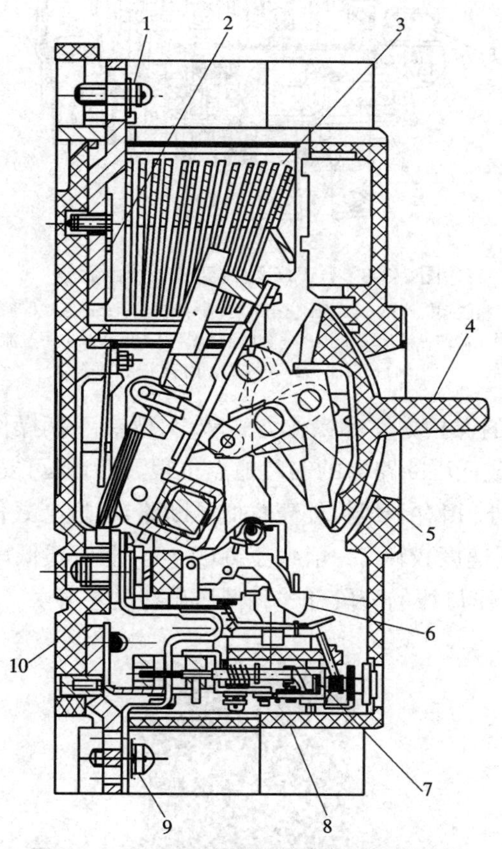

图 2-3-7　DZ20 型塑料外壳式低压断路器

1—引入线接线端子；2—主触头；3—灭弧室；4—操作手柄；5—跳钩；6—锁扣；
7—过流脱扣器；8—塑料外壳；9—引出线接线端子；10—塑料底座

2. 框架式低压断路器

框架式低压断路器又叫万能式低压断路器，它装在金属或塑料的框架上。目前，框架式低压断路器主要有 DW15 型 、DW16 型、DW18 型、DW40 型 、CB11（DW48）型、DW914 型等及引进国外技术生产的 ME 系列、AH 系列等。其中，DW40 型和 CB11 型采用智能型脱扣器，可实现微机保护。DW16 型框架式低压断路器的外形结构如图 2-3-8 所示。

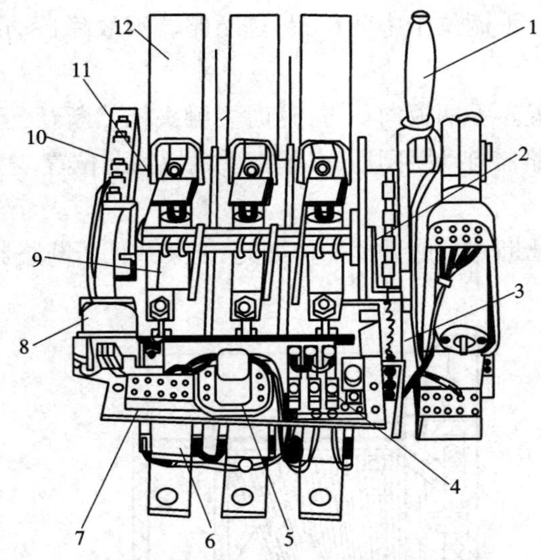

图 2-3-8　DW16 型框架式低压断路器

1—操作手柄；2—自由脱扣机构；3—欠电压脱扣机构；4—热继电器；5—接地保护用小型电流继电器；
6—过负荷保护用过流脱扣器；7—接地端子排；8—分励脱扣器；9—短路保护用过流脱扣器；10—辅助触头；
11—底座；12—灭弧罩（内有主触头）

框架式低压断路器的保护方案和操作方式较多，既有手柄操作，又有杠杆操作、电磁操作和电动操作等。框架式低压断路器的安装地点也很灵活，既可安装在配电装置中，又可安装在墙上或支架上。另外，相对于塑料外壳式低压断路器，框架式低压断路器的电流容量和断流能力较强，但其分断速度较慢（一般大于 0.02 s）。框架式低压断路器主要用于配电变压器低压侧的总开关、低压母线的分段开关和低压出线的主开关。

模块 2.3 同步练习

模块 2.4　成套配电装置

13- 变电所

【学习目标】

（1）了解高压开关柜的功能和分类。

（2）了解低压开关柜的功能和分类。

【知识储备】

成套配电装置是按照电气主接线的要求，把一、二次电气设备组装在全封闭或半封闭的金属柜中，构成供配电系统中进行接收、分配和控制电能的总体装置。成套配电装置由制造厂成套供应，分为低压成套配电装置、高压成套配电装置与动力和照明配电箱。

2.4.1　高压成套配电装置（高压开关柜）

高压开关柜是按一定的线路方案由一、二次设备组装而成的一种高压成套配电装置。在变配电所中，高压开关柜用来控制并保护变压器和高压线路，也可用作大型高压交流电动机的启动和保护。高压开关柜中安装有高压开关设备、保护电器、监测仪表和母线、绝缘子等。高压开关是指在电力系统发电、输电、配电、电能转换和消耗中起通断、控制或保护等作用，电压等级在 3.6~550 kV 的电气产品，主要包括高压断路器、高压隔离开关与接地开关、高压负荷开关、高压自动重合与分段器，高压操作机构、高压防爆配电装置和高压开关柜等几大类。高压开关制造业是输变电设备制造业的重要组成部分，在整个电力工业中占有非常重要的地位。

开关柜应满足《3.6 kV~40.5 kV 交流金属封闭开关设备和控制设备》（GB 3906—2006）的有关要求，由柜体和断路器两大部分组成，柜体由壳体、电器元件（包括绝缘件）、各种机构、二次端子及连线等组成。

（1）柜体材料：

①冷轧钢板或角钢（用于焊接柜）；

②敷铝锌钢板或镀锌钢板（用于组装柜）；

③不锈钢板（不导磁性）；

④铝板（不导磁性）。

（2）功能单元：

①主母线室（一般主母线按“品”字形或“1”字形两种结构布置）；

②断路器室；

③电缆室；

④继电器和仪表室；

⑤柜顶小母线室；

⑥二次端子室。

（3）柜内元件：

①柜内常用的一次电器元件（主回路设备）常见的有电流互感器、电压互感器、零序互感器、开关柜、接地开关、避雷器（阻容吸收器）、隔离开关、高压断路器、高压接触器、高压熔断器、变压器、高压带电显示器、绝缘件、主母线和分支母线、高压电抗器、负荷开关、高压单相并联电容器等；

②柜内常用的主要二次元件（又称二次设备或辅助设备，指对一次电器元件进行监察、控制、测量、调整和保护的低压设备）常见的有继电器、电度表、电流表、电压表、功率表、功率因数表、频率表、熔断器、空气开关、转换开关、信号灯、电阻、按钮、微机综合保护装置等。

高压开关柜按主要设备元件的安装方式不同可分为固定式和移开式（手车式）两大类；按开关柜隔室结构可分为铠装式、间隔式、封闭箱式和敞开式等；按母线结构不同可分为单母线、单母线带旁路母线和双母线等；按功能和作用不同可分为馈线柜、电压互感器柜、高压电容器柜（GR-1 系列）、电能计量柜（PJ 系列）、高压环网柜（HXGN 系列）等。各种高压开关柜必须具有“五防”功能。所谓“五防”，即

（1）防止误跳、误合断路器；

（2）防止带负荷拉、合隔离开关；

（3）防止带电挂接地线；

（4）防止带接地线闭合隔离开关；

（5）防止人员误入开关柜的带电间隔。

高压开关柜通过装设机械或电气闭锁装置来实现“五防”功能，从而防止电气误操作和保障人身安全。国产新系列高压开关柜全型号的表示及含义如图 2-4-1 所示。

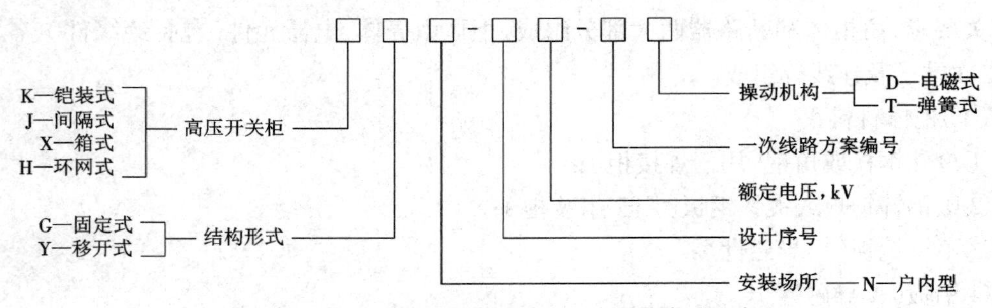

图 2-4-1 国产新系列高压开关柜全型号的表示及含义

2.4.1.1 固定式高压开关柜

固定式高压开关柜的主要设备（如断路器、互感器和避雷器等）都固定安装在不能移动

的台架上。这种开关柜具有构造简单、制造成本低、安装方便等优点；但当内部主要设备发生故障或需要检修时，必须中断供电，直到排除故障或检修结束后才能恢复供电。因此，固定式高压开关柜一般用在企业的中小型变配电所和负荷不是很重要的场所。

近年来，我国设计生产的新型固定式高压开关柜有 XGN 系列（交流金属箱固定式封闭高压开关柜）、KGN 系列（交流金属铠装固定式高压开关柜）和 HXGN 系列（箱式环网固定式高压开关柜）。XGN2-10-07（D）型固定式金属封闭高压开关柜如图 2-4-2 所示，其柜体骨架由角钢焊接成箱式结构，柜内由钢板分割成组合开关室、仪表室、母线室和电缆室，布局合理，运行操作及检修维护方便。柜与柜之间加装了母线隔离套管，从而避免了一柜发生故障而波及邻柜。该产品可采用 ZN28A-10 系列真空断路器，也可以采用少油断路器，其隔离开关采用 GN30-10 型旋转式隔离开关，技术性能高，设计新颖。

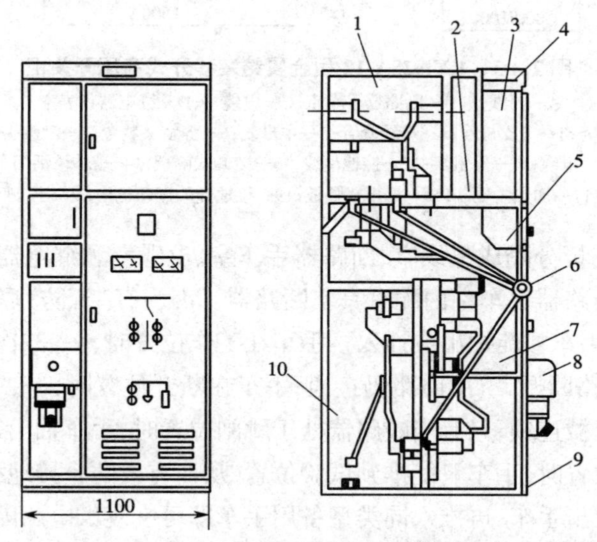

图 2-4-2　XGN2-10-07（D）型固定式金属封闭高压开关柜

1—母线室；2—高压释放通道；3—仪表室；4—二次小母线室；5—组合开关室；6—手动操动机构及连锁机构；7—主开关室；8—电磁操动机构；9—接地母线；10—电缆室

2.4.1.2　手车式（移开式）高压开关柜

手车式高压开关柜的主要设备（如断路器、电压互感器和避雷器等）装设在可以拉出和推入开关柜的手车上。如这些设备发生故障或需要检修，将其手车拉出，再推入同类备用手车，即可恢复供电，停电时间很短，从而大大提高了供电可靠性。手车式高压开关柜较之固定式高压开关柜，具有检修方便、供电可靠性高等优点，但制造成本较高，主要用于大中型变配电所及负荷比较重要、要求供电可靠性高的场所。手车式高压开关柜的主要产品有 KYN 系列、JYN 系列等。KYN28A-12 型金属铠装移开式高压开关柜的外形结构如图 2-4-3 所示。

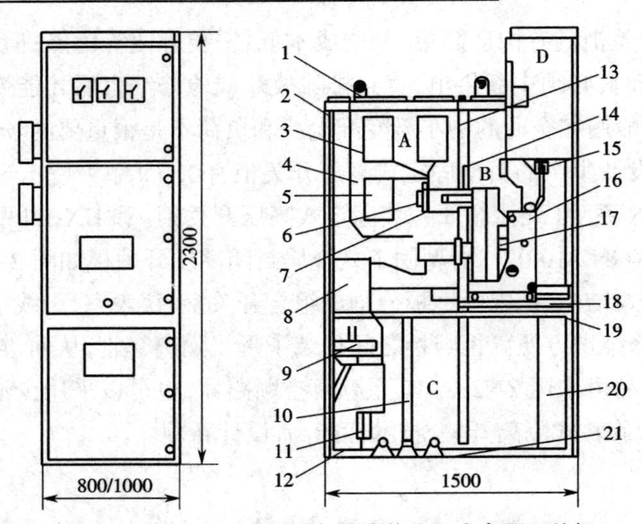

图 2-4-3　KYN28A-12 型金属铠装移开式高压开关柜

A—母线室；B—断路器手车室；C—电缆室；D—继电器仪表室

1—泄压装置；2—外壳；3—分支母线；4—母线套管；5—主母线；6—静触头装置；7—静触头盒；8—电流互感器；9—接地开关；10—电缆；11—避雷器；12—接地母线；13—装卸式隔板；14—隔板（活门）；15—二次插头；16—断路器手车；17—加热去湿器；18—抽出式隔板；19—接地开关操动机构；20—控制小线槽；21—底板

该开关柜由金属板分隔成母线室、断路器手车室、电缆室和继电器仪表室，每一个金属外壳均独立接地。断路器手车室内配有真空断路器。因为有“五防”联锁，所以只有当断路器处于分闸位置时，手车才能抽出或插入。手车在工作位置时，一、二次回路都接通；手车在试验位置时，一次回路断开，二次回路仍接通；手车在断开位置时，一、二次回路都断开。断路器与接地开关有机械连锁，只有当断路器处于跳闸位置时，手车抽出，接地开关才能合闸。当接地开关在合闸位置时，手车只能推到试验位置，从而有效防止接地线合闸。当设备损坏或检修时可以随时拉出手车，再推入同类型备用手车即可恢复供电。因此，该开关柜具有检修方便、安全、供电可靠性高等优点。

2.4.2　低压成套配电装置（低压配电屏）

低压配电屏是按一定的线路方案由一、二次设备组装而成的一种低压成套配电装置，在低压配电系统中用来控制受电、馈电、照明、电动机及补偿功率因数。根据应用场合的不同，屏内可装设自动空气开关、刀开关、接触器、熔断器、仪用互感器、母线以及信号和测量装置等不同设备。低压配电屏按结构形式可分为固定式、抽屉式和组合式。国产新系列低压配电屏全型号的表示及含义如图 2-4-4 所示。

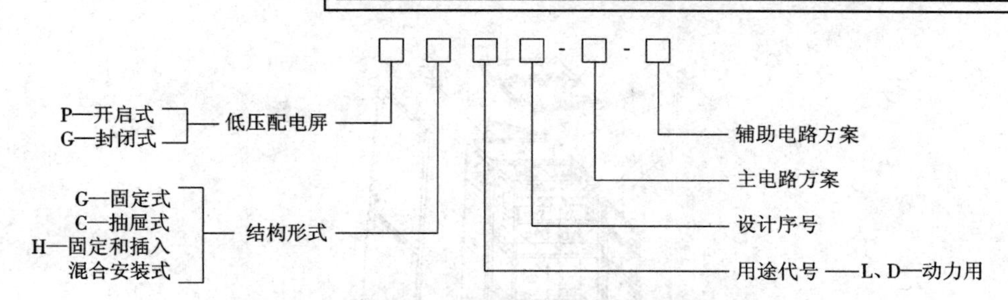

图 2-4-4　国产新系列低压配电屏全型号的表示及含义

固定式低压配电屏将一、二次设备均固定安装在柜中。柜面上部安装测量仪表，中部安装刀开关的操作手柄，下部为外开的金属门。母线装在柜顶，自动空气开关和电流互感器都装在柜后。目前，多采用 GGD 系列和 GGL 系列固定式低压配电屏。GGD 系列固定式低压配电屏的外形如图 2-4-5 所示。该型低压配电屏采用 DW15 型或更先进的断路器，具有分断能力强、动稳定性好、组合灵活方便、结构新颖和安全可靠等特点 。

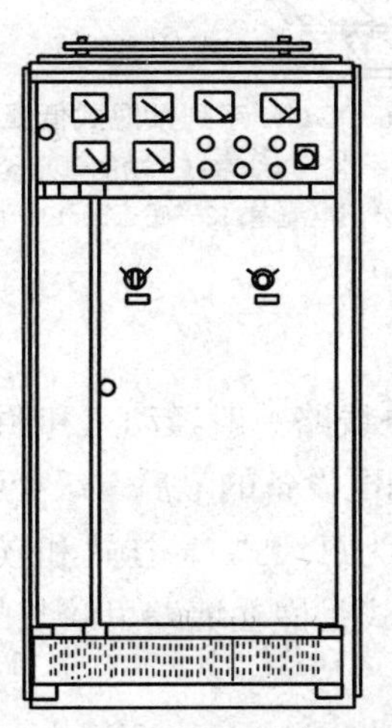

图 2-4-5　GGD 系列固定式低压配电屏

抽屉式低压配电屏为封闭式结构，主要设备均放在抽屉内或手车上。当回路发生故障时，可换上备用手车或抽屉，迅速恢复供电，以提高供电的可靠性。抽屉式低压配电屏还具有布置紧凑、占地面积小、检修方便等优点，但结构复杂、钢材消耗多、价格较贵。目前，常用的抽屉式低压配电屏有 GCL 系列、GCS 系列、GCK 系列、GHT1 系列等。其中，GHT1 系列是 GCK（L）1A 系列的更新换代产品，由于采用了 ME 系列、CM1 系列断路器和 NT 系列熔断器等新型高性能元件，其性能大为改善，但价格较贵。GCK 型抽屉式低压配电屏如图 2-4-6 所示 。

目前，我国应用的组合式低压配电屏有 GZL1 系列、GZL2 系列、GZL3 系列及引进国外技术生产的多米诺（DOMINO）系列、科必可（CUBIC）系列等，它们均采用模数化组合结构，其标准化程度高，通用性强，柜体外形美观，而且安装灵活方便 。

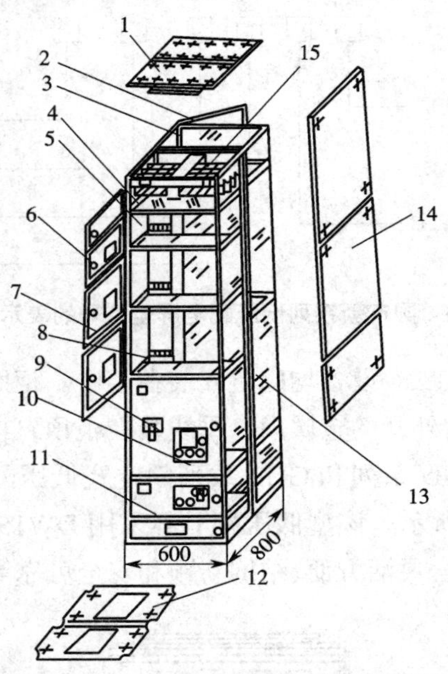

图 2-4-6　GCK 系列抽屉式低压配电屏

1—顶盖板；2—后门；3—电缆室；4—水平母线室；5—功能单元室；6—门锁；7—门；8—垂直母线室；9—操动机构；10—控制板；11—公用电缆室；12—底盖板；13—后板；14—侧盖板；15—水平母线

2.4.3　动力和照明配电箱

从低压配电屏引出的低压配电线路一般经动力和照明配电箱接至各用电设备，它们是车间和民用建筑的供配电系统中用电设备的最后一级控制和保护设备。动力和照明配电箱的种类很多，按安装方式不同可分为靠墙式、悬挂式和嵌入式。靠墙式是靠墙落地安装的，悬挂式是挂在墙壁上明装的，嵌入式是嵌在墙壁里暗装的。动力和照明配电箱全型号的一般表示和含义如图 2-4-7 所示。

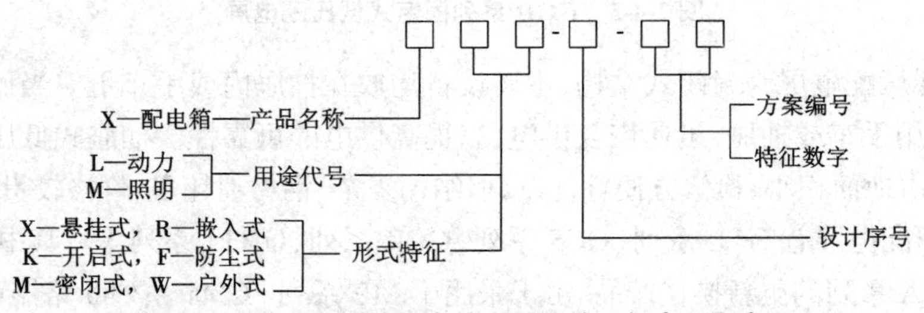

图 2-4-7　动力和照明配电箱全型号的一般表示和含义

（1）动力配电箱。动力配电箱通常具有配电和控制两种功能，主要用于动力配电和控制，但也可用于照明的配电和控制。常用的动力配电箱有 XL 型、XF-10 型、BGL 型、BGM 型等，其中 BGL 系列和 BGM 系列多用于高层建筑的动力和照明配电。

（2）照明配电箱。照明配电箱主要用于照明和小型动力线路的配电、控制、过负荷和短

路保护。照明配电箱的种类和组合方案繁多,其中XXM系列和XRM系列适用于工业和民用建筑的照明配电,也可用于小容量动力线路的漏电、过负荷和短路保护。

2.4.4 高低压电器设备的选择

正确地选择电器设备是供配电系统安全、经济运行的重要条件。电器设备在正常运行和短路状态下都必须可靠地工作,为此电器设备选择的一般程序是先按正常工作条件选出元件,再按短路条件校验。按正常工作条件选择就是要考虑电器设备的环境条件和电气要求。环境条件是指电器设备所处的位置(室内或室外)、环境温度、海拔高度以及有无防尘、防腐、防火、防爆等要求。电气要求是指对电气设备的电压、电流等方面的要求,对一些断路电器如断路器、熔断器等,还应考虑其断流能力。按短路条件校验就是要按最大可能的短路电流校验电气设备的动稳定和热稳定。由于各种高低压电器设备具备不同的性能特点,因此选择与校验条件也不尽相同。表2-4-1给出了高低压电器设备选择与校验的项目和条件。

表2-4-1 高低压电器设备选择与校验的项目和条件

电气设备名称	电压(kV)	电流(A)	断流能力(kA)	短路电流校验		环境条件
				动稳定度	热稳定度	
高压断路器	√	√	√	√	√	√
高压隔离开关	√	√	—	√	√	√
高压负荷开关	√	√	√	√	√	√
熔断器	√	√	√	—	—	√
电流互感器	√	√	—	√	√	√
电压互感器	√	—	—	—	—	√
低压刀开关	√	√	√	⊿	⊿	√
低压断路器	√	√	√	⊿	⊿	√
支柱绝缘子	√	—	—	√	—	√
套管绝缘子	√	√	—	√	√	√
母线	—	√	—	√	√	√
电缆、绝缘导线	√	√	—	—	√	√

注:√表示必须校验;⊿表示一般可不校验;—表示不需要校验。

模块 2.4 同步练习

【课程思政案例】

输配电设备是电力发展的重大关键设备，输配电设备主要应用于电力系统和工矿企业的电能传输和电能控制等，影响电网的建设、安全与可靠运行，特别是高压输配电设备，属于电力发展的重大关键设备，也是国家能源战略和装备制造业领域中的重大战略设备。输配电设备包括一次设备和二次设备。一次设备主要包括开关、变压器、电抗器、电容器、互感器、绝缘子、避雷器、直流输电换流阀及电线电缆等，是电力输送主系统上所使用的设备；二次设备则主要是针对电力设备控制及电网自动控制、保护和测量的设备，主要包括继电器、测量仪表、信号设备、控制电缆等，是对一次设备起到控制和保护作用的设备。

1. 我国输配电设备企业持续增长

根据国家统计局发布的《工业行业经济运行数据》，2017—2019 年，工业行业企业数量稳定增长，持续保持 2% 左右的增速，2019 年全国规模以上输配电设备制造企业数量达到 13 180 家，较上年同比增加 2.27%。2020 年由于经济下行压力，国家对新基建建设力度加大，国家电网加快以特高压为代表的电网投资步伐，输配电设备行业的入局者持续增加。

2.“十四五”电网建设将增加输配电设备需求

“十四五”期间，我国在电网建设上将加快建立健全电力投资治理体系、科学选择电力投资方向、持续优化电力投资结构、壮大有效电力投资规模、切实推动电力投资转型升级，不断提升电力技术现代化水平，全力打造安全高效电力供应保障体系。根据我国输配电设备销售增长率预测未来几年，我国规模以上输配电设备企业销售规模将保持稳步增长态势，至 2026 年将超过 4.27 万亿元。

3. 主要品牌

（1）高压电器主要品牌如下。

青岛变压器集团有限公司

华特电气

武汉德威电气

珠峰电气有限公司

四川东方变压器集团有限公司

科奈克

沈阳天通企业

安特变压器厂

（2）低压电器主要品牌如下。

中力

飞雷电器

九康电气

中天电器

新燎电器

金炉电气

博威电气

新艺

（3）开关电器主要品牌如下。

西奥根

百斯特

全力电器

正跃

铭伟电气

银鹰开关

中扬五金电子

响泰光电开关

(4)成套设备主要品牌如下。

学习单元3

城市轨道交通照明

模块 3.1　照明基础知识

【学习目标】

（1）了解常用的三个光学物理量：光通量、发光强度、照度。

（2）了解照明质量指标。

（3）掌握照明方式与照明种类。

【知识储备】

照明是人们生活和工作不可缺少的条件，良好的照明有利于人们的身心健康，保护视力，提高劳动生产率及保证安全生产；照明又能对建筑进行装饰，发挥和表现建筑环境的美感，因此照明已成为现代建筑中重要的组成部分之一。电气照明设计实际上是对光的设计和控制，为更好地理解电气照明设计，必须掌握照明技术的一些基本概念。

3.1.1　常用的光学物理量

光是能引起视觉感应的辐射能，它以电磁波的形式在空间传播。可见光的波长一般在380~780 nm，不同波长的光给人的颜色感觉不同。描述光的能量有两类：一类是以电磁波或光的能量作为评价基准来计量，通常称为辐射量；另一类是以人眼的视觉效果作为基准来计量，通常称为光度量。在照明技术中，常常采用后者，因为采用以视觉强度为基础的光度量较为方便。

3.1.1.1 光通量

光源在单位时间内向周围空间辐射出的能使人眼产生光感的能量，称为光通量，以符号 Φ 表示，单位为 lm（流明），它是表征光源特性的光度量。

在实际照明工程中，光通量是说明光源发光能力的一个基本量，是光源的一个基本参数。例如，一只 220 V、40 W 的普通白炽灯发出 350 lm 的光通量，而一只 220 V、36 W 的荧光灯发出约 2 500 lm 的光通量，约为白炽灯的 7 倍。

3.1.1.2 发光强度（光强）

光源在空间某一方向上单位立体角内发射的光通量与该单位立体角的比值，称为光源在这一方向上的发光强度，以符号 I 表示，单位为 cd（坎德拉）。

$$I=\frac{\mathrm{d}\Phi}{\mathrm{d}\omega}$$

式中 I——某一特定方向上的发光强度，cd；

Φ——在该方向上单位立体角内传播的光通量，lm；

ω——该方向的单位立体角。

发光强度常用于表示光源和灯具发出的光通量在空间各方向或选定方向上的分布密度。任何灯具在空间各方向上的发光强度都不一样，可以用数据或图形把照明灯具发光强度在空间的分布状况记录下来，通常我们用纵坐标来表示照明灯具的光强分布，以坐标原点为中心，把各方向上的发光强度用矢量标注出来，连接各矢量的端点，即形成光强分布曲线，也叫配光曲线。

在日常生活中，人们为了改变光通量在空间的分布情况，采用了各种不同形式的灯罩进行配光。例如，40 W 的白炽灯在未加灯罩前，其正下方的光强约为 30 cd，加上一个不透光的搪瓷伞形灯罩后，其向上的光除少量被吸收外，都被灯罩朝下反射，使正下方的光强由 30 cd 增至 73 cd 左右。

3.1.1.3 照度

照度是用来说明被照面（工作面）上被照射的程度，通常用单位面积上接收到的光通量来表示，以符号 E 表示，单位为 lx（勒克斯）。

$$E=\frac{\Phi}{S}$$

式中 E——照度，lx；

Φ——入射到被照面的光通量，lm；

S——被照面表面面积，m^2。

1 lx 相当于每平方米面积上，均匀分布 1 lm 的光通量的表面照度，所以也可以用 lm/m^2 为单位，照度是被照面的光通密度。

1 lx 是比较小的，在这样的照度下，人们仅能勉强地辨识周围的物体，要区分细小的物体是很困难的。

为对照度有一些感性认识，现举例如下：

（1）晴天阳光直射下的照度为 10 000 lx，晴天室内的照度为 100~500 lx，多云白天室外的照度为 1 000~10 000 lx；

（2）满月晴空月光下的照度约为 0.2 lx；

（3）在 40 W 白炽灯下 1 m 处的照度为 30 lx，加搪瓷灯罩后照度增加为 73 lx；

（4）照度为 1 lx 时，仅能辨识物体的轮廓；

（5）照度为 5~10 lx 时，看一般书籍比较困难；

（6）阅览室和办公室的照度一般要求不低于 50 lx。

照度是工程设计中的常见量，可以说明被照面或工作面被照射的程度，即单位面积光通量的大小。在照明工程设计中，常常要根据技术参数中的光通量以及国家标准给定的各种照度标准值进行灯具样式、位置、数量的选择。

3.1.2 照明质量指标

3.1.2.1 光源的色温与显色性

光源的发光颜色与温度有关，当温度不同时，光源发出光的颜色是不同的。因此，光源的发光颜色常用色温这一概念来表示。所谓色温，是指光源发射光的颜色与黑体（能吸收全部光辐射而不反射、不透光的理想物体）在某一温度下发射光的颜色相同时的温度，用绝对温标 K 表示。

光源的显色性是指光源呈现被照物体颜色的性能。一般用显色指数（R_a）评价光源显色性，光源的显色指数越高，其显色性越好，一般取 80~100 为优，50~79 为一般，小于 50 为较差。我国生产的部分电光源的色温及显色指数见表 3-1-1。

表 3-1-1 部分电光源的色温及显色指数表

光源名称	色温（K）	显色指数 R_a
白炽灯	2 900	95~100
荧光灯	6 600	70~80
荧光高压汞灯	5 500	30~40
镝灯	4 300	85~95
高压钠灯	2 000	20~25

光源的色温与显色性都取决于其辐射的光谱组成。不同的光源可能具有相同的色温，其显色性却可能有很大差异；同样，色温有明显区别的两个光源，其显色性可能大体相同。因此，不能从某一光源的色温做出有关显色性的任何判断。

光源的颜色宜与室内表面的配色互相协调，比如在天然光和人工光同时使用时，可选用色温在 4 000~4 500 K 的荧光灯和气体光源。

3.1.2.2 眩光

眩光是由于视野中的亮度分布或亮度范围不合适，或存在极端的对比，以致引起不舒适感觉或降低观察细部或目标的能力的视觉现象。眩光对视力的损害极大，会使人产生晕眩，甚至造成事故。眩光可分为直接眩光和反射眩光两种。直接眩光是指在观察方向上或附近存在亮的发光体所引起的眩光。反射眩光是指在观察方向上或附近由亮的发光体的镜面反射所引起的眩光。在建筑照明设计中，应注意限制各种眩光，通常采取下列措施：

（1）限制光源的亮度，降低灯具的表面亮度，如采用磨砂玻璃、漫射玻璃或格栅；

（2）局部照明的灯具应采用不透明的反射罩，且灯具的保护角（或遮光角）≥ 30°，若灯具的安装高度低于工作者的水平视线，保护角应限制在 10°~30°；

（3）选择合适的灯具悬挂高度；

（4）采用各种玻璃水晶灯可以大大减小眩光，而且使整个环境显得富丽豪华；

（5）1 000 W 金属卤化物灯有紫外线防护措施时，悬挂高度可适当降低；

（6）灯具安装选用合理的距高比。

3.1.2.3 合理的照度和照度的均匀性

照度是衡量物体明亮程度的直接指标。在一定的范围内，照度增加可使视觉能力得以提高。合理的照度有利于保护人的视力，提高劳动生产率。

照度标准是关于照明数量和质量的规定，在照明标准中主要是规定工作面上的照度。国家根据有关规定和实际情况制定了各种工作场所的最低照度值或平均照度值，称为该工作场所的照度标准。这些标准是进行照度设计的依据，《建筑照明设计标准》（GB 50034—2013）规定了常见民用建筑的照度标准。房间或场所内的通道和其他非作业区域的一般照明的照度值不宜低于作业区域一般照明照度值的 1/3。

除了合理的照度外，为了减轻因频繁适应照度变化较大的环境而产生的视觉疲劳，室内照度的分布应该具有一定的均匀度。照度均匀度是指工作面上的最低照度与平均照度的比值。《建筑照明设计标准》（GB 50034—2013）规定：室内一般照明照度均匀度不应小于 0.7，而作业面邻近周围的照度均匀度不应小于 0.5。

3.1.2.4 照度的稳定性

为提高照度的稳定性，从照明供电方面考虑，可采取以下措施：

（1）照明供电线路与负荷经常变化且变化大的电力线路要分开，必要时可采用稳压措施；

（2）灯具安装注意避免工业气流或自然气流引起的摆动，吊挂长度超过 1.5 m 的灯具宜采用管吊式；

（3）被照物体处于转动状态的场合，需避免频闪效应。

3.1.3　照明方式与照明种类

3.1.3.1　照明方式

14-照明方式

城市轨道交通各场所的照明方式可分为一般照明、分区一般照明、局部照明和混合照明。

1. 一般照明

一般照明为照亮整个场所而设置的均匀照明。除特殊要求外，城市轨道交通各场所应设一般照明。

2. 分区一般照明

分区一般照明为对某一特定区域（如进行工作的地点），设计成不同的照度来照亮该区域的一般照明。同一场所内的不同区域有不同照度要求时（如控制中心的控制台、屏前区，车站站厅的自动售票、自动检票及一般通行区等），应采用分区一般照明。

3. 局部照明

局部照明为特定视觉工作用的、为照亮某个局部而设置的照明。在一个工作场所内有局部照明要求时，应设局部照明。

4. 混合照明

混合照明是由一般照明和局部照明组成的照明。对于照度要求较高，且单独设置一般照明不合理的场所，宜采用混合照明。

3.1.3.2　照明种类

城市轨道交通工作场所的照明种类可分为：正常照明、应急照明、值班照明和过渡照明。

1. 正常照明

正常照明是在正常情况下使用的室内外照明。所有场所应设正常照明。

2. 应急照明

应急照明是因正常照明的电源失效而启用的照明。应急照明包括疏散照明、备用照明。下列场所应设应急照明：

（1）当正常照明因故障熄灭后，对需要确保正常工作或活动继续进行的场所，应设备用照明；

（2）当正常照明因故障熄灭或火灾情况下正常照明断电时，对需要确保人员安全疏散的出口和通道，应设疏散照明。

3. 值班照明

值班照明是非工作时间，为值班所设置的照明。非 24 h 连续运营的城市轨道交通公共场所，应设值班照明。

4. 过渡照明

过渡照明是为减少建筑物内部构筑物与外界过大的亮度差而设置的，亮度可逐次变化的照明。城市轨道交通车站出入口楼梯、地面或高架站厅与站台楼梯等处应设过渡照明。

【知识加油站】

1. 常见光源光通量

太阳：3.9×10^{28} lm。

月亮：8×10^{16} lm。

白炽灯：100 W，1 038 lm。

荧光灯：40 W，2 200 lm。

卤钨灯：500 W，10 500 lm。

2. 光通量、光强、亮度和照度的关系

光通量、光强、亮度是反映光源特性的基本量，说明的是光源的发光情况。照度是表征被照物接受光通强弱的物理量。

模块 3.1 同步练习

模块 3.2　城市轨道交通常用照明标准

15-地铁照明系统

【学习目标】

(1)掌握城市轨道交通各类场所正常照明的标准值。

(2)了解维护系数标准值。

【知识储备】

城市轨道交通运营各场所的照明标准值应按以下系列分级：1 lx、2 lx、5 lx、10 lx、15 lx、20 lx、30 lx、50 lx、75 lx、100 lx、150 lx、200 lx、300 lx、500 lx、750 lx、1 000 lx、1 500 lx 和 2 000 lx。

3.2.1 城市轨道交通运营各场所照度标准

城市轨道交通运营各场所的照明标准值应符合表 3-2-1 的规定。根据建筑等级、使用情况、所处地区因素，车站站台、站厅、通道等公共场所照度可提高或降低一个照明等级。

表 3-2-1 城市轨道交通各类场所正常照明的标准值

类别	场所	参考平面及高度	照度（lx）	统一眩光限值 UGR_L	显色指数 R_a	备注
车站	出入口门厅 / 楼梯 / 自动扶梯	地面	150		80	考虑过渡照明
	通道	地面	150		80	
	站内楼梯 / 自动扶梯	地面	150		80	
	售票室 / 自动售票机	台面	300	19	80	
	检票处 / 自动检票口	台面	300		80	
	站厅（地下）	地面	200	22	80	
	站台（地下）	地面	150	22	80	
	站厅（地面）	地面	150	22	80	
	站台（地面）	地面	100	22	80	
	办公室	台面	300	19	80	VDT 工作应注意避免反射眩光
	会议室	台面	300	19	80	
	休息室	0.75 m 水平面	100	19	80	
	盥洗室、卫生间	地面	100		60	
	行车 / 电力 / 机电 / 配电等控制室或综控室	台面	300	19	80	VDT 工作应注意避免反射眩光
	变电 / 机电 / 通信等设备用房	1.5 m 垂直面	150	22	60	
	泵房、风机房	地面	100	22	60	
	冷冻站	地面	150	22	60	
	风道	地面	10		60	
线路	隧道	轨平面	5		60	注意避免直接眩光
	地面 / 高架线	轨平面	5		60	
	道岔区	轨平面	20		60	
		混凝土梁轨平面	100		60	有监控需要时

续表

类别	场所	参考平面及高度	照度(lx)	统一眩光限值 UGR_L	显色指数 R_a	备注
控制中心	中央控制室	台面	300	19	80	VDT 工作应注意避免反射眩光
	计算机房	台面	500	19	80	VDT 工作应注意避免反射眩光
	会议室	台面	300	19	80	
	办公室	台面	300	19	80	VDT 工作应注意避免反射眩光
	档案/资料室	台面	200	22	80	
	设备间	地面	150	22	60	
	盥洗室/卫生间	地面	100		60	
车辆段	车场线	轨平面	5		60	
	试车线、道岔区	轨平面	10		60	
	停车列检库	地面	100	22	60	
	检修坑	地面	100		60	
	检修库、静调库	地面	200	22	60	另加局部照明
	调机库、工程车库	地面	100	22	60	另加局部照明
	洗车库	地面	100	22	60	
	信号控制室	台面	300	19	80	VDT 工作应注意避免反射眩光
	一般件检修间	0.75 m 水平面	200	22	80	另加局部照明
	精密检修间	0.75 m 水平面	300	22	80	另加局部照明
	实验室	台面	300	22	80	另加局部照明
	压缩空气站	地面	150	22	60	
	一般件仓库	0.75 m 水平面	100	22	60	
	段内道路	地面	5		40	

注:①中央控制室照度标准值为控制区照度标准值,中央控制室屏前区应视屏幕方式适当降低照度;
② VDT 为视频显示终端(Visual Display Terminal)。

3.2.2 维护系数标准值

照度标准值为维持平均照度值,其维护系数应符合表 3-2-2 的规定。

表 3-2-2　维护系数

环境污染特征	工作房间或场所举例	维护系数
清洁	中央控制室、控制室、办公室、会议室、售票室、计算机房、通信信号房等	0.8
一般	站台、站厅、通道、检票处、休息室、机房、设备间、实验室、车库、检修库、检修间	0.7
严重污染	隧道、线路、车辆段线路、风道、风机房	0.6

3.2.3　应急照明、值班照明和过渡照明

3.2.3.1　应急照明

16-轨道交通应急照明

（1）疏散照明照度应符合以下规定：

①车站疏散照明照度不小于 5.0 lx；

②区间线路疏散照明照度不小于 3.0 lx；

③控制中心、车辆段地面水平照度不小于 1.0 lx。

（2）由正常照明转换为疏散照明的点亮时间不大于 5.0 s，疏散照明供电时间不小于 60 min。

（3）疏散照明由出口标志灯、指向标志灯、疏散照明灯组成，可参照下列条款设置。

①在站台、站厅的出口，车站出口，有人值班的设备房及其他通向外界的应急出口处的上方，应设置出口标志灯。

②在站台、站厅、楼梯、通道及通道转弯处附近，当不能直接看见或不能看清出口标志灯时，应设置指向标志灯。指向标志灯安装高度距地面不大于 1.0 m，且安装间距不大于 15.0 m；对于袋形走道，不大于 10.0 m；在走道转角区，不大于 1.0 m，指示标识应符合《消防安全标志　第 1 部分：标志》（GB 13495.1—2015）的相关规定。

③在站台、站厅、楼梯、通道及通道转弯处附近、出入口、房间通道、风道、线路区间等处均应设置疏散照明灯。

（4）一般工作场所备用照明照度不小于正常照明照度的 10%，切换时间不大于 5.0 s。

（5）中央控制室、车站综合控制室、站长室、消防泵房、变配电房等应急指挥和应急设备应用场所的备用照明照度不小于正常照明照度的 50%，切换时间不大于 5.0 s。

（6）备用照明持续供电时间不小于 60 min。

3.2.3.2　值班照明

非 24 h 连续运营的城市轨道交通的公共场所（如站台、站厅、通道、楼梯等）的值班照明，其照度不应低于正常照明照度的 10%。

3.2.3.3　过渡照明

（1）城市轨道交通车站出入口、双层地面站及高架车站昼间站台到站厅楼梯处应考虑过渡照明。

（2）过渡照明宜优先利用自然光过渡，当自然光过渡不能满足要求时，应增加人工照明过渡。

模块 3.2 同步练习

模块 3.3　常用照明电光源

【学习目标】

（1）了解电光源的分类。
（2）掌握电光源的命名方法。
（3）掌握白炽灯的特性及参数，了解其应用范围。
（4）掌握荧光灯的工作原理，了解其应用范围。
（5）了解其他光源的工作原理及其应用范围。
（6）掌握 LED 的结构、原理及分类，了解其应用范围。

【知识储备】

3.3.1　电光源的分类

在照明工程中使用的各种电光源，按其工作原理可分为两大类：一类是热辐射光源，如白炽灯、卤钨灯等；另一类是气体放电光源，如荧光灯、高压汞灯、高压钠灯等。电光源分类如图 3-3-1 所示。

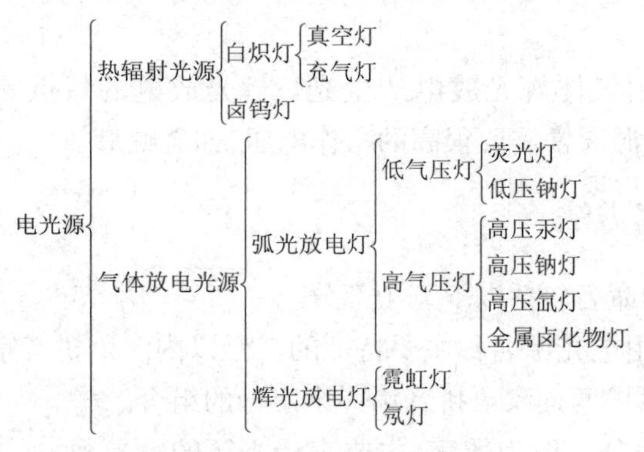

图 3-3-1　电光源分类

3.3.1.1　热辐射光源

热辐射光源是利用电流将灯丝加热到白炽程度而产生热辐射发光的一种光源。例如白炽灯和卤钨灯,它们都是以钨丝作为辐射体,通电后使之达到白炽程度时产生热辐射。目前,白炽灯仍是重要的照明光源。

3.3.1.2　气体放电光源

气体放电光源是利用电流通过灯管中气体而产生放电发光的一种光源,常用的气体放电光源有荧光灯、高压氙灯、高压钠灯、高压汞灯和金属卤化物灯等。气体放电光源具有发光效率高、使用寿命长等特点。气体放电光源一般应与相应的附件配套才能接入电源使用。气体放电光源按放电的形式分为弧光放电灯和辉光放电灯。

1. 弧光放电灯

弧光放电灯是利用气体弧光放电产生光,弧光放电的最大特点是放电电流密度大、阴极位降电压较小。根据这些光源中气体压力的大小,又可分为低压气体放电光源和高压气体放电光源。

低压气体放电光源包括荧光灯和低压钠灯,这类光源的气体压力低,组成气体(主要是汞蒸气和钠蒸气)的原子距离比较大,互相影响较小,因此它们的光辐射可以看成是孤立的原子产生的原子辐射,这种原子辐射产生的光辐射是以线光谱形式出现的。如荧光灯由原子辐射主要产生的是紫外线辐射,但因荧光灯管壁上涂有荧光粉,在紫外线辐射作用下,激发形成可见光。

高压气体放电光源包括高压汞灯、高压钠灯、高压氙灯和金属卤化物灯。这类光源的特点是灯管中气压较高,原子之间距离比较近,相互影响比较大,电子在轰击原子时不能直接与一个原子作用,从而影响了原子的辐射,因此这类辐射与低压气体放电光源有较大的区别。但其辐射原理仍然是气体中的原子辐射产生光辐射。高压气体放电光源管壁的负荷一般比较大,即灯的表面积(玻璃壳外表面)不大,但灯的功率较大,往往超过 3 W/cm^2,因此又称为高强度气体放电(High Intensity Discharge,HID)灯。

2. 辉光放电灯

辉光放电灯是利用气体辉光放电产生光。辉光放电的特点是阴极的位降电压较大（100 V 左右）。这类光源通常需要很高的工作电压，如霓虹灯。

3.3.2　电光源的命名方法

各种电光源型号的命名包括以下五个部分。

第一部分为字母，由电光源名称主要特征的三个以内汉语拼音字母组成，如 PZ220-40，其中 PZ 是“普通”“照明”两词汉语拼音第一个字母的组合。

第二部分和第三部分一般为数字，主要表示光源的电参数，如 PZ220-100 表示灯泡额定工作电压为 220 V，额定功率为 100 W。

第四部分和第五部分为字母或数字，表示灯结构（玻璃壳形状或灯头型号）特征的一两个汉语拼音字母和有关数字。规定 E 表示螺口，B 表示插口；数字表示灯头的直径（mm）。如 PZ220-100-E27，E27 表示螺口式灯头，灯头的直径为 27 mm。第四和第五部分作为补充部分，可在生产或流通领域的使用中灵活取舍。

电光源型号的各部分按顺序直接编排。当相邻部分同为字母或数字时，中间用短横线“-”分开（国外品牌的命名方式有所不同）。常用电光源型号命名方法见表 3-3-1。

例如，20 W 直管形荧光灯的型号为 YZ20RR，第一部分 YZ 指的是直管形荧光灯，第二部分 20 表示灯的额定功率为 20 W，第三部分 RR 说明灯的发光色为日光色。

表 3-3-1　常用电光源型号命名方法

电光源名称		型号的组成			举例
		第一部分	第二部分	第三部分	
普通照明白炽灯光源	普通照明白炽灯泡	PZ	额定电压	额定功率	PZ220-40
	反射照明灯泡	PZF			PZF22-40
	装饰灯泡	ZS			ZS220-40
	摄影灯泡	SY			SY6
	卤钨灯	LJG			LJG220-500

续表

电光源名称		型号的组成			举例
		第一部分	第二部分	第三部分	
气体放电光源	直管形荧光灯	YZ	额定功率	颜色特征 RR—日光色 RL—冷光色 RN—暖光色	YZ40RR
	U形荧光灯	YU			YU40RL
	环形荧光灯	YH			YH40RR
	自镇流荧光灯	YZZ			YZZ40
	紫外线灯	ZW			ZW40
	荧光高压汞灯	GGY			GGY50
	自镇流荧光高压汞灯	GYZ			GYZ250
	低压钠灯	ND			ND100
	高压钠灯	NG			NG200
	管形氙灯	XG			XG1500
	球形氙灯	XQ			XQ1000
	金属卤化物灯	ZJD			ZJD100
	管形镝灯	DDG			DDG100

3.3.3　常用照明电光源

3.3.3.1　白炽灯

白炽灯是利用钨丝通以电流时被加热而发光的一种热辐射光源。钨丝会随着工作时间的延长而逐渐蒸发变细，细到一定程度就会损坏。为了防止钨丝氧化，抑制钨丝蒸发，常在大功率白炽灯的玻璃壳中充入惰性气体，以延长白炽灯的寿命。

1. 白炽灯的结构

白炽灯由灯丝、玻璃壳、灯头、支架、引线和填充气体等构成，如图 3-3-2 所示。

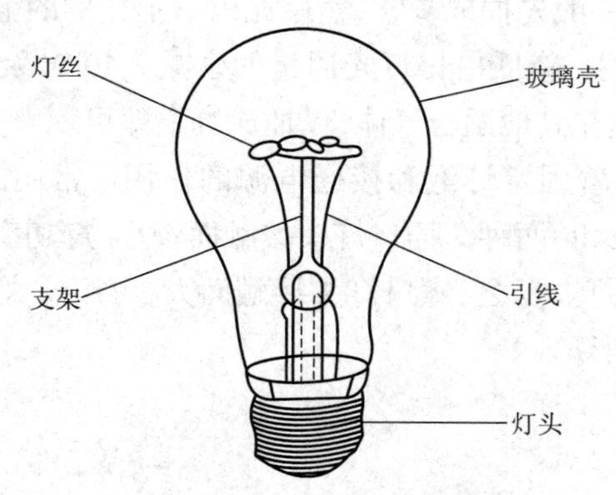

图 3-3-2　普通白炽灯结构图

灯丝是白炽灯发光的主要部件，常用的灯丝形状有直线、单螺旋、双螺旋等。灯丝的形状和尺寸对于白炽灯的寿命、发光效率都有直接影响，同样长短、粗细的钨丝绕成双螺旋形比绕成单螺旋形的发光效率高。一般来说，灯丝结构紧凑，发光点小，利用率就高。

玻璃壳的形式很多，但一般都采用与灯泡纵轴对称的形式，如梨形、圆柱形、球形等，仅有很少的特殊灯泡是不对称的(如全反射灯泡的玻璃壳等)。玻璃壳的尺寸及采用的玻璃材料视灯泡的功率和用途而定。玻璃壳一般是透明的，但有些特种用途的灯泡则采用各种有色玻璃。为了避免眩光，玻璃壳可以进行"磨砂"或"内涂"，使其能形成漫反射；还有些灯泡为了加强在某一方向上的发光强度，在玻璃壳上蒸镀了反射铝层。图 3-3-3 给出了各种功率、用途白炽灯的外形。

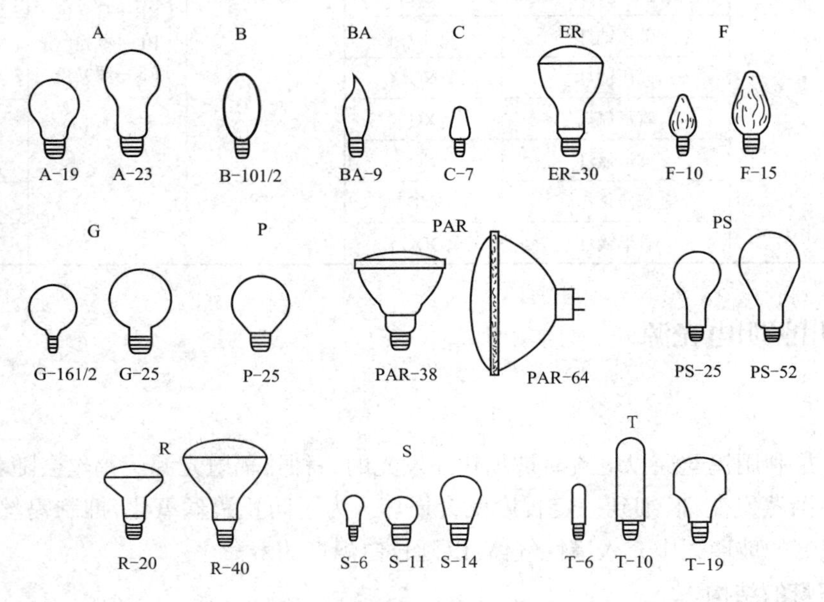

图 3-3-3　各种普通白炽灯的外形

普通白炽灯玻璃壳内一般先抽成真空，然后充以一定比例的氩、氮混合气体。充气的主要作用是抑制钨灯丝的蒸发，降低白炽灯光通量的衰减。40 W 及以下的普通白炽灯，由于其工作温度不高，一般不填充其他混合气体，仅抽成真空即可。

普通白炽灯的灯头起着固定灯泡和接通电源的作用。常用的灯头形式有插口(B15、B22)与螺口(E14、E27、E40)两种。插口灯头接触面较小，灯功率大时接触处温度较高，所以常用于小功率普通白炽灯。反之，螺口灯头接触面大，可用于大功率白炽灯。图 3-3-4 是几种常用白炽灯灯头的外形。

螺口灯头

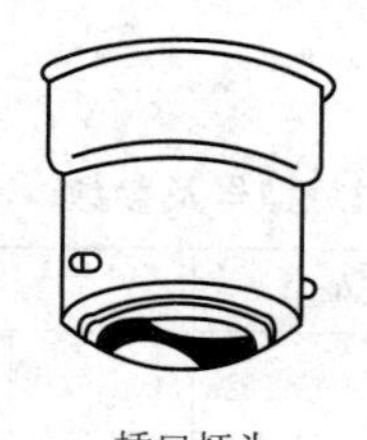
插口灯头

聚焦灯头

特种灯头

图 3-3-4　普通白炽灯灯头的外形

2. 白炽灯的分类

白炽灯的规格很多，分类方法不一，总的可分为真空灯泡和充气灯泡。用得较多的分类方法是根据白炽灯的特性和用途来分，如普通白炽灯、舞台灯、照相灯、矿用灯、装饰灯、反射灯、信号灯等。

3. 白炽灯的特性参数

白炽灯是建筑和其他场所照明用得最广泛的一种光源，为了便于选择和使用，对其主要特性参数进行如下介绍。

1）额定电压（U_N）

灯泡上标注的电压即为额定电压，单位为V。光源（灯泡）只有在额定电压下工作，才能获得各种规定的特性。白炽灯在工作时对电压的变化比较敏感，如果在低于额定电压下工作，光源的寿命虽可延长，但发光强度不足，发光效率降低；如果在高于额定电压下工作，发光强度变强，但寿命将缩短。

2）额定功率（P_N）

白炽灯的额定功率是指灯泡上标注的功率，也是指所设计的灯泡在额定电压下工作时输出的功率，单位为 W。

3）额定光通量（Φ）

白炽灯参数中所给出的光通量是指灯泡在其额定电压下工作时，光源所辐射出的光通量，即额定光通量，单位为 lm。它一般也是指光源在工作 100 h 后的初始光通量。白炽灯的光通量会随着使用时间的增长、灯泡真空度的下降、钨丝的蒸发而衰减。

4）发光效率（η）

白炽灯的发光效率（简称光效）是指灯泡消耗单位电功率所发出的光通量，单位为 lm/W。

5）使用寿命（τ）

白炽灯的使用寿命是指其从开始使用到失效的累计时间。由于使用时情况比较复杂，条件不尽相同，使每个灯泡的使用寿命也不一样。因此，参数中所列使用寿命通常是指平均使用寿命，即在规定条件下，寿命实验所测得的同批白炽灯使用寿命的算术平均值。影响灯泡使用寿命的主要因素是电压。

6）色温、显色指数

白炽灯的色温较低，一般为 2 400~2 900 K，但显色性较高，显色指数 R_a 高达 99~100。

普通白炽灯型号及参数见表 3-3-2。

表 3-3-2　普通白炽灯型号及参数

<table>
<tr><th rowspan="3">灯泡型号</th><th colspan="3">额定值</th><th colspan="2">极限值</th><th colspan="3">外形尺寸(mm)</th><th rowspan="3">平均寿命(h)</th></tr>
<tr><th rowspan="2">电压(V)</th><th rowspan="2">功率(W)</th><th rowspan="2">光通量(lm)</th><th rowspan="2">功率(W)</th><th rowspan="2">光通量(lm)</th><th rowspan="2">D</th><th>螺口式灯头</th><th>插口式灯头</th></tr>
<tr><th>L 不大于</th><th>L 不大于</th></tr>
<tr><td>PZ220-15</td><td rowspan="10">220</td><td>15</td><td>110</td><td>16.1</td><td>95</td><td rowspan="5">61</td><td rowspan="5">110</td><td rowspan="5">1 085</td><td rowspan="10">1 000</td></tr>
<tr><td>PZ220-25</td><td>25</td><td>220</td><td>26.5</td><td>183</td></tr>
<tr><td>PZ220-40</td><td>40</td><td>350</td><td>42.1</td><td>301</td></tr>
<tr><td>PZ220-60</td><td>60</td><td>630</td><td>62.9</td><td>523</td></tr>
<tr><td>PZ220-100</td><td>100</td><td>1 250</td><td>104.5</td><td>1 075</td></tr>
<tr><td>PZ220-150</td><td>150</td><td>2 090</td><td>156.5</td><td>1 797</td><td rowspan="2">81</td><td rowspan="2">175</td><td rowspan="5">—</td></tr>
<tr><td>PZ220-200</td><td>200</td><td>2 920</td><td>208.5</td><td>2 570</td></tr>
<tr><td>PZ220-300</td><td>300</td><td>4 610</td><td>312.5</td><td>4 057</td><td rowspan="2">111.5</td><td rowspan="2">240</td></tr>
<tr><td>PZ220-500</td><td>500</td><td>8 300</td><td>520.0</td><td>7 304</td></tr>
<tr><td>PZ220-1000</td><td>1 000</td><td>18 600</td><td>1 040.5</td><td>16 368</td><td>131.5</td><td>281</td></tr>
</table>

注:①灯泡可按需要制成磨砂、乳白色及内涂白色的玻璃壳,但其光参数允许较表中值降低使用:磨砂玻璃壳降低 3%,内涂白色玻璃壳降低 15%,乳白色玻璃壳降低 25%。

②外形尺寸:*D* 为灯泡外径;*L* 为灯泡长度。

4. 白炽灯的应用

白炽灯是各类建筑和其他场所照明应用最广泛的光源之一,它作为第一代电光源已有 140 多年历史,虽然各种新光源发展很迅速,但白炽灯仍然是在不断研究和开发中的光源。这是因为白炽灯具有体积小、结构简单、造价低、不需要其他附件,使用时受环境影响小,而且方便、光色优良、显色性好、无频闪现象等优点。所以,普通白炽灯常用于日常生活照明,工矿企业照明,剧场、宾馆、商店、酒吧等照明。

装饰白炽灯是利用白炽灯玻璃壳的外形和色彩的变化,工作时起到一定的照明和装饰效果。通过将装饰白炽灯以不同的方式排列组合安装,能形成多种灯光艺术风格。装饰白炽灯常用于会议室、客厅、节日装饰照明等。

反射型白炽灯是在白炽灯玻璃壳的内壁上涂有部分反射层,能使光线定向反射。反射型白炽灯适用于灯光广告、橱窗、体育设置、展览馆等需要光线集中的场合。

3.3.2　荧光灯

荧光灯是低压汞蒸气弧光放电灯,也被称为第二代电光源。与白炽灯相比,荧光灯具有光效高、寿命长、光色和显色性都比较好的特点,因此在大部分场合取代了白炽灯。

17- 荧光灯

1. 荧光灯的结构与原理

1)荧光灯的结构

荧光灯主要由玻璃管和电极组成。

玻璃管内壁涂有荧光粉,将玻璃管内抽真空后加入一定量的汞、氩、氪、氖等气体。常见的荧光灯是直管状的,根据需要,玻璃管也可以弯成环形或其他形状。

玻璃管两端有电极,并引出管外,它是气体放电灯的关键部件,也是决定灯的寿命的主要因素。荧光灯的电极通常由钨丝绕成双螺旋或三螺旋形状,在灯丝上涂以发射材料(一般为三氧化物)。荧光灯的电极主要用来产生热电子发射,以维持灯管的放电。

荧光灯的附件有启辉器和镇流器。启辉器(俗称跳泡)的主要元件是一个由两种膨胀系数不同的金属材料压制而成的双金属片(冷态触头常开)和一个固定触头。启辉器的工作过程是:在灯管刚接电路时,启辉器双金属片闭合,有电流通过灯丝,对灯丝进行预热;双金属片断开的瞬间,镇流器产生高压脉冲,两电极之间的气体被击穿,产生气体放电。镇流器是一个有铁芯的线圈,其主要作用是在启动时在启辉器的作用下产生高压脉冲,在工作时用于平衡灯管电压。荧光灯的基本结构如图 3-3-5 所示,工作电路如图 3-3-6 所示。

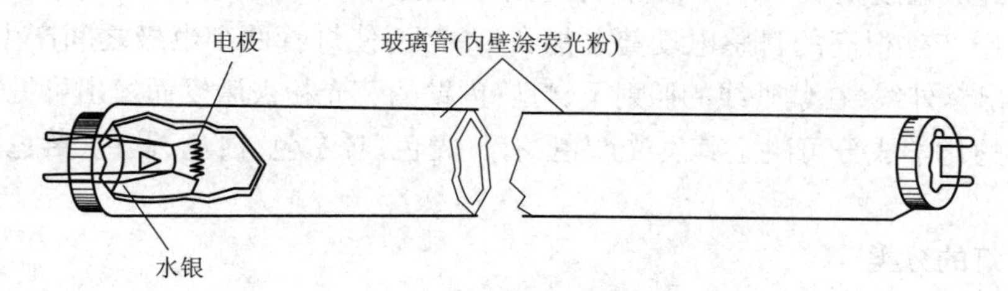

图 3-3-5 荧光灯结构

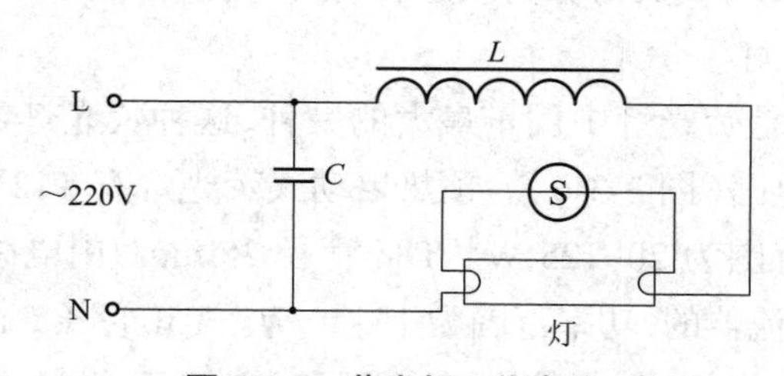

图 3-3-6 荧光灯工作电路

近年来,电子镇流器得到广泛应用,与电感镇流器相比,电子镇流器具有如下优点:光效高、光无闪烁、能瞬时启动且无须外加启辉器、调光性能好、功率因数高、温升小、无噪声、体积小、质量轻。电子镇流器由低通滤波器、整流器、缓冲电容、高频功率振荡器和灯电流稳压器五部分组成。图 3-3-7 为电子镇流器原理图。

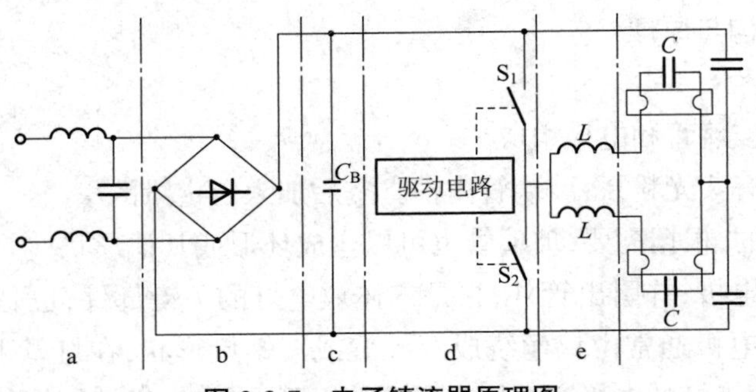

图 3-3-7　电子镇流器原理图

2）荧光灯的工作原理

当荧光灯接通电源时，启辉器内的双金属片产生辉光放电，玻璃管内的温度骤然升高，同时双金属片因放电被加热膨胀而发生变形，当双金属片与固定触点接触时，电路被接通。在由镇流器、灯丝、启辉器触点组成的电路中有电流通过，灯管两端的钨丝电极因通过电流而被加热，温度达到 800~1 000 ℃时，在灯丝上释放出大量的电子。由于辉光放电停止，启辉器双金属片的温度很快下降，双金属片与固定触点断开（断开电路），断开电路的瞬间，在镇流器线圈中产生很高的自感电动势并加在灯管上，使灯管两个电极之间产生弧光放电。汞蒸气辐射出紫外线，在紫外线的照射下，灯管内壁的荧光粉被激发而发出可见光。

荧光粉的化学成分可决定其发光颜色，有日光色、暖白色、白色、蓝色、黄色、绿色、粉红色等。

2. 荧光灯的分类

1）直管形荧光灯

直管形荧光灯按启动方式又可分为预热启动式、快速启动式和瞬时启动式。

Ⅰ. 预热启动式荧光灯

预热启动式荧光灯是荧光灯中用量最大的一种，这种荧光灯在工作时，需要有由镇流器、启辉器组成的工作电路（图 3-3-6）。预热启动式荧光灯有 T12、T8 和 T5 等几种。T12（管径 35 mm）的功率范围为 20~125 W。T8（管径 25 mm）用电感镇流器的，功率范围为 15~70 W；用高频电子镇流器的，功率范围为 16~50 W。T5（管径 5 mm）多用电子镇流器，功率范围为 14~35 W。根据功率大小，其还有微型和大功率荧光灯之分，最小功率只有 4 W，最大功率可达 125 W。还有一些特殊的荧光灯，如环形荧光灯、U 形荧光灯及彩色荧光灯和反射荧光灯等。

Ⅱ. 快速启动式荧光灯

快速启动式荧光灯是在灯管的内壁涂敷透明的导电薄膜（或在管内壁或外壁敷设导电条），提高极间电场。在镇流器内附加灯丝预热回路，且镇流器的工作电压设计得比启动电压高，所以其在电源电压施加后的 1 s 内就可启动。

Ⅲ.瞬时启动式荧光灯

瞬时启动式荧光灯不需要预热，可以采用漏磁变压器产生的高压瞬时启动灯管。

2）紧凑型荧光灯

紧凑型荧光灯一般使用直径为10~16 mm的细管弯曲或排列成一定的形状（U形、H形、螺旋形等），以缩短放电管的线形长度。它可以广泛用于替代白炽灯，在达到同样光输出的情况下，可以节约大量电能。

紧凑型荧光灯不仅光色好、光效高、能耗低，而且寿命长。国外厂家（如飞利浦公司等）的相关产品的寿命已达到8 000~10 000 h。图3-3-8为几种常见的紧凑型荧光灯。

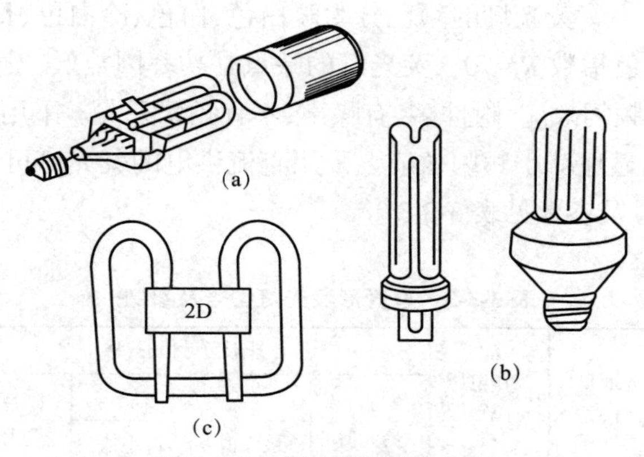

图3-3-8 常见紧凑型荧光灯

（a）双曲灯 （b）H灯 （c）双D灯

3. 荧光灯的特性

1）电源电压变化的影响

电源电压的变化对荧光灯光电参数是有影响的，电压过高时，灯管的电流变大，电极过热，加速灯管两端发黑，缩短灯管使用寿命；电压过低时，灯管启动困难，启辉器往往多次工作才能启动，不仅影响照明效果，而且会缩短灯管使用寿命。

2）光色

荧光灯可通过改变管壁所涂荧光粉的成分来得到不同的光色、色温和显色指数。

3）环境温度的影响

环境温度的变化对荧光灯的工作也有较大影响，温度过低会使荧光灯难以启动。这主要是因为荧光灯发出的光通量与汞蒸气放电激发紫外线的强度有关，紫外线强度又与汞蒸气压力有关，汞蒸气压力与灯管直径、冷端温度（冷端温度与环境温度有关）等因素有关。一般直管形荧光灯，在环境温度为20~30 ℃、冷端温度为38~40 ℃时发光效率最高。一般来说，环境温度低于10 ℃会使灯管启动困难。

4）闪烁与频闪效应

随着供电电源频率的变化，荧光灯发出的光线会有闪烁感。这种由电源频率变化所造成的荧光灯周期性闪烁的现象称为频闪效应。

在正弦交流电作用下，在电流每次过零时，光通量即为零，由此会产生闪烁感。由于电流变化较快，加之荧光粉的余辉作用，使得人们对其感觉不甚明显，只有在灯管老化时才能较明显地感觉出来。但由于频闪效应的客观存在，对于特殊工作场所（高速旋转的设备环境）频闪效应可能引发人身和设备安全事故。因此，对照明要求较高的场所应采取必要的补偿措施，如在大面积照明场所以及在双管、三管灯具中采用分相供电，即可明显地减小频闪效应的影响。

荧光灯的优点是光效高、寿命长、光谱接近日光（常称日光灯）、显色性好、表面温度低、表面亮度低、眩光影响小。荧光灯的颜色分为暖白色、白色、冷白色、日光色和彩色，色温为3 000~6 700 K，一般显色指数 R_a=70。荧光灯的缺点是功率因数低，发光效率与环境温度和电源频率有关，而且有频闪效应、附件多、有噪声、不宜频繁开关。采用电子镇流器的荧光灯工作在高频状态，可明显地减小频闪效应。采用直流供电的荧光灯可以做到几乎无频闪效应。直管形荧光灯型号及参数见表 3-3-3。

表 3-3-3　直管形荧光灯型号及参数

<table>
<tr><th rowspan="3">灯管型号</th><th rowspan="3">功率
（W）</th><th rowspan="3">光通量
（lm）</th><th rowspan="3">工作电压
（V）</th><th colspan="4">外形尺寸（mm）</th><th rowspan="3">灯头型号</th><th rowspan="3">平均寿命
（h）</th></tr>
<tr><th rowspan="2">L
最大值</th><th colspan="2">L₁</th><th rowspan="2">D
最大值</th></tr>
<tr><th>最大值</th><th>最小值</th></tr>
<tr><td>YZ20RR</td><td rowspan="3">20</td><td>775</td><td rowspan="3">57</td><td rowspan="3">604</td><td rowspan="3">589.8</td><td rowspan="3">586.8</td><td rowspan="3">40.5</td><td rowspan="9">G13</td><td rowspan="3">3 000</td></tr>
<tr><td>YZ20RL</td><td>835</td></tr>
<tr><td>YZ20RN</td><td>880</td></tr>
<tr><td>YZ30RR</td><td rowspan="3">30</td><td>1 295</td><td rowspan="3">81</td><td rowspan="3">908.8</td><td rowspan="3">894.6</td><td rowspan="3">891.6</td><td rowspan="3">40.5</td><td rowspan="6">5 000</td></tr>
<tr><td>YZ30RL</td><td>1 415</td></tr>
<tr><td>YZ30RN</td><td>1 465</td></tr>
<tr><td>YZ40RR</td><td rowspan="3">40</td><td>2 000</td><td rowspan="3">103</td><td rowspan="3">1 213.6</td><td rowspan="3">1 199.4</td><td rowspan="3">1 196.4</td><td rowspan="3">40.5</td></tr>
<tr><td>YZ40RL</td><td>2 200</td></tr>
<tr><td>YZ40RN</td><td>2 285</td></tr>
</table>

注：①型号中 RR 表示发光颜色为日光色（色温为 6 500 K）；RL 表示发光颜色为冷白色（色温为 4 500 K）；RN 表示发光颜色为暖白色（色温为 2 900 K）。

②灯管使用时必须配备相应的启辉器和镇流器。

③外形尺寸：L 为含两端针脚的长度，L_1 为含一端针脚的长度，D 为灯管直径。

4. 荧光灯的应用

荧光灯具有良好的显色性和发光效率，因此广泛用于图书馆照明、教室照明、隧道照明、地铁照明、商店照明、办公室照明及其他对显色性要求较高的场所的照明。

异型荧光灯（环形、U 形、紧凑型等）、反射式荧光灯、彩色荧光灯常用于室内装饰照明。

3.3.3.3　金属卤化物灯

18- 金属卤化物灯

金属卤化物灯是在高压汞灯的基础上，在放电管中加入了各种不同的金属卤化物，依靠这些金属原子的辐射，提高灯管内金属蒸气的压力，有利于发光效率的提高，从而获得了比高压汞灯更高的光效和更好的显色性。

1. 金属卤化物灯的结构与原理

金属卤化物灯的结构和高压汞灯极其相似，由放电管（石英玻璃管或陶瓷管）、玻璃外壳、电极和灯头等构成。

在金属卤化物灯中虽然像高压汞灯那样也充入了汞，但金属卤化物的激发电位低于汞，因此在放电辐射中金属谱线占主要地位。由于金属卤化物比汞难蒸发，充入汞的作用就是为了使灯容易启燃。刚启燃时，金属卤化物灯就如高压汞灯一样；启燃后，金属卤化物被蒸发，放电辐射的主导地位转移到金属原子的辐射。

由于能充入放电管内的金属元素的种类很多，各种原子有各自的特征谱线，所以只要选择适当的比例，金属卤化物灯就可以制成多种光色不同的光源。目前，广泛应用的有碘化钠－碘化铊－碘化铟灯（简称钠－铊－铟灯）、镝灯、钪－钠卤化物灯等，如白色型光源钠－铊－铟灯、日光型光源镝灯、绿光光源铊灯、蓝光光源铟灯等。

2. 金属卤化物灯的分类

金属卤化物灯按渗入的金属原子种类不同分为钠-铊-铟灯、镝灯、卤化锡灯与碘化铝灯等。金属卤化物灯按其特点不同可分为紧凑金属卤化物灯、中大功率金属卤化物灯、陶瓷金属卤化物灯。

金属卤化物灯按结构不同可分为双泡壳单端型金属卤化物灯、双泡壳双端型金属卤化物灯和单泡壳双端型金属卤化物灯。

金属卤化物灯按发光颜色不同分为白色金属卤化物灯和彩色金属卤化物灯。

3. 金属卤化物灯的特性

金属卤化物灯工作时需要镇流器，但不需要特殊设计。对钠－铊－铟灯可以采用高压汞灯的镇流器，而对很多稀土金属卤化物灯和卤化锡灯也可以采用高压钠灯的镇流器。

金属卤化物灯熄灭后，由于灯内气压太高，不能立即再启燃，一般需要 5~20 min 后才能再启燃。

金属卤化物灯发光效率较高，可达 70 lm/W，一般为荧光高压汞灯的 1.5~2 倍；显色性较好，显色指数 R_a=60~80。

4. 金属卤化物灯的应用

金属卤化物灯具有发光体积小、亮度高、质量轻、光色接近太阳光、显色性较好、发光效率高等特点，所以该光源具有很好的发展前途。这类光源常用作室外场所的照明，如广场、车站、码头等大面积照明场所。

金属卤化物灯在使用时应注意:电源电压波动限制在 ±5%;在安装或设计造型时有向上、向下和水平安装方式,参考使用说明书;安装高度一般都比较高,如 NTY 型灯的安装高度最低要求为 10 m,最高要求为 25 m。

3.3.3.4　LED

1. LED 的结构

19-LED 灯

LED(Light Emitting Diode,发光二极管),是一种固态的半导体器件,它可以直接把电能转化为光能。LED 的心脏是一个半导体的晶片,晶片的一端附着在一个支架上,是负极,另一端连接电源的正极,整个晶片被环氧树脂封装起来。半导体晶片由两部分组成,一部分是 P 型半导体,在它里面空穴占主导地位,另一端是 N 型半导体,在它里面占主导地位的是电子。这两种半导体连接起来的时候,它们之间会形成一个“PN 结”。

2. LED 的照明原理

LED 是由Ⅲ-Ⅳ族化合物,如 GaAs(砷化镓)、GaP(磷化镓)、GaAsP(磷砷化镓)等半导体制成的,其核心是 PN 结。因此它具有一般 PN 结的 I-N 特性,即正向导通,反向截止、击穿特性。此外,在一定条件下,它还具有发光特性。在正向电压下,电子由 N 区注入 P 区,空穴由 P 区注入 N 区。进入对方区域的少数载流子(少子)一部分与多数载流子(多子)复合而发光。

3. LED 的优点

LED 的内在特征决定了它具有如下很多优点。

1)体积小

LED 基本上是一块很小的晶片被封装在环氧树脂里面,所以它非常小,非常轻。

2)耗电量低

LED 耗电量相当低,直流驱动,超低功耗(单管 0.03~0.06 W),电光功率转换接近 30%。一般来说 LED 的工作电压是 2~3.6 V,工作电流是 0.02~0.03 A;这就是说,它消耗的电能不超过 0.1 W,相同照明效果比传统光源节能近 80%。

3)使用寿命长

有人称 LED 光源为长寿灯。它为固体冷光源,环氧树脂封装,灯体内也没有松动的部分,不存在灯丝发光易烧、热沉积、光衰等缺点,在恰当的电流和电压下,使用寿命可达 6 万到 10 万小时,比传统光源寿命长 10 倍以上。

4)高亮度、低热量

LED 使用冷发光技术,发热量比普通照明灯具低很多。

5)环保

LED 是由无毒材料制成的,不像荧光灯含水银会造成污染,同时 LED 也可以回收再利

用。光谱中没有紫外线和红外线，既没有热量，也没有辐射，眩光小，是冷光源，可以安全触摸，属于典型的绿色照明光源。

6)坚固耐用

LED被完全封装在环氧树脂里面，比灯泡和荧光灯管都要坚固。灯体内也没有松动的部分，使得LED不易损坏。

7)多变幻

LED光源可利用红、绿、蓝三基色原理，在计算机技术的控制下使三种颜色具有256级灰度并可任意混合，即可产生$256 \times 256 \times 256 = 16\ 777\ 216$种颜色，形成不同光色的组合，实现丰富多彩的动态变化效果及各种图像。

8)技术先进

与传统光源单调的发光效果相比，LED光源是低压微电子产品。它成功融合了计算机技术、网络通信技术、图像处理技术、嵌入式控制技术等，所以亦是数字信息化产品，是半导体光电器件"高新尖"技术，具有在线编程、无限升级、灵活多变等特点。

4. LED的分类

1)按发光颜色分类

按发光颜色分类，LED可分成红色、橙色、绿色(又细分为黄绿、标准绿和纯绿)、蓝光LED等。另外，有的LED中包含两种或三种颜色的芯片。

根据LED出光处掺或不掺散射剂、有色还是无色，上述各种颜色的LED还可分成有色透明、无色透明、有色散射和无色散射四种类型。散射型LED适合于指示灯。

2)按出光面特征分类

按出光面特征分类，LED可分为圆形灯、方灯、矩形灯、面发光管、侧向管、表面安装用微型管等。圆形灯的直径有$\phi 2$ mm、$\phi 4.4$ mm、$\phi 5$ mm、$\phi 8$ mm、$\phi 10$ mm及$\phi 20$ mm等。国外通常把$\phi 3$ mm的LED记作T-1，把$\phi 5$ mm的记作T-1(3/4)，把$\phi 4.4$ mm的记作T-1(1/4)。

由半值角大小可以估计圆形发光强度角分布情况。从发光强度角分布来分，有以下三类。

(1)高指向型。一般为尖头环氧封装，或是带金属反射腔封装，且不加散射剂。半值角为5°~20°或更小，具有很高的指向性，可作局部照明光源用，或与光检出器联用以组成自动检测系统。

(2)标准型。通常作指示灯用，其半值角为20°~45°。

(3)散射型。这是视角较大的指示灯，半值角为45°~90°或更大，散射剂的量较大。

3)按结构分类

按结构分类，LED有全环氧包封、金属底座环氧封装、陶瓷底座环氧封装及玻璃封装LED等。

4）按发光强度和工作电流分类

按发光强度和工作电流分类，LED 有普通亮度（发光强度 10 mcd）和高亮度（发光强度在 10~100 mcd）LED。一般 LED 的工作电流在十几毫安至几十毫安，而低电流 LED 的工作电流在 2 mA 以下（亮度与普通 LED 相同）。

除上述分类方法外，还有按芯片材料分类及按功能分类的方法。

5. LED 的应用

LED 在当下已经成为照明主流，LED 在下述领域应用范围很广。

1）专卖店和大型商场

LED 现已用于专卖店和大型商场，成为一些商家针对某些特殊产品展示的偏好光源；它全光谱的色彩范围很适合烘托专卖店和商场的气氛，LED 在局部照明、重点照明和区域照明方面的优势，能营造出其他传统照明电光源所无法比拟的高质量光环境，非常适合商业照明领域。这时候，价格成了次要考虑因素。

2）娱乐场所、美容院照明

LED 整合的光源具备全特性容易控制，可以创造静态和动态的照明效果，从白光到全光谱的任意色彩，渲染出一种强烈的娱乐气氛来，LED 的出现给这类空间环境的装潢设计开启了新的思路。

3）酒吧、咖啡厅等休闲场所的气氛照明

光源体积小，固态发光，给了 LED 灯具制造商无限的发挥空间，可以制作各式不同风格的 LED 灯具，而 LED 全光谱的任意色彩和动静态的照明效果让它的装饰性和制造情调的功能在这一类场所表现得淋漓尽致。

4）博物馆、美术陈列馆等专业场所的照明

博物馆、美术陈列馆等场所属于对照明环境要求较高的特殊场合，其展示物品的特殊性要求照明光源不含紫外线，没有热辐射。LED 是冷光源，光线中不含紫外线，完全可以满足博物馆、美术陈列馆对照明的特殊要求。

5）商业性剧场、电视演播厅、舞蹈和摄影的舞台照明

LED 在室内照明的应用，给剧场、演播厅的照明环境诠释了一个新的概念。作为一流的英国电视台——GMTV 去年将演播室的照明改为变色 LED，照明方面的能源利用减少了 60% 以上，演播室的温度也降到更为舒适的程度。

6）旅馆、酒店、宾馆照明

酒店、宾馆的照明运用 LED 产品，给顾客带来一种不一样的感受，除了节约能源之外，还能尽显豪华和温馨，对业主而言，LED 营造的个性化的光环境可以充分彰显企业的实力。

7）会议室、多功能厅照明

智能化控制的 LED 灰阶可调，可以依据会议内容的不同调整会议室或多功能厅的照明环境，或严肃或活泼可以自由设定，LED 智能化照明可以满足不同会议主题对光环境的

需求。

8）展览会、时装表演照明

展览会、时装表演是商家展示其产品和服务的场合。对商家而言，为了更好地吸引顾客，推销商品并最终达成合作协议，他们需要个性化的光环境来展示其产品和服务，LED在展览会和时装表演照明领域大有用武之地。

9）起居室和家庭影院照明

利用LED的灯光色彩来烘托一种温暖、和谐、浪漫的情调，体现舒适、休闲的氛围。LED的应用为家居照明诠释了另一种意义。

【知识加油站】

LED灯照明大事记

1879年爱迪生发明电灯。

1938年荧光灯问世。

1959年卤素灯问世。

1961年高压钠灯问世。

1962年金属卤化物灯问世。

1969年第一盏LED灯（红色）问世。

1976年绿色LED灯问世。

1993年蓝色LED灯问世。

1999年白色LED灯问世。

2000年LED灯应用于室内照明。

LED灯照明的出现是继白炽灯照明发展120多年以来照明的第二次革命。

21世纪开始，通过自然、人类和科学之间奇妙的相遇而开发的LED，成为光世界的创新，开启了对人类必不可少的绿色技术光革命。

LED灯是继爱迪生发明电灯之后开始的巨大的光革命。

照明用LED灯是以大功率白光LED单灯为主，大颗粒LED灯发光效率大于或等于100 lm/W，小颗粒LED灯发光效率大于或等于110 lm/W。大颗粒LED灯光衰每年小于3%，小颗粒LED灯光衰每年小于3%。

目前，LED太阳能路灯、LED投光灯、LED吊顶灯、LED日光灯都已经可以被批量生产了。例如10 W的LED日光灯就可以替换40 W的普通日光灯或者节能灯。越来越多LED灯已经进入平常百姓家，正在逐渐普及。

模块 3.3 同步练习

模块 3.4　城市轨道交通照明光源选用

【学习目标】

（1）了解电光源的选用原则。

（2）了解常用电光源的特点和应用场所。

【知识储备】

3.4.1　电光源性能比较

电光源的性能指标主要是发光效率、使用寿命和显色性。表 3-4-1 给出了常用电光源的性能指标。从表中可以看出，发光效率较高的有低压钠灯、高压钠灯和金属卤化物灯等；显色性较好的有白炽灯、金属卤化物灯和荧光灯等；使用寿命较长的有高压钠灯和荧光灯等；启动性能较好的（能瞬时启动和再启动）光源有白炽灯等；显色性最差的为低压钠灯和高压汞灯。

表 3-4-1　常用电光源的性能指标

性能指标	电光源名称				
	白炽灯	荧光灯	高压钠灯	低压钠灯	金属卤化物灯
额定功率（W）	10~1 000	5~125	35~1 000	18~180	100~1 000
发光效率（lm/W）	6.5~19	30~67	60~120	100~175	60~80
平均寿命（h）	1 000	2 500~5 000	16 000~24 000	2 000~3 000	2 000
一般显色指数 R_a	95~99	70~80	20~25	40~60	65~85
启动稳定时间（min）	瞬时	0~3	4~8	7~15	4~8
再启动时间（min）	瞬时	0~3	10~20	≥ 5	10~15
功率因数 $\cos\varphi$	1.0	0.45~0.8	0.30~0.44	0.06	0.4~0.61

续表

性能指标	电光源名称				
	白炽灯	荧光灯	高压钠灯	低压钠灯	金属卤化物灯
频闪效应	不明显	明显	明显	明显	明显
表面亮度	高	低	较高	低	高
电压变化对光通量的影响	大	较大	大	大	较大
环境温度对光通量的影响	小	大	较小	小	较大
耐震性能	较差	好	好	较好	好
所需附件	无	镇流器、启辉器	镇流器	镇流器	触发器、镇流器
色温(K)	2 400~2 900	3 000~6 500	2 000~4 000	2 000~4 000	4 500~7 000

在常用的电光源中,电压变化对电光源光通输出影响最大的是高压钠灯,其次是白炽灯,影响最小的是荧光灯。由实验得知,对于维持气体放电灯正常工作不至于自行熄灭的供电电压波动最低允许值,荧光灯为 160 V,高强度气体放电灯为 190 V。

气体放电灯受电源频率影响较大,频闪效应较为明显。而热辐射光源(白炽灯)的发光体(灯丝)热惰性大,闪烁感觉不明显,所以在机械加工车间常常将白炽灯用作局部重点照明,以减小频闪效应的影响。

电光源能瞬时启动和再启动时间短的有白炽灯和荧光灯。高压气体放电灯由于受气压缓慢上升等因素影响,启动时间和再启动时间较长,如高压钠灯的再启动时间为 10~20 min。

3.4.2　电光源的选用

选用电光源首先要满足照明场所的使用要求,如照度、显色性、色温、启动稳定时间和再启动时间等,尽量优先选择新型、节能型电光源;其次考虑环境条件要求,如光源安装位置、装饰和美化环境的灯光艺术效果等;最后综合考虑初始投资与年运行费用。

3.4.2.1　按照明设施的目的和用途选择电光源

不同场所照明设施的目的和用途不同,对显色性要求较高的场所,应选用平均显色指数 ≥ 80 的光源,如美术馆、商店、化学分析实验室、印染车间等常选用日光灯、金属卤化物灯等。

对照度要求较低时(一般小于 100 lx),宜选用低色温光源。对照度要求较高时(一般大于 200 lx),宜选用高色温光源,如室外广告、城市夜景、体育馆等高照度照明场所常选用高压气体放电灯。

在下列工作场所可选用白炽灯:

(1)局部照明场所,如金属加工工作台的重点照明;

(2)不能有电磁波干扰的照明场所,如电子、无线电工作室;

(3)照度要求不高,且经常开关灯的照明场所,如地下室照明;

(4)应急照明;

(5)要求有温暖、华丽的艺术照明的场所,如大厅、会客室、宴会厅、饭店、咖啡厅、卧室等。

由于高压钠灯的发光效率很高、光色偏黄,在下列工作场所可选用高压钠灯:

(1)对显色性要求不高的照明场所,如仓库、广场等;

(2)多尘、多雾的照明场所,如码头、车站等;

(3)城市道路照明。

3.4.2.2 按环境要求选择电光源

环境条件常常限制了某些电光源的使用。在选择电光源时,必须考虑环境条件是否允许用该类型电光源,如低压钠灯的发光效率很高,但显色性较差,所以低压钠灯不适用于要求显色性很高的场所。

低温场所不宜选用使用电感镇流器的荧光灯和卤钨灯,以免启动困难。在空调房间内不宜选用发热量大的白炽灯、卤钨灯等,以降低空调用电量。在转动的工件旁不宜采用气体放电灯作为局部照明,以免发生因频闪效应造成的事故。有振动的照明场所不宜采用卤钨灯(灯丝细长而脆)等。

在有爆炸危险的场所,应根据爆炸危险介质的类别和组别选择相应的防爆灯。在多灰尘的房间,应选择限制尘埃进入的防尘灯具。在灯具受到有压力的水冲洗的场所,必须采用防溅型灯具。在有腐蚀性气体的场所,宜采用耐腐蚀材料制成的密封灯具。

3.4.2.3 按投资与年运行费选择电光源

选择电光源时,在保证满足使用功能和照明质量的要求下,应重点考虑灯具的效率和经济性,并进行初始投资、年运行费和维修费的综合计算。其中,初始投资包括电光源的购置费、配套设备和材料费、安装费等;年运行费包括每年的电费和管理费;维修费包括电光源检修和更换费用等。

在经济条件比较好的地区,可设计选用发光效率高、寿命长的新型电光源,并综合各种因素考虑整个照明系统,以降低年运行费和维修费。常用电光源的特点和应用场所见表3-4-2。

表 3-4-2 常用电光源的特点和应用场所

光源名称	发光原理	特点	应用场所
白炽灯	钨丝通过电流时被加热而发光的一种热辐射光源	结构简单、成本低、显色性好、使用方便、有良好的调光性能	日常生活照明,工矿、酒吧、应急照明
卤钨灯	白炽灯内充入微量的卤素,利用卤素循环提高发光效率	体积小、显色性好、使用方便	建筑工地、摄影等照明

续表

光源名称	发光原理	特点	应用场所
荧光灯	氩气、汞蒸气放电发出可见光和紫外线	光效高、显色性好、寿命长	家庭、学校、办公室、医院、图书馆、商业等照明
紧凑型荧光灯	发光原理同荧光灯，但光效比荧光灯高	集中白炽灯和荧光灯的优点，光效高、寿命长、体积小、显色性好、使用方便	家庭、宾馆照明
高压汞灯	发光原理同荧光灯	光效较白炽灯高、寿命长、耐震性能较好	街道、车站等室外照明，但不推荐应用
金属卤化物灯	在灯泡中充入金属卤化物，金属原子参与气体放电发光	发光效率高、寿命长、显色性好	体育场馆、展览中心、广场、广告照明
高压钠灯	在灯泡中充入钠元素，高压钠蒸气参与气体放电发光	发光效率很高、寿命很长、透雾性能好、使用方便	道路、车站、广场、工矿企业等照明
管形氙灯	电离的氙气被激发而发光	功率大、发光效率高、触发时间短、不需镇流器、使用方便	广场、港口、机场、体育馆、城市夜景照明

3.4.3　城市轨道交通照明光源的选择

城市轨道交通照明应选用高效、节能、环保的光源。选用的照明光源应符合《普通照明用双端荧光灯能效限定值及能效等级》（GB19043—2013）、《单端荧光灯能效限定值及节能评价值》（GB 19415—2013）、《高压钠灯能效限定值及能效等级》（GB 19573—2004）、《金属卤化物灯用镇流器能效限定值及能效等级》（GB 20053—2015）等标准和国家现行其他相关标准的有关规定。选择光源时，应在满足显色性、启动时间等要求的条件下，根据光源、灯具及镇流器等的效率、寿命和价格，在进行综合技术经济分析比较后确定。

城市轨道交通照明光源可参照以下内容选择。

（1）可按下列条件选择光源：

①高度较低场所宜采用三基色细管径直管形荧光灯，也可采用紧凑型荧光灯、小功率的金属卤化物灯；

②高度较高的厂房、车间、站台可采用金属卤化物灯、高压钠灯、大功率细管径荧光灯或高频无极荧光灯，当采用高频无极荧光灯时，其电磁兼容性的要求应满足周边设备的要求；

③一般照明场所不宜采用荧光高压汞灯和自镇流荧光高压汞灯；

④隧道区间线路照明宜采用高频无极荧光灯、荧光灯、小功率金属卤化物灯，当采用高频无极荧光灯时，其电磁兼容性应满足周边设备的要求；

⑤地面、高架区间线路照明宜采用高压钠灯、小功率金属卤化物灯；

⑥一般情况下，室内外照明不应采用普通照明白炽灯；在特殊情况下需采用时，其额定功率不应超过 100 W。

（2）下列工作场所可采用白炽灯：

①要求瞬时启动和连续调光的场所，使用其他光源技术经济不合理时；

②对防止电磁干扰要求严格的场所；

③开关灯频繁的场所；

④照度要求不高，且照明时间较短的场所；

⑤对装饰有特殊要求的场所；

⑥由于光源的频闪作用而引起错误视觉，危及人身安全的场所。

（3）应急照明用出口标志灯、指向标志灯可采用LED灯，疏散照明灯应选用能快速点燃的光源。

（4）应根据识别颜色要求和场所特点，选用相应显色指数的光源。站台、站厅同一场所光源色温应保持一致。城市轨道交通各场所照明光源的色表宜符合表3-4-3的规定。

表3-4-3　光源的色表

色表分组	色表特征	相关色温（K）	适用场所举例
Ⅰ	暖	≤3 300	休息室、厕所等
Ⅱ	中间	3 300~5 300	站台、站厅、通道、楼梯、办公室等
Ⅲ	冷	≥5 300	机房、控制室等

3.4.4　照明节能

（1）城市轨道交通各场所照明功率密度值应符合相关的规定。当按规定提高或降低一级照度标准值时，照明功率密度值应按比例增加或减小。

（2）城市轨道交通照明可采用以下节电措施：

①光源、灯具及其附件选择应符合《城市轨道交通照明》（GB/T 16275—2008）的规定；

②对车辆段中的停车库、检修库，车站的站台、站厅、出入口等大面积场所，照明应能分路控制；

②非运营时间可只保留应急照明与值班照明，作内部人员通行和巡视使用，照度标准不低于正常照明照度的10%；

③地面或高架站出入口外灯具宜采用时控或光控，白天或高照度时关闭；

④高架站四周路灯宜采用时控和光控节能；

⑤有条件时，宜利用各种导光和反光装置将天然光引入室内进行照明；

⑥有条件时，宜利用太阳能作为照明能源；

⑦地面或高架场所照明应首先考虑自然光，自然光的利用可参照《建筑采光设计标准》（GB/T 50033—2013）中的规定。

【知识加油站】

LED灯选用关注事项

（1）小心低价陷阱。LED光源价格差别很大，同颜色、同亮度的LED，价格上能相差几倍。这种差距主要体现在LED灯的可靠性、光衰、外观工艺等性能差异上。价格低的LED灯，其芯片尺寸较小，电极比较粗糙，所使用的材料（荧光粉及胶水）较差，耐电流、温湿度变化差，光衰快、寿命短，所以一味追求低价可能得不偿失。

（2）认清相关标准。从安全角度看，产品应符合相关的国际、国家标准。有国际安全认证的产品，价格一般较高。

（3）选用恒流电源的LED灯。LED灯驱动电源的电阻、电容、集成电路（Integrated Circuit，IC）等元器件价格差别很大，整个电源所采用的方案和线路本身设计的合理性都会直接影响产品的质量。有的驱动电源只是恒压输出，并没有做到恒流输出，而LED灯必须要恒流驱动才能更好地确保品质和使用寿命。所以，采购时需要额外注意，特别是对大功率LED灯。

模块3.4同步练习

模块3.5　城市轨道交通照明灯具选用

【学习目标】

（1）了解灯具的作用。

（2）了解灯具的光学特性。

（3）掌握灯具的分类方法及其种类。

（4）掌握灯具的选择原则。

【知识储备】

根据国际照明委员会（Commission Internationale de L′ Eclairage，CIE）的定义，灯具是

透光、分配和改变光源光分布的器具,包括除光源外所有用于固定和保护光源的全部零部件以及与电源连接所必需的线路附件。照明灯具对节约能源、保护环境和提高照明质量具有重要的作用。

3.5.1　灯具的作用

3.5.1.1　控光作用

利用灯具如反射罩、透光棱镜、格栅或散光罩等将光源所发出的光重新分配,照射到被照面上,满足各种照明场所的光分布,实现照明控光的作用。

3.5.1.2　保护光源作用

保护光源免受机械损伤和外界污染;使灯具中光源产生的热量尽快散发出去,避免因灯具内部温度过高而使光源和导线过早老化和损坏。

3.5.1.3　安全作用

灯具具有电气和机械安全性。在电气方面,采用符合使用环境条件(如能够防尘、防水,确保适当的绝缘和耐压性)的电气零件和材料,避免触电与短路;在灯具的构造上,要有足够的机械强度,有抗风、雨、雪的性能。

3.5.1.4　美化环境作用

灯具分功能性照明器具和装饰性照明器具。功能性主要考虑保护光源、提高光效、降低眩光;而装饰性就是要达到美化环境和装饰的效果,所以要考虑灯具的造型和光线的色泽。

3.5.2　灯具的光学特性

灯具的光学特性主要有三项:发光强度的空间分布、灯具的效率和灯具的保护角。

3.5.2.1　发光强度的空间分布

灯具可以使电光源的光强在空间各个方向上重新分配,不同灯具的光强分布也不同。通常将空间各方向上光强的分配称为配光,用来表示这种配光的曲线又称为灯具配光曲线。由于各种灯具引发的空间光强分布不同,所以其配光曲线也不同。利用灯具的配光曲线可以进行照度、亮度、利用系数、眩光等照明计算。配光曲线常用三种方法表示,分别是极坐标配光曲线、直角坐标配光曲线和等光强曲线图。

3.5.2.2　灯具的效率

在规定条件下,测得灯具发出的光通量占灯具内所有光源发出的总光通量的百分比,称为灯具效率。其定义式如下:

$$\eta = \frac{\Phi_1}{\Phi_2} \times 100\% \tag{3-5-1}$$

式中 η——灯具的效率；

Φ_1——灯具发出的光通量，lm；

Φ_2——光源发出的总光通量，lm。

灯具的形状不同，所使用的材料不同，光源的光通量在出射时将受到灯具（如灯罩）的折射与反射，使得实际光通量下降。因此，灯具效率与灯具材料的反射率或透射率以及灯具的形状有关。灯具效率永远是小于 1 的数值，灯具的效率越高说明灯具发出的相对光通量越多，入射到被照面上的光通量也越多，被照面上的照度越高，越节约能源。

3.5.2.3 灯具的保护角

在视野内由于亮度的分布或范围不适宜，或者在空间或时间上存在着极端的亮度对比，而引起不舒适和降低目标可见度的视觉状况，称为眩光。

根据产生方式不同，眩光可分为直接眩光、反射眩光和光幕眩光。

（1）直接眩光是在靠近视线方向存在的发光体所产生的眩光。

（2）反射眩光是由靠近视线方向所见反射像产生的眩光。

（3）光幕眩光是由视觉对象的镜面反射引起的视觉对象的对比度降低所产生的眩光，可分为如下几种。

①不舒适眩光是产生不舒适感觉，但不一定降低视觉对象可见度的眩光。

②失能眩光是降低视觉对象的可见度，但不一定产生不舒适感觉的眩光。

眩光对视力有很大危害，严重时可使人晕眩。长时间的轻微眩光，也会使视力逐渐下降。当被视物体与背景亮度对比超过 1∶100 时，就容易引起眩光。眩光可由光源的高亮度直接照射到眼睛造成，也可由镜面的强烈反射造成。限制眩光的方法一般是使灯具有一定的保护角（又叫遮光角），或改变安装位置和悬挂高度，或限制灯具的表面亮度。

所谓保护角，是指投光边界线与灯罩开口平面的夹角，用符号 γ 表示。几种灯具或部件的保护角如图 3-5-1 所示。

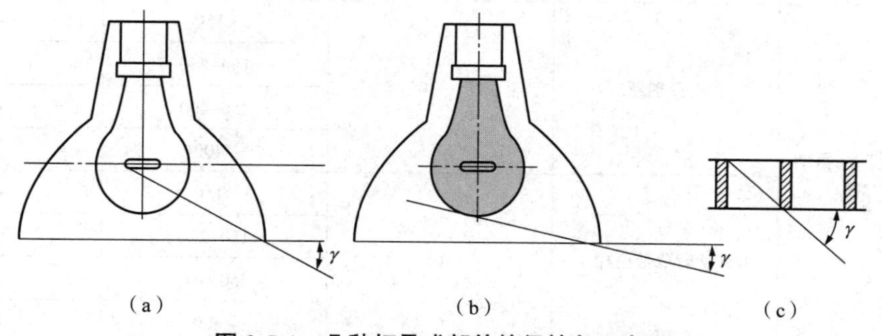

图 3-5-1 几种灯具或部件的保护角示意图

（a）普通灯泡 （b）乳白灯泡 （c）挡光栅格片

一般，灯具的保护角越大，配光曲线越狭小，效率也越低；保护角越小，配光曲线越宽，效

率越高，但防眩光的作用也随之减弱。当要求配光分布宽广，且又要避免直接眩光时，应该在灯具开口处用能够透射光线的玻璃灯罩包合光源，也可以用各种形状的格栅罩住光源。照明灯具保护角的大小是根据眩光作用的强弱来确定的。一般说来，灯具的保护角范围应为 15°~30°。在规定的灯具最低悬挂高度下，保护角把光源在强眩光视线角度区内隐藏起来，从而避免了直接眩光。最低悬挂高度是评价灯具照明质量和视觉舒适感的一个重要参数。室内一般照明灯具的最低悬挂高度见表 3-5-1。

表 3-5-1　室内一般照明灯具的最低悬挂高度

光源种类	灯具形式	灯具遮光角度	光源功率（W）	最低悬挂高度（m）
白炽灯	有反射罩	10°~30°	≤ 100	2.5
			150~200	3.0
			300~500	3.5
	乳白玻璃漫射罩	—	≤ 100	2.0
			150~200	2.5
			300~500	3.0
荧光灯	无反射罩	—	≤ 40	2.0
			>40	3.0
	有反射罩	—	≤ 40	2.0
			>40	2.0
荧光高压汞灯	有反射罩	10°~30°	<125	3.5
			125~250	5.0
			≥ 400	6.0
	有反射罩带格栅	>30°	<125	3.0
			125~250	4.0
			≥ 400	5.0
金属卤化物灯、高压钠灯、混光光源	有反射罩	10°~30°	<150	4.5
			150~250	5.5
			250~400	6.5
			>400	7.5
	有反射罩带格栅	>30°	<150	4.0
			150~250	4.5
			250~400	5.5
			>400	6.5

3.5.3 灯具的分类

照明灯具通常根据灯具的光通量在空间上下部分的分配比例、灯具的结构、灯具的安装方式或者灯具的防触电保护等进行分类。

3.5.3.1 按灯具的光通量在空间上、下部分的分配比例分类

照明灯具按其光通量在空间上、下部分的分配比例可分为直接型、半直接型、漫射型、半间接型和间接型五种，见表 3-5-2。

表 3-5-2 按灯具的光通量在空间上、下部分的分配比例分类

类型	直接型	半直接型	漫射型	半间接型	间接型
配光曲线					
光通量分布	上半球:0%~10% 下半球:90%~100%	上半球:10%~40% 下半球:60%~90%	上半球:40%~60% 下半球:40%~60%	上半球:60%~90% 下半球:10%~40%	上半球:90%~100% 下半球:0%~10%
灯罩材料	不透光材料	半透光材料	漫射透光材料	半透光材料	不透光材料

1. 直接型灯具

直接型灯具的用途最广泛，其大部分光通量向下照射，所以光通量利用率最高。其特点是光线集中、方向性很强，适用于工作环境照明，并且应当优先采用。此外，由于灯具的上、下部分光通量分配比例相差较为悬殊且光线集中，容易产生对比眩光和较重阴影。

直接型灯具可按其配光曲线的形状分为特深照型、深照型、广照型、配照型和均匀配照型五种，它们的配光曲线如图 3-5-2(a)所示。图 3-5-2(b)为几种直接型灯具的外形。

深照型灯具和特深照型灯具的光线集中，适用于高大厂房或要求工作面有高照度的场所。这种灯具配备镜面反射罩，并以大功率的高压钠灯、金属卤化物灯、高压汞灯作为光源，能将光控制在狭窄的范围内，获得很高的轴线光强。

广照型灯具一般用于路灯照明，它的主要优点有：直接眩光区亮度低，直接眩光小；灯具间距大，有均匀的水平照度，便于使用光通输出高的高效光源，减少灯具数量，产生光幕反射的概率亦相应减小；有适当的垂直照明分量。

点射灯和嵌装在顶棚内的下射灯也属直接型灯具，光源为白炽灯或卤钨灯，如图 3-5-2(b)所示。

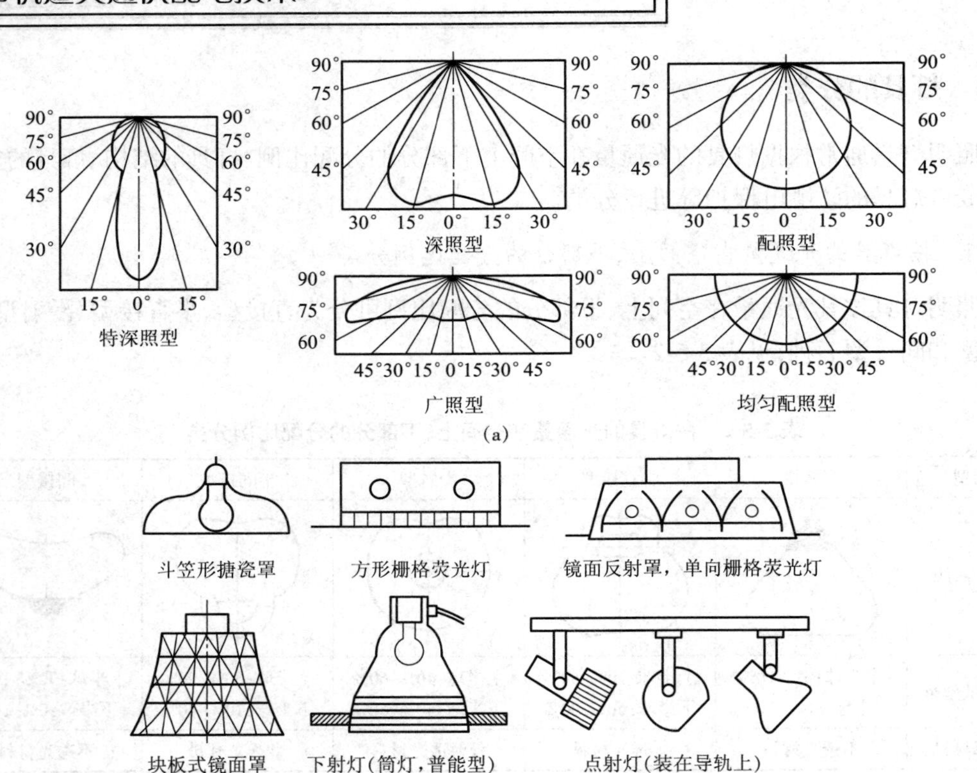

图 3-5-2 直接型灯具的配光曲线及外形

(a)几种直接型灯具的配光曲线 (b)几种直接型灯具的外形

2. 半直接型灯具

半直接型灯具也有较高的光通量利用率,它能将较多的光线照射到工作面上,又能发出少量的光线照射顶棚,减小了灯具与顶棚间的强烈对比,使室内环境亮度更舒适,常用于办公室、书房等场所。其外形如图 3-5-3 所示。

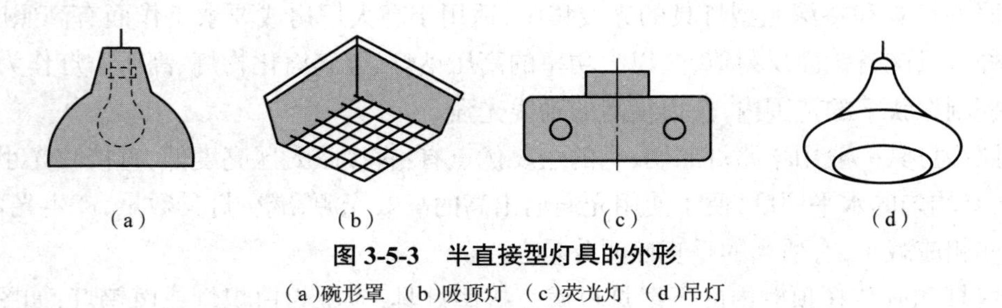

图 3-5-3 半直接型灯具的外形

(a)碗形罩 (b)吸顶灯 (c)荧光灯 (d)吊灯

3. 漫射型灯具

漫射型灯具将光线均匀地投向四面八方,对工作面而言,光通量利用率较低。这类灯具采用漫射透光材料制成封闭式灯罩,造型美观,光线柔和均匀,适用于起居室、会议室和厅堂照明。其外形如图 3-5-4 所示。

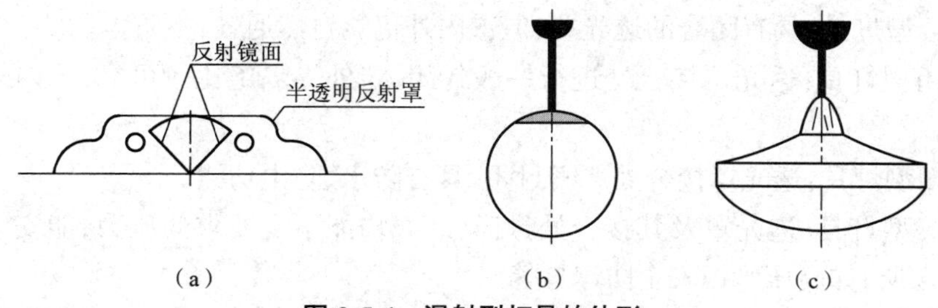

图 3-5-4　漫射型灯具的外形

（a）组合荧光灯　（b）乳白玻璃灯具（球形）　（c）乳白玻璃灯具（伞形）

4. 半间接型灯具

半间接型灯具大部分光线投向顶棚和上部墙面，增加了室内的间接光，光线更为柔和宜人。这类灯具上半部用透光材料制成，下半部用漫射透光材料制成，在使用过程中上半部容易积灰尘，影响灯具的效率。其外形如图 3-5-5 所示。

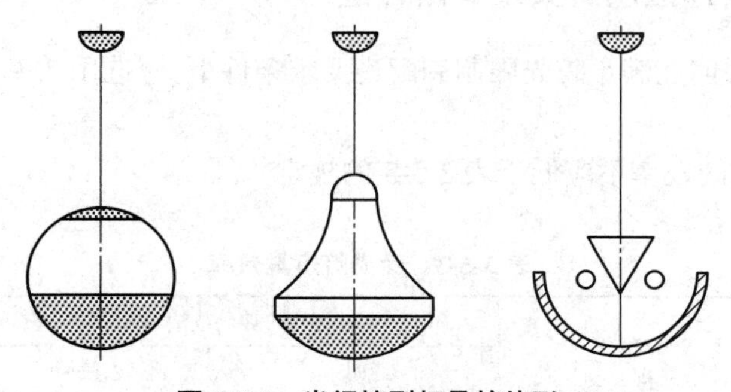

图 3-5-5　半间接型灯具的外形

5. 间接型灯具

间接型灯具将光线绝大部分投向顶棚，使顶棚成为二次光源。因此，室内光线扩散性极好，光线均匀柔和，几乎没有阴影和光幕反射，也不会产生直接眩光；但灯具的光通量损失较大，不经济，常用于起居室和卧室。其外形如图 3-5-6 所示。

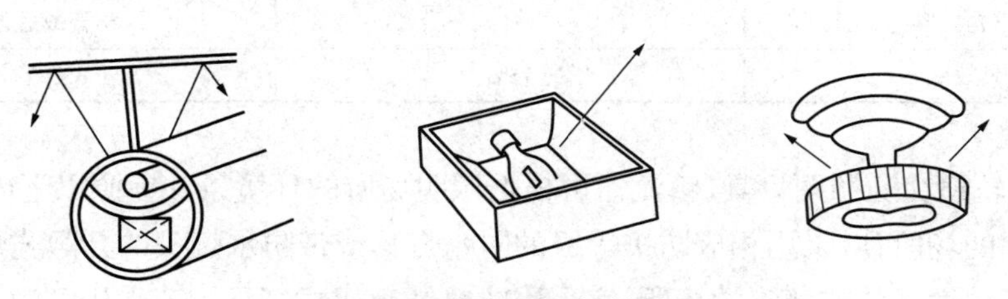

图 3-5-6　间接型灯具的外形

3.5.3.2　按灯具的结构分类

照明灯具按灯具的结构可分为以下几类。

（1）开启型灯具：无灯罩，光源直接照射周围环境。

（2）闭合型灯具：具有闭合的透光罩，但罩内外仍能自然通气，不防尘。

（3）封闭型灯具：透光罩接合处进行一般封闭，与外界隔绝比较可靠，罩内外空气可有限流通。

（4）密闭型灯具：透光罩接合处严密封闭，具有防水、防尘功能。

（5）防爆型灯具：透光罩及其接合处、灯具外壳均能承受要求的压力，能安全使用在有爆炸危险的场所，如高压水银安全防爆灯等。

（6）隔爆型灯具：灯具结构特别坚实，即使发生爆炸也不会破裂，适用于有可能发生爆炸的场所。

（7）防震型灯具：灯具采取了防震措施，可安装在有振动的设施上，如行车、吊车或有振动的车间、码头等场所。

（8）防腐型灯具：灯具外壳采用防腐材料，且密封性好，适用于具有腐蚀性气体的场合。

3.5.4 城市轨道交通照明灯具及其附件选择

城市轨道交通照明在满足眩光限制和配光要求条件下，应选用效率高的灯具，并应符合下列规定。

（1）荧光灯灯具的效率不应低于表 3-5-3 的规定。

表 3-5-3 荧光灯灯具效率

灯具出光口形式	开敞式	保护罩（玻璃或塑料）		格栅
		透明	磨砂、棱镜	
灯具效率	75%	65%	55%	60%

（2）高强度气体放电灯灯具的效率不应低于表 3-5-4 的规定。

表 3-5-4 高强度气体放电灯灯具的效率

灯具出光口形式	开敞式	格栅或透光罩
灯具效率	75%	60%

（3）城市轨道交通照明灯具、镇流器可根据照明场所的环境条件参照以下内容选择。

①在潮湿的场所，应采用相应防护等级的防水灯具或带防水灯头的开敞式灯具。

②在有腐蚀性气体或蒸汽的场所，宜采用防腐蚀密闭式灯具。若采用开敞式灯具，部分应有防腐蚀或防水措施。

③有尘埃的场所，应按防尘的相应防护等级选择适宜的灯具。

④在有爆炸、火灾危险以及有安全照明要求场所使用的灯具，应符合国家现行相关标准和规范的有关规定。

⑤在有洁净要求的场所，应采用不易积尘、易于擦拭的洁净灯具。

⑥在需防止紫外线照射的场所，应采用隔紫灯具或无紫光源。

⑦地下区间照明灯具应采用防潮、防尘、防震、防眩光的专用隧道灯具，防护等级不低于IP54。

⑧地面高架区间照明灯具应具有防水、防尘、防震功能，防护等级不低于IP65。

⑨高度小于1.8 m的电缆通道、电缆夹层内照明宜采用36 V电压供电，如采用220 V电压时，应有防止触电的安全措施，并应敷设灯具外壳专用的接地线。

⑩直管形荧光灯应配用电子镇流器或节能型电感镇流器。

⑪高压钠灯、金属卤化物灯应配用节能型电感镇流器，功率较小者可采用电子镇流器。

3.5.5　城市轨道交通照明灯具运行维护与测量

1. 运行维护与测量

（1）应定期维护并及时更换损坏或有缺陷的照明设备。

（2）应按规定周期清扫灯具和房间各表面。

（3）清扫灯具与更换光源宜同时进行，并保持同一场所光源的色表一致。

2. 测量

（1）城市轨道交通各场所的照明应定期测量。

（2）城市轨道交通各场所照明的测量方法应按《照明测量方法》（GB/T 5700—2008）的有关规定进行。

模块 3.5 同步练习

【知识加油站】

灯具风格

按照灯具的风格，灯饰可以简单分为现代、欧式、美式、中式四种不同的风格，这四种风格的灯饰各有千秋。

1. 现代灯

简约、另类、追求时尚是现代灯的最大特点。其材质一般采用具有金属质感的铝材、另类气息的玻璃等，在外观和造型上以另类的表现手法为主，色调上以白色、金属色居多，更适合与简约现代的装饰风格搭配。

2. 欧式灯

与强调以华丽的装饰、浓烈的色彩、精美的造型达到雍容华贵的装饰效果的欧式装修风格相近，欧式灯注重曲线造型和色泽上的富丽堂皇。有的灯还会以铁锈、黑漆等故意造出斑驳的效果，追求仿旧的感觉。

从材质上看，欧式灯多以树脂和铁艺为主。其中，树脂灯造型很多，可有多种花纹，贴上金箔、银箔显得颜色亮丽、色泽鲜艳；铁艺等造型相对简单，但更有质感。

3. 美式灯

与欧式灯相比，美式灯似乎没有太大区别，其用材一致。美式灯依然注重古典情怀，只是风格和造型相对简约，外观简洁大方，更注重休闲和舒适感。其用材与欧式灯一样，多以树脂和铁艺为主。

4. 中式灯

与传统的造型讲究对称、精雕细琢的中式风格相近，中式灯也讲究色彩的对比，图案多具有清明上河图、如意图、龙凤、京剧脸谱等中式元素，强调古典和传统文化神韵的感觉。

中式灯的装饰多以镂空或雕刻的木材为主，宁静古朴。其中，仿羊皮灯光线柔和、色调温馨，装在家里，给人温馨、宁静的感觉。仿羊皮灯主要以圆形与方形为主。圆形的仿羊皮灯大多是装饰灯，在家里起画龙点睛的作用；方形的仿羊皮灯多以吸顶灯为主，外围配以各种栏栅及图形，古朴端庄，简洁大方。中式灯也有纯中式和简中式之分。纯中式更富有古典气息，简中式则只是在装饰上采用一些中式元素。

学习单元 4

城市轨道交通供配电线路

模块 4.1　导线与电缆的选择

【学习目标】

（1）了解导线和电缆的选择原则。

（2）掌握并熟悉低压中性点接地系统中 N（PE）线截面的选择原则。

（3）掌握并熟悉 PE 线截面的选择原则。

（4）掌握按电压损失选择导线截面。

（5）掌握用综合分析的方法选择导线截面。

【知识储备】

4.1.1　导线和电缆的选择原则

导线、电缆的型号应根据其所处的电压等级和使用场所来选择，导线、电缆的截面应按下列原则选择。

（1）按使用环境、敷设方法及用途选择导线和电缆的类型。

（2）按机械强度选择导线的最小允许截面。

（3）按允许载流量选择导线和电缆的截面。

（4）按电压损失校验导线和电缆的截面。

当按上述条件选择的导线和电缆具有多种规格的截面时，应取其中较大的一种。

4.1.2 按照机械强度要求选择导线的最小允许截面

在供电线路中要求导线能够承受一定的外力，确保导线在空中不会因本身的重量及受风、雨、冰、雪等的影响而断裂，架空导线截面及室内配线规定了符合机械强度所允许的最小截面，见表 4-1-1 和表 4-1-2。

表 4-1-1 导线最小截面

<table>
<tr><th rowspan="2">线路导线种类</th><th colspan="2">高压线路</th><th rowspan="2">低压线路</th></tr>
<tr><th>居民区（mm^2）</th><th>非居民区（mm^2）</th></tr>
<tr><td>铝绞线</td><td>35</td><td>25</td><td>16 mm^2</td></tr>
<tr><td>钢芯铝绞线</td><td>25</td><td>16</td><td>16 mm^2</td></tr>
<tr><td>铜绞线</td><td>16</td><td>16</td><td>直径 3.2 mm</td></tr>
</table>

表 4-1-2 按机械强度选择导线的最小允许截面

<table>
<tr><th colspan="3" rowspan="2">用 途</th><th colspan="3">导线最小允许截面（mm^2）</th></tr>
<tr><th>铝</th><th>铜</th><th>铜芯软线</th></tr>
<tr><td colspan="3">裸导线敷设于绝缘子上（低压架空线路）</td><td>16</td><td>10</td><td>—</td></tr>
<tr><td rowspan="5">绝缘导线敷设于绝缘子上，支点距离 L/m</td><td>室内</td><td>$L \leqslant 2$</td><td>2.5</td><td>1.0</td><td>—</td></tr>
<tr><td rowspan="4">室外</td><td>$L \leqslant 2$</td><td>2.5</td><td>1.5</td><td>—</td></tr>
<tr><td>$2 < L \leqslant 6$</td><td>4</td><td>2.5</td><td>—</td></tr>
<tr><td>$6 < L \leqslant 15$</td><td>6</td><td>4</td><td>—</td></tr>
<tr><td>$15 < L \leqslant 25$</td><td>10</td><td>6</td><td>—</td></tr>
<tr><td colspan="3">固定敷设护套线，轧头直敷</td><td>2.5</td><td>1.0</td><td>—</td></tr>
<tr><td colspan="2" rowspan="2">移动式用电设备用导线</td><td>生产用</td><td>—</td><td>—</td><td>1.0</td></tr>
<tr><td>生活用</td><td>—</td><td>—</td><td>0.2</td></tr>
<tr><td rowspan="3">照明灯头引下线</td><td rowspan="2">工业建筑</td><td>屋内</td><td>2.5</td><td>0.8</td><td>0.5</td></tr>
<tr><td>屋外</td><td>2.5</td><td>1.0</td><td>1.0</td></tr>
<tr><td colspan="2">民用建筑、室内</td><td>1.5</td><td>0.5</td><td>0.4</td></tr>
<tr><td colspan="3">绝缘导线穿管</td><td>2.5</td><td>1.0</td><td>1.0</td></tr>
<tr><td colspan="3">绝缘导线槽板敷设</td><td>2.5</td><td>1.0</td><td>—</td></tr>
<tr><td colspan="3">绝缘导线线槽敷设</td><td>2.5</td><td>1.0</td><td>—</td></tr>
</table>

4.1.3　按允许载流量选择导线和电缆截面

4.1.3.1　选择导线和电缆截面的一般条件

按允许载流量选择导线和电缆截面时，应满足下式要求：

$$I_y \geqslant I_{js} \tag{4-1-1}$$

式中　I_{js}——线路计算电流，A；

I_y——导线和电缆按发热条件的长期允许电流，A。

常用导线和电缆的允许载流量见附录 1。

为使用方便，附录 1 中编入了不同环境温度下的载流量数值。在地面上敷设(明设)的有 25 ℃、30 ℃、35 ℃、40 ℃四种，在土壤中直接埋设的有 20 ℃、25 ℃、30 ℃三种，耐热塑料绝缘线有 50 ℃、55 ℃、60 ℃、65 ℃四种。

当敷设的环境温度不同于上述数值时，载流量应乘以校正系数 K_t，其计算公式为

$$K_t = \sqrt{\frac{\theta_e - \theta_a}{\theta_e - \theta_c}} \tag{4-1-2}$$

式中　θ_e——电线、电缆线芯允许长期工作的温度，℃，见表 4-1-3；

θ_a——敷设处的环境温度，℃；

θ_c——已知载流量数据的对应温度，℃。

表 4-1-3　电线、电缆线芯允许长期工作的温度

电线、电缆种类		线芯允许长期工作温度(℃)
塑料、橡皮绝缘线	500 V	65
油浸纸绝缘电力电缆	1~3 kV	80
	6 kV	65
	10 kV	60
	20~35 kV	50
聚氯乙烯绝缘电力电缆	1 kV	65
	6 kV	65
橡皮绝缘电力电缆	500 V	65
通用橡套软电缆		65
交联聚乙烯绝缘聚氯乙烯护套电力电缆	6~10 kV	90
	35 kV	80
裸铝(铜)母线和裸铝(铜)绞线		70

为使用方便，将环境温度 $\theta_{a\,分别}$为 5 ℃、10 ℃、15 ℃、20 ℃、25 ℃、30 ℃、35 ℃、40 ℃、45 ℃时的校正系数 K_t 值列于表 4-1-4，其中 θ_c 为 25 ℃。

表 4-1-4　不同环境温度时载流量的校正系数 K_t 值

线芯工作温度(℃)	环境温度(℃)								
	5	10	15	20	25	30	35	40	45
90	1.14	1.11	1.08	1.03	1.0	0.960	0.920	0.875	0.830
80	1.17	1.13	1.09	1.09	1.0	0.954	0.905	0.853	0.798
70	1.20	1.15	1.10	1.10	1.0	0.940	0.860	0.815	0.745
65	1.22	1.17	1.12	1.12	1.0	0.935	0.865	0.791	0.707
60	1.25	1.20	1.13	1.13	1.0	0.926	0.845	0.756	0.655
50	1.34	1.26	1.18	1.18	1.0	0.895	0.775	0.633	0.447

穿管敷设是指电线穿管敷设在地面上或暗设在墙壁、楼板、地坪中。环境温度采用敷设点在最热月份的平均最高温度。

穿电线的管子多根并列敷设时,其载流量应乘以表 4-1-5 中的校正系数 K_g,而对于备用的或正常情况下载流很小的管线则不计入管子根数。

表 4-1-5　穿电线的管子多根并列敷设时载流量校正系数 K_g

管子并列根数	校正系数 K_g
2~4	0.95
>4	0.9

在空气中敷设是指电缆在室内明设或在地沟中、隧道中单根敷设,环境温度采用敷设地点在最热月份的平均最高温度。

直接埋地敷设是指电缆直接埋设在土壤中,埋深≥ 0.7 m,并非地下穿管敷设。土壤温度采用一年中最热月份地下 0.8 m 的土壤平均温度;土壤热阻系数按 80 ℃ · mm/W 考虑。当土壤热阻系数不同时,应乘以表 4-1-6 中的校正系数 K_{tr}。

表 4-1-6　不同土壤热阻系数直接埋地敷设时载流量校正系数 K_{tr}

电缆线芯截面面积(mm^2)	土壤热阻系数 ρ_t(℃·mm/W)				
	60	80	120	160	200
2.5~16	1.06	1.00	0.90	0.83	0.77
25~95	1.08	1.00	0.88	0.80	0.73
120~240	1.09	1.00	0.86	0.78	0.71
土壤情况	潮湿土壤:沿海、湖、河畔地带,雨量多的地区,如华东、华南地区		普通土壤:如东北大平原夹杂质的黑土或黄土,华北大平原黄土、黄黏土、砂土等	干燥土壤:如高原地区,雨量少的山区、丘陵、干燥地带	

电缆多根并列敷设时，载流量应乘以表 4-1-7 或表 4-1-8 中的校正系数。

表 4-1-7　在空气中多根并列敷设时载流量的校正系数 K_{th}

电缆中心距（mm）	电缆根数及排列方式				
	1	2	3	4	6
	O	OO	OOO	OOOO	OOOOOO
d	1.00	0.90	0.85	0.82	0.80
$2d$	1.00	1.00	0.98	0.95	0.90
$3d$	1.00	1.00	1.00	0.98	0.96

注：d 为电缆外径，当电缆外径不同时，可取平均值。

表 4-1-8　直接埋地多根并列敷设时载流量的校正系数 K_{td}

电缆间净距（mm）	电缆根数							
	1	2	3	4	5	6	7	8
100	1.00	0.88	0.81	0.80	0.78	0.75	0.73	0.72
200	1.00	0.90	0.86	0.83	0.81	0.80	0.80	0.79
300	1.00	0.92	0.89	0.87	0.86	0.85	0.85	0.84

4.1.3.2　低压中性点接地系统中 N（PEN）线截面的选择

（1）负荷接近平衡的供电线路，中性（Neutral，N）线和保护接地中性（Protecting Earthing Neutral，PEN）线的截面取相线截面的 1/2。

（2）当负荷大部分为单相负荷时，如照明供电回路，则 N 线或 PEN 线的截面应与相线等截面。

（3）采用晶闸管调光的配电回路，或大面积采用电子镇流器的荧光灯供电线路，由于三次谐波大量增加，则 N 线的截面应为相线截面的 2 倍，否则 N 线会过热，而使供电回路的故障增多。

4.1.3.3　PE 线截面选择

（1）在接零保护系统（TN 系统）中，保护接地（Protecting Earthing，PE）线中通过短路电流，为使保护装置有足够的灵敏度，应减小零相阻抗，所以 PE 线截面不宜过小，在一般情况下，其支干线的截面应与相应的 N 线截面相等。

（2）若采用单芯导线作固定装置的 PE 干线，铜芯时截面不小于 10 mm^2，铝芯时截面不小于 16 mm^2。当用多股电缆的芯线并联作 PE 线时，其最小截面可为 4 mm^2。

（3）PE 线所用的材质与相线相同时，按热稳定要求，截面不应小于《民用建筑电气设计规范》（JGJ 16—2008）规定值，见表 4-1-9。

（4）PE 线若不是供电电缆其中的一芯或电缆外护层的铠装带，而是另外敷设的线路，按机械强度的要求，其截面亦不应小于表 4-1-9 中的规定值。

表 4-1-9　PE 线的最小截面

装置的相线截面面积 S(mm²)	PE 线的最小截面面积(mm²)
$S \leqslant 16$	S
$16 < S \leqslant 35$	16
$S > 35$	$S/2$

4.1.4　按允许电压损耗选择导线和电缆

当线路输送电能时,由于线路存在阻抗而产生电压损耗,但用电设备的端电压降有一定的允许范围。因此,对线路的电压损耗也有一定的允许值。如果线路的电压损耗超过了允许值,就要增大导线或电缆的截面。

电压损耗用线路首端电压 U_1 与末端电压 U_2 的差值的绝对值与线路的额定电压 U_N 之比的百分值来表示,即

$$\Delta U\% = \frac{|U_1 - U_2|}{U_N} \times 100\% \tag{4-1-3}$$

照明线路常根据给定的电压损耗允许值,选择导线或电缆的截面,用电设备允许电压损耗见表 4-1-10。

表 4-1-10　用电设备允许电压损耗表

设备名称及情况	允许电压损耗(%)	说明
1. 照明 (1)一般照明; (2)一般照明(特殊情况); (3)事故照明; (4)12~36 V 的局部或移动照明	 5 6 6 10	线路较长或与动力共用线路自 12 V 或 36 V 降压变压器开始计算
2. 动力 (1)正常工作时; (2)正常工作时(特殊情况); (3)启动时; (4)启动时(特殊情况); (5)吊车(交流)	 5 8 10 15 9	事故情况、数量少及容量小的电动机,且使用时间不长。例如,大型鼠笼式电动机,且启动次数少、尖峰电流小的情况
3. 电热及其他设备	5	

对于非感应负荷(如照明、电热设备等),选择截面的计算公式为

$$A = \frac{P_c L}{C \Delta U\%} \tag{4-1-4}$$

式中　A——导线截面面积,mm²;

P_c——负荷的计算负荷(三相或单相),kW;

$\Delta U\%$——允许电压损耗，%；

L——单程导线长度，m；

C——由电路的相数、额定电压及导线材料的电阻率等因素决定的常数，称为电压损失计算常数，见表 4-1-11。

表 4-1-11　电压损失计算常数 C 值（$\cos\varphi=1$）

线路标称电压（V）	线路系统	导线 C 值（θ=50 ℃）	
		铝	铜
220/380	三相四线	45.70	75
220/380	两相三线	20.30	33.3
220	单相及直流	7.66	12.56
110		1.92	3.14
36		0.21	0.34
24		0.091	0.15
12		0.023	0.037
6		0.005 7	0.009 3

注：θ 为导线工作温度。

4.1.5　按照经济电流密度选择导线截面

电力系统中的电气设备、输电线路及一切日用电器，都广泛使用铜或铝导线，节约有色金属，减少铜、铝耗量，是重要的经济政策之一。减小导线截面可以节省有色金属，但同时会增加导线的电阻，从而增加电能损耗，二者存在矛盾。经济电流密度兼顾二者关系，所提出的导线截面对二者都是经济的。

$$S=\frac{I_c}{\delta_{ec}} \tag{4-1-5}$$

式中　S——经济截面面积，mm^2；

I_c——计算电流，A；

δ_{ec}——经济电流密度，A/mm^2，见表 4-1-12。

表 4-1-12　经济电流密度　（A/mm^2）

线路形式	导线材料	年最大负荷利用时长		
		小于 3 000 h	3 000~5 000 h	5 000 h 以上
架空线路	铝	1.65	1.15	0.90
	铜	3.00	2.25	1.75
电缆线路	铝	1.92	1.73	1.54
	铜	2.50	2.25	2.00

4.1.6 导线及电缆截面选择的综合分析

根据上述几种选择导线及电缆截面的方法，可得出几个不同的数值，这时应选择最大的数值作为结果。例如，某一段供电线路，当按允许载流量选择时，截面面积为 2.5 mm^2；按允许电压损耗选择时，截面面积为 4 mm^2；按机械强度选择时，截面面积为 6 mm^2。该段线路的截面面积应选择为 6 mm^2，这样才能同时满足导线截面选择的三个条件。

对于低压动力供电线路，因为负荷电流较大，可先按发热条件来选择导线或电缆截面，然后用允许电压损耗条件和机械强度条件进行校验。对于汇流母线截面的选择，首先按照允许载流量选择母线截面，然后用经济电流密度校验截面，再用母线短路电流计算母线电动力稳定性。

对于高压和低压输电线路，因为线路较长、电压水平要求较高，所以可先按允许电压损耗条件选择导线或电缆截面，然后用经济电流密度、允许载流量和机械强度条件进行校验。

对于室内照明供电线路，因为负荷电流小、线路短，可先按允许电压损耗条件选择导线或电缆截面，然后用发热条件和机械强度条件进行校验。

模块 4.1 同步练习

模块 4.2 控制电缆的选择

【学习目标】

（1）了解控制电缆的要求。

（2）了解控制电缆的接线要求。

（3）掌握控制电缆芯数和根数的选择。

（4）了解控制电缆的截面选择。

【知识储备】

在城市轨道交通供电系统设计中应根据变电所形式选择控制电缆的类型。地下变电所

内的控制电缆采用低烟无卤阻燃铜屏蔽电缆，地面变电所控制电缆采用低烟阻燃铜屏蔽电缆，变电所外的控制电缆应设置铠装。

4.2.1　控制电缆的要求

（1）控制电缆的额定电压选择应不低于该回路工作电压，一般宜选用450/750 V。当外部电气干扰影响很小时，可选用较低的额定电压（如300/500 V控制电缆）。

（2）控制电缆应采用铜芯。

（3）按机械强度要求，强电控制回路导线截面应不小于1.5 mm^2，弱电控制回路导线截面应不小于0.5 mm^2。

4.2.2　控制电缆的金属屏蔽

（1）控制电缆金属屏蔽类型的选择应按可能的电气干扰影响，计入综合抑制干扰措施，满足所需抗干扰或过电压的要求。

（2）计算机监测系统信号回路控制电缆的屏蔽选择，应符合下列规定：

①开关量信号，可用外屏蔽；

②高电平模拟信号，宜用对绞线芯外屏蔽，必要时也可用对绞线芯内屏蔽；

③低电平模拟信号或脉冲量信号，宜用对绞线芯内屏蔽，必要时也可用对绞线芯内屏蔽复合外屏蔽。

（3）其他情况应按电磁感应、静电感应和地电位升高等影响因素，采用适宜的屏蔽形式。

（4）敷设方式要求电缆具有钢铠金属护套时，应充分利用其屏蔽功能。

（5）需降低电气干扰的控制电缆，可在工作芯外增加一个接地的备用芯。

（6）控制电缆金属屏蔽的接线方式应符合下列规定：

①计算机监控系统的模拟信号回路控制电缆屏蔽层，不得构成两点或多点接地，宜用集中式一点接地；

②除需要一点接地情况外，其他控制电缆屏蔽层，当电磁感应干扰较大时，宜采用两点按地，静电感应干扰较大时，可采用一点接地；

③双重屏蔽或复合式屏蔽，宜对内、外屏蔽分别用一点、两点接地；

④两点接地的选择，还宜考虑在暂态电流作用下屏蔽层不致被烧熔口。

4.2.3　控制电缆的接线要求

（1）一般采用整根控制电缆。当控制电缆的敷设长度超过制造长度时，或由于屏台的搬迁而使原有电缆长度不够时，或更换电缆的故障段时，可采用焊接法连接电缆。焊接法连接电缆时在连接处应装设接线盒。有可能时，也可用其他屏上的端子排连接。

（2）至屏上的控制电缆应接到端子排、试验盒或试验端钮上；至互感器或单独设备的电缆，允许直接接到这些设备上。

(3)控制电缆接到端子和设备上的电缆芯应有标记。

4.2.4 控制电缆芯数和根数的选择

(1)控制电缆宜采用多芯电缆，应尽可能减少电缆根数。当芯线截面为1.5 mm^{2}时，电缆芯数不宜超过37芯。当芯线截面为2.5 mm^{2}时，电缆芯数不宜超24芯。当芯线截面为4~6 mm^{2}时，电缆芯数不宜超过10芯。弱电控制电缆不宜超过50芯。

(2)7芯及以上芯数的控制电缆，较长的截面小于4 mm^2，应留有必要的备用芯。但同一安装单位的同一起止点的控制电缆不必在每根电缆中都留有备用芯，可在同类性质的一根电缆中预留备用芯。

(3)应尽量避免将一根电缆中的各芯线接至屏上两侧的端子排，若芯数为6芯及以上，应采用单独的电缆。

(4)对较长的控制电缆应尽量减少电缆根数，同时也应避免电缆的多次转接。在同一根电缆中不宜有两个及以上安装单位的电缆芯。

4.2.5 控制电缆截面的选择

4.2.5.1 测量表计电流回路用控制电缆的选择

(1)测量表计电流回路用控制电缆的截面不应小于2.5 mm^2，而电流互感器二次电流不超过5 A时，不需要按额定电流校验电缆芯。另外，控制电缆按短路时校验热稳定也是足够的，因此，不需要按短路时热稳定性校验电缆截面。

(2)测量仪表装置用电流互感器的准确级次，按照该电流互感器二次绕组所串联的准确度要求最高的仪表选择。电流互感器二次回路电缆截面的选择，按照一次设备额定运行方式下电流互感器的误差不超过相关条件下选定的准确级次计算。计算条件应为电流互感器一次电的额定值、一次电流的三相对称平衡，并应计入电流互感器二次绕组接线方式、电缆阻抗换算系数、仪表阻抗换算系数和接线端子接触电阻及仪表保安系数诸因素。

4.2.5.2 保护装置电流回路用控制电缆截面的选择

继电保护用电流互感器二次回路电缆截面的选择，应保证互感器误差不超过规定值。计算条件应为系统最大运行方式下最不利的短路形式，并应计入电流互感器二次绕组接线方式、电缆阻抗换算系数、继电器阻抗换算系数及接线端子接触电阻等因素。对最大运行方式如无可靠依据，可按断路器的断流容量确定最大短路电流。

4.2.5.3 电压回路用控制电缆选择

电压回路用控制电缆，按允许电压降来选择电缆芯截面。

(1)电测量仪表用电压互感器二次回路电缆截面的选择，应符合以下规定：

①指示性仪表回路电缆的电压降应不大于额定二次电压的1%~3%；

②用户计费用0.5级电能表电缆的电压降应不大于额定二次电压的0.25%；

③系统内部的0.5级电能表电缆的电压降可适当放宽，但应不大于额定二次电压的0.5%；

④对0.5级以下电能表二次回路的电压降应不超过额定二次电压的0.25 %。

当不能满足上述要求时，电能表、指示仪表电压回路可由电压互感器端子箱单独引接电缆，也可将保护和自动装置与仪表回路分别接自电压互感器的不同二次绕组。

（2）保护装置用电压互感器二次回路电缆截面的选择。继电保护和自动装置用电压互感器二次回路电缆截面的选择，应保证最大负荷时电缆的电压降不超过额定二次电压的3 %，但电磁式自动电压校正器连接电缆芯的截面（铜芯）应不小于4 mm²。

4.2.5.4　控制、信号回路用控制电缆选择

（1）控制、信号回路用电缆芯根据机械强度选择，铜芯电线芯截面不应小于1.5 mm²。

（2）控制回路电缆截面的选择，应保证在最大负荷时，控制电源母线至被控设备间连接电缆的电压不超过额定二次电压的10 %。

（3）当合闸回路和跳闸回路流过的电流较大时，产生的电压降将增大。为使断路器可靠动作，需根据电缆允许电压降来校验电缆截面。

模块4.2 同步练习

模块4.3　城市轨道交通电力电缆

城市轨道交通供电系统各个设备之间是通过电力电缆连接成一个整体的，电力电缆对整个系统的可靠运行起着至关重要的作用。不同电缆的应用场合不一样，如何正确选择非常重要，因为选择错误有可能造成严重问题。城市轨道交通供电系统由于敷设于地下，甚至更为恶劣的环境中，因此了解电缆的属性，正确使用电缆、维护电缆就显得非常重要。

【学习目标】

(1)掌握城市轨道交通供电系统电缆的结构类型。

(2)掌握不同等级电缆的技术参数。

(3)掌握特种电缆的作用。

(4)了解电缆的常见故障。

20-电力电缆

【知识储备】

4.3.1 常用电力电缆概述

4.3.1.1 电力电缆概况

目前电力系统采用的电缆主要有纸绝缘电力电缆、橡塑绝缘电力电缆和自容式充油电力电缆。纸绝缘电力电缆在城市轨道交通供电系统中很少使用。橡塑绝缘电力电缆是指聚氯乙烯绝缘、交联聚乙烯绝缘和聚乙烯绝缘电力电缆。

普通电缆的绝缘材料有一个共同的缺点,就是具有可燃性。当线路中或接头处发生故障时,电缆可能因局部过热而燃烧并导致事故扩大。阻燃电力电缆与耐火电力电缆属于特种电缆。

阻燃电缆是在电缆绝缘或护层中添加阻燃剂,即使在明火烧烤下,电缆也不会燃烧。阻燃电力电缆的结构与相应的普通聚氯乙烯绝缘电力电缆和交联聚乙烯绝缘电力电缆的结构基本相同,但用料有所不同。对于交联聚乙烯绝缘电力电缆,其填充物、绕包层、内衬层及外护套等均在原用材料中加入阻燃剂,以阻止火灾延燃。有的电缆为了降低电缆火灾的毒性,外护套不用阻燃型聚氯乙烯,而用阻燃型聚烯烃材料。对于聚氯乙烯绝缘电力电缆,有的采用加阻燃剂的方法,有的则采用低烟、低卤聚氯乙烯料作为绝缘,而绕包层和内衬层均用无卤阻燃料,外护套用阻燃型聚烯烃材料等。至于采用哪一种形式的阻燃电力电缆,要根据使用者的具体情况进行选择。城市轨道交通地下电力电缆一般采用低烟、无卤阻燃电缆,地面或高架采用低烟阻燃电缆。

耐火电力电缆是在导体外增加耐火层,多芯电缆相间用耐火材料填充,其特点是:可在发生火灾以后的火焰燃烧条件下,仍能保持一定时间的供电,为消防救火和人员撤离提供电能和控制信号,从而大大降低火灾损失。耐火电力电缆一般分为 A 类和 B 类: A 类可以在 900~1 000 ℃下工作 90 min;B 类可以在 750~800 ℃下工作 90 min。耐火电力电缆又分为有机型和无机型:有机型采用耐 800 ℃高温的云母带作为耐火层;无机型采用氧化镁作为绝缘材料,铜作为护套材料,俗称 MI 电缆。耐火电力电缆适用于对防火有特殊要求的场合,一般情况下,耐火电力电缆比阻燃电缆价格要高。在城市轨道交通供电系统中,为应急照明、消防设施供电的电缆,明敷时应采用低烟、无卤耐火铜芯电缆或矿物绝缘耐火电缆。

城市轨道交通地下变电所控制电缆一般采用低烟、无卤阻燃铜屏蔽电缆，地面变电所控制电缆一般采用低烟阻燃铜屏蔽电缆，而所外控制电缆应设置铠装加以保护。

城市轨道交通供电系统多采用交联聚乙烯绝缘电力电缆，故本部分重点介绍这种电力电缆的结构、常见故障及处理方法。

4.3.1.2　城市轨道交通供电系统常用电力电缆的特点

城市轨道交通供电系统地处城市的中心，其所用电缆越来越多地倾向于交联聚乙烯绝缘电力电缆，其等级包括 0.4 kV、10 kV、35 kV、110 kV 等。此外还有直流 1 500 V、750 V 电缆。

由于轨道交通电缆使用场合的特殊性，电缆必须具备清洁环保、阻燃、防水、防紫外线、防鼠蚁噬咬等特性。

为了保证可靠安全运行，城市轨道交通供电系统对电力电缆的基本要求如下：

（1）地下环境的高压电缆采用低烟、低卤、A 类阻燃电缆，采用铜带内铠装外护套；

（2）低压电缆采用低烟、低卤、A 类阻燃电缆；

（3）在火灾时仍需供电的电缆采用铜芯耐火型电缆；

（4）城市轨道交通供电系统控制信号电缆选用屏蔽电缆；

（5）聚氯乙烯绝缘电缆（PVC）一般用于高架或地面，交联聚乙烯电力电缆（XLPE）通常用于地铁。

1. 电力电缆敷设地点

按具体功能位置分，电力电缆敷设地点有车站、隧道、电缆沟、电缆夹层、电缆井等；按空间分，电力电缆敷设地点有地下、高架或地面。

2. 电力电缆敷设方式

电力电缆敷设方式有电缆桥架、电缆托架、电缆挂钩、顶部吊挂等有时还会采用穿钢管敷设。

3. 基本要求

（1）地下：交流 26/35 kV，根据系统不同，通过计算选择不同的电缆数量和截面积，一般有 $1 \times 95\ mm^2$、$1 \times 150\ mm^2$、$1 \times 240\ mm^2$。

（2）地上：交流 26/35 kV，根据系统不同，通过计算选择不同的电缆数量和截面积，一般有 $1 \times 95\ mm^2$、$1 \times 150\ mm^2$ 两种。

随着我国城市轨道交通事业的高速发展，轨道交通用电缆的需求量也在不断增加，这也为电缆技术的发展提供了机遇。

4.3.1.3　城市轨道交通供电系统常用电缆技术要求

城市轨道交通供电系统在不同的应用场合，对所用电缆的要求是不一样的。车辆段内的电缆应采用防水、防紫外线的铠装电缆。车站及隧道内的电线电缆应选择低烟、低卤、阻

燃的铠装电缆。在火灾时仍需供电的电缆还应具备耐火特性,采用耐火电缆。变电所控制信号电缆应选择屏蔽电缆。交流 110 kV、35 kV、0.4 kV 电力电缆的结构选型及参数配置和直流 1 500 V 电力电缆的结构选型及参数配置应满足相关的技术要求。

城市轨道交通供电系统的电缆选择一般应满足以下原则:

(1)电缆载流量应满足各种运行条件下最大负荷的要求,并留有一定的余量;

(2)电缆应能承受系统在各种运行方式下的短路电流;

(3)电缆选型应满足城市轨道交通安全要求和不同敷设环境的要求;

(4)电缆类型应考虑工程施工和运行维护的方便性。

除此之外,还要考虑是否采用防白蚁、防水的电缆。在城市轨道交通供电系统中 35 kV 以上系统,一般采用单芯电缆,直流 750 V 和 1 500 V 电缆也选用单芯电缆。

1. 110 kV 电缆

110 kV 电缆应以国际电工委员会(International Electrical Commission,IEC)IEC 228、IEC 229、IEC 230、IEC 502、IEC 840、IEC 540、IEC 859 等国际标准及《额定电压 110 kV(U_m=126 kV)交联聚乙烯绝缘电力电缆及其附件》(GB/T 11017—2014)系列国家标准作为技术规范,如使用其他规范应征得买方同意后才能有效。提供的交联聚乙烯电缆及其所有附件,均应按规范试验合格,并经多年运行证明是质量优良、安全可靠、用户满意的产品。交联聚乙烯电缆的交联方式必须是干式加热交联法,聚乙烯材料必须是超纯净的。应按 IEC 840 的规定,提交所供电缆及附件的型式试验报告。不接受偏心度大手 10% 的交联聚乙烯电缆产品。

1)运行条件

(1)电力系统要求。电力系统一般包括电力系统的额定电压、电力系统的最高工作电压、冲击过电压、电力系统频率、电力系统接地方式、持续运行载流量、短时过负荷电流及每次预计持续时间、最大短路电流与持续时间等主要指标。以下就是一个工程选择 110 kV 电缆在电力系统方面的要求:电力系统的额定电压 U/U_0(相电压)为 110/64 kV;电力系统的最高工作电压 U_m 为 126 kV;冲击过电压 U_p 为 550 kV;电力系统频率为 50 Hz;电力系统按地方式为中性点有效接地;持续运行载流量为 420 A;短时过负荷电流及每次预计持续时间,故障条件下为电缆正常运行最大允许载流量的 110%/h;最大短路电流与持续时间,三相短路为 17.30 kA/3 s,单相短路为 20.15 kA/3 s。

(2)环境条件。环境条件主要包括海拔、大气污染等级、户外终端爬电距离、环境温度、电缆线芯允许的最高温度和电缆设计使用年限等。

此外环境条件还包括敷设安装条件,如温度、土质、酸碱度、是否有蚁兽等。当然还要考虑敷设深度以及土壤热阻率。

2)电缆构造及技术要求

(1)交联方式。城市轨道交通供电系统常用电缆的交联方式必须是干式交联,内、外半

导电层与绝缘层必须同时共挤。紧压绞合圆形铜导体，导体铜应符合《电工圆铜线》（GB/T 3953—2009）的规定：标称截面积为 500 mm²，应采用规则绞合紧压结构。导体的结构和直流电阻应符合《电缆的导体》（GB/T 3956—2008）和 GB/T 11017—2014 的规定。

（2）导体屏蔽与绝缘屏蔽。导体屏蔽应由半导电包带和寄出半导电层组成；半导电材料应采用超光滑可交联型材料，并符合 GB/T 11017—2014 的规定；半导电层厚度应为 0.8~1.0 mm。

（3）绝缘。绝缘材料应为超净化可交联聚乙烯材料，其性能应符合 GB/T 11017—2014 的规定；最小工频平均击穿电场强度应不小于 30 kV/mm，最小冲击平均击穿电场强度应不小于 60 kV/mm；绝缘平均厚度与标称值之正公差不大于其标称值的 10% + 0.1 mm；绝缘偏心度不大于 8%，即

$$\frac{\text{绝缘最大厚度}-\text{绝缘最小厚度}}{\text{绝缘最大厚度}}\times 100\% \leqslant 8\% \tag{4-3-1}$$

其中，最大绝缘厚度和最小绝缘厚度为同一截面上的测量值。

（4）阻水层。径向阻水层宜选用金属套，视情况也可选用综合防水层。金属套内可绕包半导电吸水膨胀带或采用吸水膨胀粉作为纵向阻水材料。

（5）外护层。电缆外护套采用聚乙烯（PE-ST7）材料，可选用中密度 PE（MDPE）或高密度 PE（HDPE）护套；隧道内安装的电缆可采用聚氯己烯（PVC-ST2）材料护套。外护层应有良好的防腐蚀、防白蚁、防潮和阻燃性能。

（6）牵引头和内端头。电缆牵引头应压接在导体上，与金属套的密封必须采用铅封，密封性能良好，并能承受与电缆相同的敷设车引力和侧压力。电缆内端头应使用钢制封帽，与金属套的密封必须采用铅封，密封性能良好。

（7）接头。接头应为预制式，接头按线管与电缆铜导体必须采用压接方法进行连接。接头应有与电缆金属护套和外护套相同电气和机械性能的结构，防水性能良好，与金属护套有可靠电气连接。接头外应有加强保护盒，保护盒内填充无须加热处理的防水材料。绝缘接头、绝缘隔板的绝缘水平应满足：1 min 耐受工频电压为 48 kV，耐受冲击电压为 75 kV。

（8）瓷套终端。出线杆：出线杆与电缆铜导体必须采用压接方法进行连接。机械负荷：瓷套终端应能承受 2 kN 的水平荷载。终端应有防晕罩。终端内的绝缘填充物应为硅油。

（9）地理信息系统（Geographic Imformation System，GIS）终端。出线杆：出线杆与电缆铜导体必须采用压接方法进行连接。GIS 设备的配合应满足 IEC 859 的规定。

（10）外护套过电压保护器。

保护器物理特性：无间隙氧化锌非线性电阻。

保护器电气特性：保护器通过 8/20 μs、10 kA 冲击电流时的残压不大于 17.2 kV；保护器在 6 kV 工频电压下能承受 5 s 而不损坏；保护器应能通过最大冲击电流累计 20 次而不损坏。

交叉互联箱带电部分对箱体的绝缘水平应不低于电缆非金属外护层的绝缘水平。交叉互联箱外壳应有良好的防水性能和防腐蚀性能。

城市轨道交通供电系统的常用 110 kV 电缆及附件规格型号见表 4-3-1。

表 4-3-1　电缆及附件规格型号

序号	材料设备名称	规格型号	单位
1	XLPE 电缆	110 kV/500 mm^2	m
2	户外电缆终端	110 kV/500 mm^2	套
3	SF_6	110 kV/500 mm^2	套
4	绝缘接头	110 kV/500 mm^2	套
5	直线接头	110 kV/500 mm^2	套
6	交叉互联联接盒	三相	套

3)选购主要指标

电缆选购主要技术指标见表 4-3-2。

表 4-3-2　电缆选购主要技术指标

<table>
<tr><td colspan="2">额定工作电压</td><td>110 kV</td></tr>
<tr><td colspan="2">最高工作电压</td><td>126 kV</td></tr>
<tr><td rowspan="12">构造</td><td>交联方式</td><td>干式交联，内、外导电层与绝缘层必须同时共挤</td></tr>
<tr><td>导体</td><td>采用规则绞合紧压绞合圆形铜导体</td></tr>
<tr><td>导体的结构和直流电阻</td><td>符合 GB/T 3956—2008 和 GB/T 11017—2014 的规定</td></tr>
<tr><td rowspan="4">绝缘</td><td>绝缘材料为超净化可交联聚乙烯材料，其性能应符合 GB/T 11017—2014 的规定</td></tr>
<tr><td>最小工频平均击穿电场强度不小于 30 kV/mm，最小冲击平均击穿电场强度不小于 6 030 kV/mm</td></tr>
<tr><td>标称厚度为 17 mm，绝缘平均厚度与标称值之正公差不大于其标称值的 10% + 0.1 mm</td></tr>
<tr><td>绝缘偏心度不大于 8%</td></tr>
<tr><td rowspan="3">导体屏蔽与绝缘屏蔽</td><td>导体屏蔽由半导体包带和挤出半导体层组成</td></tr>
<tr><td>半导体材料应采用超光滑可交联型材料，并符合 GB/T 11017—2014 的规定</td></tr>
<tr><td>挤出半导体层厚度应为 0.8~1.0 mm</td></tr>
<tr><td>阻水层</td><td>径向阻水层选用金属套。金属套内绕包半导电吸水膨胀带或采用吸水膨胀粉做纵向阻水</td></tr>
<tr><td>绝缘材料</td><td>超净化可交联聚乙烯材料，其性能应符合 GB/T 11017—2014 的规定</td></tr>
</table>

续表

项目		参数
额定频率		50 Hz
最大额定电流（A）	持续运行载流量	420 A
	短时过负荷电流及每次预计持续时间	110% 正常最大载流量/h
短路耐受电流	三相短路电流	17.3 kA/3 s
	单相短路电流	21.5 kA/3 s
雷电冲击耐受电压（相对地）		550 kV
系统接地方式		中性点有效接地
生产工艺		立式高压生产线

2. 35 kV 电力电缆

35 kV 电力电缆常用单股 1 × 300 mm²、1 × 150 mm²、1 × 95 mm²、1 × 50 mm² 低卤（或无卤）阻燃、防紫外线、低烟的电力电缆，技术参数主要包括电力系统参数和电缆基本技术参数。为了满足上述阻燃性能要求，一般采用阻燃电缆，有的采用低烟、无卤的聚乙烯材料作绝缘。

（1）电力系统参数，见表 4-3-3。

表 4-3-3　电力系统参数

项目	参数
额定电压	$U = 35$ kV
最高工作电压	$U_m = 42$ kV
额定频率	$f = 50$ Hz
接地方式	中性点经小电阻接地

（2）电缆基本参数，见表 4-3-4。

表 4-3-4　35 kV 电缆基本技术参数

项目	电缆规格				备注
	1 × 300 mm²	1 × 150 mm²	1 × 95 mm²	1 × 50 mm²	
额定电压（kV）	21/35	21/35	21/35	21/35	U_0（相电压）/U
直流电阻（Ω/km）	≤ 0.060 1	≤ 0.124	≤ 0.193	≤ 0.387	环境温度为 20 ℃
载流量（A）	≥ 650	≥ 425	≥ 300	≥ 220	环境温度为 40 ℃，空气中敷设，电缆三角形相互接触排列，导体最高温度为 90 ℃

续表

项目	电缆规格				备注
	1 × 300 mm²	1 × 150 mm²	1 × 95 mm²	1 × 50 mm²	
短路耐受电流（kA/s）	40	25	12.5	厂家提供	环境温度为 40 ℃，空气中敷设，电缆三角形相互接触排列，导体最高温度为 250 ℃
工频耐受电压（kV）	53	53	53	53	5 min
冲击耐受电压（kV）	200	200	200	200	—
局部放电量（pC）	≤ 10	≤ 10	≤ 10	≤ 10	—
阻燃性能	A 类	A 类	A 类	A 类	低烟、无卤、阻燃电缆
	—	C 类	—	—	低烟、无卤、防紫外线电缆
透光率			—	—	低烟、无卤、阻燃电缆
	—				低烟、无卤、防紫外线电缆
燃烧时逸出气体的 pH 值	4.3	4.3	4.3	4.3	低烟、无卤、阻燃电缆
燃烧时逸出气体的电导率（μS/mm）	10	10	10	10	低烟、无卤、阻燃电缆
燃烧时卤酸气体逸出量（mg/g）	100	100	100	100	低卤、阻燃、防紫外线电缆
电缆弯曲半径	20*d*	20*d*	20*d*	20*d*	不大于 1.4 m
紧压系数	≥ 0.90	≥ 0.90	≥ 0.90	≥ 0.90	—
绝缘标称厚度（mm）	9.3	9.3	9.3	9.3	—
绝缘偏心度	≤ 10%	≤ 10%	≤ 10%	≤ 10%	—

3. 直流 1 500 V 电力电缆

直流 1 500 V 电力电缆常用单股 1 × 400 mm² 和带铠装或无铠装 1 × 150 mm² 低卤、阻燃、防紫外线或低烟、无卤、阻燃的电力电缆，其技术参数见表 4-3-5。

表 4-3-5　直流 1 500 V 电力电缆基本技术参数

项目	电缆规格		备注
	1 × 400 mm²	1 × 150 mm²	
额定电压（kV）	1.5	1.5	—

续表

项目	电缆规格		备注
	1×400 mm^2	1×150 mm^2	
直流电阻（Ω/km）	≤0.047	≤0.124	环境温度为20 ℃
载流量（A）	≥890	≥490	环境温度为40 ℃，电缆支架上无间隙、两层并列布置，导体最高温度为90 ℃
短路耐受电流（kA/s）	40	25	环境温度为40 ℃，电缆支架上无间隙、两层并列布置，导体最高温度为250 ℃
工频耐受电压（kV）	6.5	6.5	5 min
冲击耐受电压（kV）	40	40	90~100 ℃
局部放电量（pC）	≤20	≤20	—
阻燃性能	A类	A类	低烟、无卤、阻燃电缆
	C类	C类	低烟、无卤、防紫外线电缆
透光率	60%	60%	低烟、无卤、阻燃电缆
	30%	30%	低烟、无卤、防紫外线电缆
燃烧时逸出气体的pH值	≥4.3	≥4.3	低烟、无卤、阻燃电缆
燃烧时卤酸气体逸出量（mg/g）	≤100	≤100	低卤、阻燃、防紫外线电缆
电缆弯曲半径	≤1.4	≤0.2	—
紧压系数	≥0.90	≥0.90	—
绝缘标称厚度（mm）	2.0	2.0	—
绝缘偏心度	≤10%	≤10%	—

直流1 500 V电力电缆的标称电压为DC 1 500 V，最高电压为DC 1 800 V，最低电压为DC 1 000 V，近端最大短路电流为90 kA，正线为单芯乙丙烯橡胶绝缘，聚烯烃护套，低烟、无卤、A类阻燃，铜芯电缆。

需要注意的是，对于直流1 500 V电缆，我国目前还没有生产标准，但根据IEC标准，直流1 500 V电缆可等同于交流1 000 V电缆，此外直流1 500 V电缆的绝缘等级不高，我国在低压电缆中已经有交流 3 600 V 电缆的成熟产品，可以用交流 3 600 V 电缆代替直流1 500 V电缆。

4. 电缆敷设与验收

1）电缆敷设

电缆敷设应根据不同环境采取不同方式，一般有车辆段、地下隧道和地下车站。

对于车辆段，一般采用电缆沟或电缆廊道敷设方式；对于地下隧道，一般采用电缆支架安装于隧道壁的敷设方式；而对于地下车站，则采用敷设于电缆夹层内的方式。一般情况下，对于多层电缆支架来说，一般按电压的高低从下向上排列，即最下层敷设最高电压等级

的电缆,而最上层一般敷设控制电缆。

电缆送电的方式有下述两种。第一种,由临近车站上的环网送电,优点是不用开挖隧道,投资相对较少;缺点是电缆数量增加,末端电压降低,不能满足供电要求。第二种,就近隧道预留一电缆竖井,此电缆竖井能够方便人员上下,便于维护、维修,优点是电缆数量少,末端电压高,能满足供电要求;缺点是隧道预留电缆竖井,投资相对较高。为保证可靠供电,建议采用隧道预留电缆竖井方式。

2)验收

高压交联聚乙烯电缆的竣工验收包括两个项目:一是根据 CB/T 11017—2014 或 IEC 840 对电缆线路的主绝缘进行耐压试验。试验方法主要有以下两种。

(1)根据下述步骤进行。

直流耐压:试验电压为 $3U_0$,施压时间为 15 min。

交流耐压:试验电压为 $1.73U_0$,施压时间为 5 min 或 $1U_0$,施压时间为 24 h。

其中,U_0 为电缆导体对地或对金属屏蔽层间的额定电压。

(2)根据 GB/T 11017—2014 或 IEC 229 对电缆线路的外护套进行耐压试验。对外护套厚度大于 2.5 mm 的电缆,在电缆屏蔽层和地之间加 10 kV 的直流耐压,耐压 1 min。保证此试验成功的前提条件是电缆外护套的外表面与地接触良好。这是国内外流行的外护套耐压试验标准。

此外,交联聚乙烯电缆的竣工试验项目一般包括绝缘电阻试验、接头直流电阻的测量、直流或交流耐压试验以及相位检查等。

4.3.2 交联聚乙烯绝缘电力电缆

交联聚乙烯绝缘电力电缆(简称交联电缆)是近 40 年发展起来的很有前途的塑料电缆。这种电缆电场分布均匀,没有切向应力,重量轻,载流量大,已广泛用于 6~35 kV 及 110 kV、220 kV 的电缆线路中。110 kV 或 220 kV 用于向城市轨道交通供电环网系统供电。33 kV 用于构成城市轨道交通供电环网系统的主干网,为保证城市轨道交通供电系统的正常运行,此等级电网大都采用交联聚乙烯绝缘电力电缆。

4.3.2.1 35 kV 及以下交联聚乙烯绝缘电力电缆

城市轨道交通供电系统 35 kV 电缆又称为中压环网电缆。35 kV 中压环网电缆在轨道交通供电系统中不仅投资比重大,而且对地铁供电系统的安全可靠性影响很大。因此 35 kV 电缆的结构选型及参数配置关系到整个轨道交通供电系统的安全运营。一般情况下, 35 kV 电缆选用低烟、无卤、交联聚乙烯绝缘、铠装单芯电力铜电缆,在车辆段、停车场等露天区敷设的 35 kV 电缆还需加入防紫外线功能。

1. 中压环网电缆选型原则

(1)电缆载流量应满足各种运行工况下最大负荷长期工作的需要。

（2）电缆应能承受系统在各种运行方式下的短时短路电流作用。

（3）电缆类型的选择应考虑工程实施的方便性。

（4）电缆选型应满足地铁安全性要求和不同敷设环境的要求。

2. 中压环网电缆截面积选择原则

（1）通过负载电流时，线芯温度不超过电缆绝缘所允许的长期工作温度。

（2）经济寿命期内的总费用最少（经济寿命期内的总费用是初始投资和经济寿命期内线路损耗费用之和）。

（3）通过短路电流时，不超过所允许的短路强度。

（4）电压损失在允许的范围内。

（5）满足机械强度的要求。

3. 电缆结构

三芯交联聚乙烯绝缘铠装电力电缆的结构如图 4-3-1 所示。在圆形导体外有内屏蔽层、交联聚乙烯绝缘层和外屏蔽层；外面还有保护带、铜线屏蔽、铜带和塑料带保护层；三个缆芯中间有一圆形填芯，连同填料扭绞成缆后，外面再加护套、铠装等保护层。导体屏蔽层为半导电材料，绝缘屏蔽层为半导电交联聚乙烯，并在其外绕包一层 0.1 mm 厚的金属带（或金属丝）。电缆内护层（套）的形式，除了上面介绍的三个绝缘线芯共用一个护套外，还有绝缘线芯分相护套。分相护套电缆相当于三个单芯电缆的简单组合。这种电缆的电场分布情况与单芯电缆及纸绝缘分相铅套电缆类似，但电气性能更好，应用范围与纸绝缘分相铅套电缆相同。

6~35 kV 交联聚乙烯绝缘电力电缆已得到广泛使用。

4. 电缆终端

为了便于施工，提高工作效率和质量，制造了各种电缆终端和接头。

35 kV 及以下电缆终端分为户内终端、户外终端和设备终端。户内终端是安装在室内环境中，不受阳光直接辐射，又不暴露在大气环境下使用的终端。户外终端则正好相反，它安装在室外环境中，使电缆与架空线或其他电气设备相连接，是受阳光直接辐射，暴露在大气环境下使用的终端。设备终端直接和电气设备相连接，高压导电金属处于全绝缘状态而不暴露在空气中。

35 kV 及以下中间接头分为直通接头、分支接头、过渡接头、堵油接头、转换接头和绝缘接头。直通接头用来连接两根同一线路上的相邻电缆。分支接头将支线电缆连接到干线电缆上去。而近乎垂直的接头又称为 T 形分支接头；近乎平行的称为 Y 形接头；在干线电缆某处同时分出两根接头，称为 X 形分支接头。当落差较大时，为防止高端浸渍油纸电缆接头绝缘干枯，而在接头内将油路截断，称为堵油接头。转换接头用来连接多芯电缆和单芯电缆。绝缘接头用于大长度电缆线路，使接头两端的金属护套和电缆绝缘屏蔽层在电气上断开，以便交叉互连，减少护层损耗。

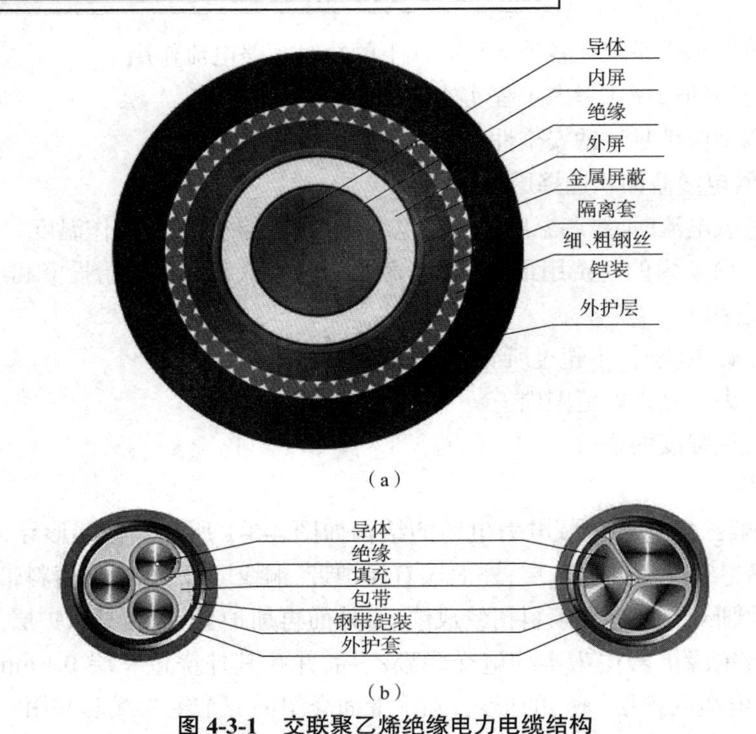

（a）

（b）

图 4-3-1　交联聚乙烯绝缘电力电缆结构

（a）单芯交联聚乙烯纵断面图　（b）三芯 6~35 kV 交联聚乙烯绝缘钢带铠装电缆

5. 电缆屏蔽及金属屏蔽层截面积的选择

对于 35 kV 交联聚乙烯绝缘电缆，除了要有导体屏蔽和绝缘屏蔽外，还要有金属屏蔽。电缆的绝缘屏蔽材料有可剥离和不可剥离之分。一般额定电压 U_0 为 12 kV 及以下电缆的挤包绝缘屏蔽应是可剥离的，但对 35 kV 电缆没有具体要求。

使用不可剥离绝缘屏蔽层的主要缺点是施工中安装电缆中间、终端头时较困难。因为在剥除半导电屏蔽层时，不能留下刀痕和凹凸不平的情况，更不能损伤绝缘。不可剥离绝屏蔽层与绝缘线芯紧密结合，比可剥离绝缘屏蔽具有更高的安全。

从系统长期运行的安全考虑，建议 35 kV 电缆绝缘屏蔽采用不可剥离的半导电层绝缘屏蔽。

电缆的金属屏蔽有铜带屏蔽和铜丝屏蔽两种结构。铜带屏蔽由重叠绕包的软铜带组成。铜带的标称厚度：单芯电缆不小于 0.12 mm，三芯电缆不小于 0.10 mm。标准（GB/T 3956—2008）中只规定了铜带的标称厚度，而未规定其截面积。事实上，铜带宽度不同、绕包层数不同时，截面积是不同的。重叠绕包的铜带截面积可由下式计算：

$$S = nw\delta \tag{4-3-2}$$

式中　n——铜带层数；

w——铜带宽度（mm）；

δ——铜带厚度（mm）。

铜丝屏蔽由疏绕的软铜线组成，其表面应用反向铜丝或铜带扎紧。铜丝屏蔽的标称截面积分为 16 mm^2、25 mm^2、35 mm^2、50 mm^2 共 4 种，可根据故障电流容量的要求选用。

金属屏蔽层的作用有两个：一是弥补半导电层屏蔽的不足；二是作为事故电流的通路。在中性点接地系统发生单相接地故障或中性点不接地系统在不同地点两相同时发生接地故障时，故障电流要从金属屏蔽层流过。为了不使金属屏蔽层烧损，要合理选择金属屏蔽层的截面积。

6. 电缆阻燃类别的选择

电缆阻燃类别分为 A 类、B 类、C 类三种类型。对于城市轨道交通供电系统，工程中电缆需选择哪类阻燃等级，目前我国还没有相应的标准。从过去的运行实践看，工程中选择阻燃级别高的电缆，在减少电缆火灾概率、增强系统安全性、减少故障造成的经济损失等方面更具有优越性。对于同类型的 A 类阻燃电缆和 C 类阻燃电缆，价格相差 15%~20%。因此，工程中电缆选取哪类阻燃，需结合工程中电缆的数量、电缆敷设的密集度、火灾概率、增强安全性要求和工程的投资等综合考虑。

在城市轨道交通工程供电系统中，35 kV 电缆宜选用交联聚乙烯绝缘低卤阻燃电缆。交联聚乙烯绝缘的标称厚度应不小于 9.3 mm。除有挤包半导电层的导体屏蔽和绝缘屏蔽外，缆芯外还要有金属屏蔽。绝缘、屏蔽要采用铜带或钢带。金属屏蔽层可采用铜带或铜丝屏蔽，要根据工程情况提出截面积要求。护套应采用低卤阻燃材料。在金属屏蔽层上应有挤包不透水的内衬，此时卤酸气体的含量应小于 100 mg/g。电缆应采用重叠绕包的厚度不小于 0.12 mm。

4.3.3.2 110 kV 及以上交联聚乙烯绝缘电力电缆

1. 交联聚乙烯绝缘电力电缆的优缺点

我国使用 110 kV 及以上交联聚乙烯绝缘电力电缆开始于 20 世纪 80 年代。交联聚乙烯绝缘电力电缆有以下主要优点。

（1）优越的电气性能。交联聚乙烯作为电缆的绝缘介质，具有十分优越的电气性能，在理论上，其性能指标比充油电缆还要好。

（2）良好的热性能和力学性能。聚乙烯树脂经交联工艺处理后，大大提高了电缆的耐热性能，交联聚乙烯绝缘电力电缆的正常工作温度可达 90 ℃、短路时的允许温度最高达 250 ℃，比充油电缆高。因而在导体截面积相同时，载流量比充油电缆大。

（3）敷设安装方便。由于交联聚乙烯是干式绝缘结构，不需附设供油设备，这样给线路施工带来很大方便。交联聚乙烯绝缘电力电缆的接头和终端采用预制成形结构，安装比较容易。敷设交联聚乙烯绝缘电力电缆高差不受限制。在有震动的场所，例如大桥上，交联聚乙烯电力电缆也显示出它的优越性。施工现场火灾危险也相对较小。

交联聚乙烯电力电缆与充油电缆相比较，也存在一些缺点。

（1）高电压等级的交联电缆的开发时间还不长，国内只有 20 年左右的历史，国际上也不过三十几年的经验。因此无论在制造工艺上还是运行使用上，其技术和经验远不如充油电缆，在理论和实践上都还有一些问题有待解决，其中最重要的和根本性的问题是对其长期运行可靠性和使用寿命的评价至今没有取得一致的结论。

(2)交联聚乙烯作为一种绝缘介质，虽然在理论上具有十分优越的电气性能，但作为制成品的电缆，其性能受工艺过程的影响很大。从材料生产、处理到绝缘层(包括屏蔽层)挤塑的整个生产过程中，绝缘层内部难以避免出现杂质、水分和微孔，且电缆的电压等级越高，绝缘厚度越大，挤压后冷却收缩过程产生空隙的概率也越大。运行一段时间后，由于“树枝”老化现象，使整体绝缘下降，从而降低电缆的使用寿命。

(3)尽管高压交联电缆本体的绝缘介质具有十分优越的电气性能，但倘若其连接部位(终端和接头)的绝缘品质出现问题，特别是终端或接头附件密封不良而受潮后，容易引起绝缘破坏。

2. 各部分的作用

(1)导体。导体为无覆盖的退火铜单线绞制，紧压成圆形。为减小导体的趋肤效应，提高电缆的传输容量，对于大截面导体(一般大于 100 m^2)采用分裂导体结构。

(2)导体屏蔽。导体屏蔽应为挤包半导电层，由挤出的交联型超光滑半导电材料均匀地包覆在导体上。表面应光滑，不能有尖角、颗粒、烧焦或擦伤的痕迹。

(3)交联聚乙烯绝缘。电缆的主绝缘由挤出的交联聚乙烯组成，采用超净料。110 kV 电压等级的绝缘标称厚度为 19 mm，任意点的厚度不得小于规定的最小厚度值 17. 1 mm (90% 标称厚度)。

(4)绝缘屏蔽。绝缘屏蔽亦为挤包半导电层，要求其必须与绝缘同时挤出。绝缘屏蔽是不可剥离的交联型材料，以确保与绝缘层紧密结合，其要求同导体屏蔽。

(5)半导电膨胀阻水带。这是一种纵向防水结构。一旦电缆的金属护套破损造成水分进入电缆，这时半导电膨胀阻水带吸水后会膨胀，阻止水分在电缆内纵向扩散。

(6)金属屏蔽层。金属屏蔽层一般由疏绕软铜线组成，外表面用反向钢丝或铜带扎紧。

(7)金属护套。金属护套由铅或铝挤包成形，或用铝、铜、不锈钢板纵向卷包后焊接而成。成形的品种有无缝铅套、无缝波纹铝套、焊缝波纹铝套、焊缝波纹钢套和焊缝波纹不锈钢套和综合护套等 6 种。这些金属护套都是良好的径向防水层，但内在质量、应用特性和制造成本各不相同。目前国内除波纹钢套和波纹不锈钢套外都有生产，一般用铅和铝制作护套者较多。用铝制作护套时，铝的最低纯度为 99.6%，高质量的铝不应含有微孔、杂质等，铝护套任意点的厚度不小于其标称厚度的 85%，即 0. 1 mm。 当采用铅制作护套时，铅套用的铅合金应含 0.4%~0.8% 的锑和 0.08% 以下的铜，铅套任意点的厚度不小于其标称厚度的 85%，即 0. 1 mm。

(8)外护层。外护层包括铠装层和聚氯乙烯护套(或由其他材料组成的)等。交流系统单芯电缆的铠装层一般由窄铜带、窄不锈钢带、钢丝(间置铜丝或锅丝)制作，只有交流系统

三芯统包型电缆的铠装层才用镀锌钢带或不锈钢带。

3. 110 kV 电缆接头

110 kV 电缆的结构和单芯交联聚乙烯相同，其各部分的作用也相同，因此不再赘述。这里主要讲解 110 kV 电缆接头。

1）110 kV 电缆中间接头及绝缘中间接头

110 kV 以上交联聚乙烯电缆中间接头包括绝缘接头与直通接头。无论是绝缘接头还是直通接头，按照它的绝缘结构分为绕包型接头和预制型接头等，目前以预制型接头为主要形式。

组装式预制型中间接头是以在工厂浇注成形的环氧树脂作为中间接头的中段绝缘和两端以弹簧压紧的预制橡胶应力锥组成的中间接头，接头内无须充气或浸渍油。这种接头在工厂内定制，在现场进行组装。由于中间接头由三段组成，因此出厂时无法进行整体绝缘实验。

整体预制型中间接头是将中间接头的半导电内屏蔽、主绝缘、应力链、半导电外屏蔽在工厂内预制成一个整体的中间接头预制件。现场安装时，只要将整体的预制件套在电缆绝缘上即可完成。预制件接头在外边暴露的时间短，接头工艺简单，安装时间短。由于接头绝缘是一个整体预制件，出厂时可进行整体绝缘实验，以保证质量。这种接头在我国已普遍使用，特别是在轨道交通供电系统中，由于受施工环境比较狭小的限制，采用这种接头，既可以缩短工期，又能保证质量，而且要求的施工界面较小。

2）110 kV 交联聚乙烯电缆终端

110 kV 交联聚乙烯电缆终端包括户外终端、GIS 终端和变压器终端。下面分别介绍户外终端和 GIS 终端。目前 110 kV 及以上交联聚乙烯电缆终端主要为预制橡胶应力锥终端。预制型终端的内、外绝缘是在工厂内一体制成的同一个橡胶预制件，现场安装时，只要将整体的预制件套在电缆绝缘上即可完成。目前，对于 110 kV 及以上的电力系统，还无法将内、外绝缘一体制成同一个橡胶预制件。110 kV 及以上系统的交联聚乙烯电缆终端的内绝缘采用预制应力锥，而外绝缘采用瓷套管或环氧树脂套管。套管和应力锥之间一般都充硅油或者聚丁烯等绝缘油。有一些 GIS 终端的结构是将应力锥紧贴在环氧树脂套管上，其间不充油，称为干式绝缘 GIS 终端。变压器的终端与 GIS 终端极为相似。总体上讲，户外终端、GIS 终端和变压器终端结构相似，但一般来讲，GIS 终端比户外终端要复杂些，GIS 终端一般采用环氧树脂套管作为外绝缘，如图 4-3-2 所示。一般情况下，电缆制造厂家须按 IEC 895 标准设计制造。凡是满足该标准的终端，可以安装在任何厂家生产的标准型 GIS 设备上。由于技术原因和经济因素，轨道交通供电系统常采用非一体的橡胶预制件，即采用上述的两部分结构。图 4-3-3 所示为 110 kV 交联聚乙烯电缆户外终端结构。

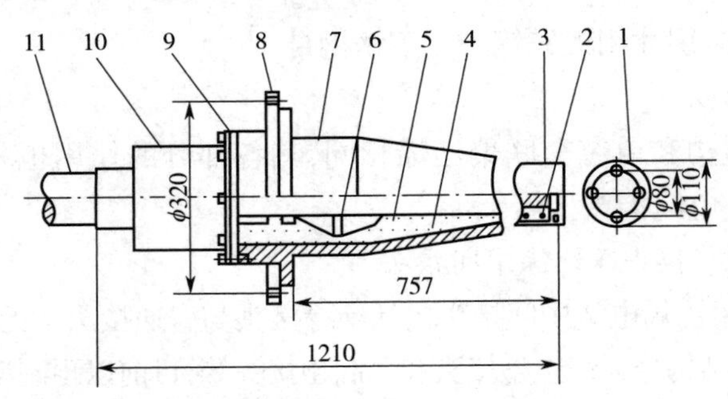

图 4-3-2　GIS 终端

1—终端与 GIS 结合面；2—导电金具；3—屏蔽罩；4—绝缘油；5—电缆绝缘；6—应力锥；7—环氧树脂套管；8—卡环；9—密封底座；10—尾管；11—交联电缆

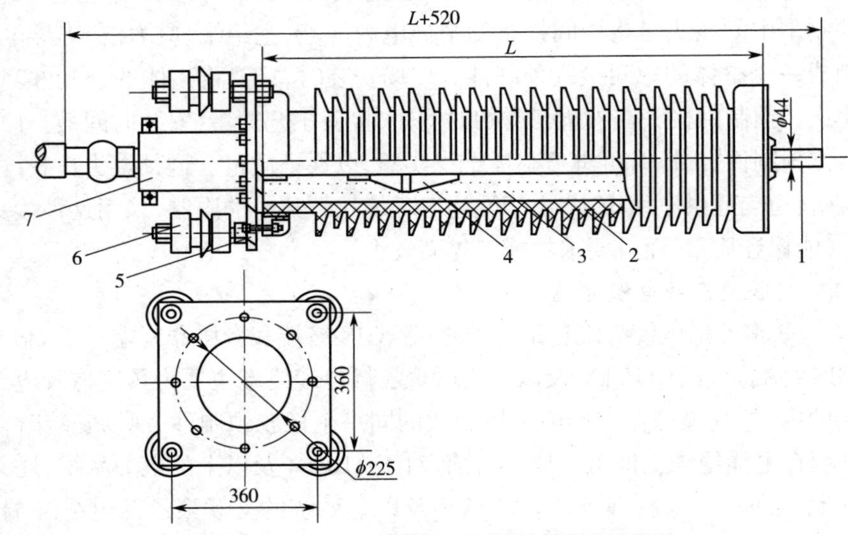

图 4-3-3　110 kV 交联聚乙烯电缆户外终端结构

1—出线杆；2—瓷套；3—绝缘油；4—应力锥；5—底板；6—支撑绝缘子；7—尾管

4.3.4　直流 750 V 或 1 500 V 电缆

城市轨道交通直流电力电缆是指轨道交通供电系统中直接对牵引机车进行供电的 1 500 V 及低于 1 500 V 的低压正极电缆、连接电缆和负极电缆。直流输电有许多优点，线路成本低、损耗小、没有无功功率、电力连接方便、容易控制和调节，尤其是在长距离输电中直流电力系统已经广泛被采用。

直流电力电缆具有下述优点：绝缘的工作电场强度高，绝缘厚度薄，电缆外径小、重量轻、柔软性好和制造安装容易；介质损耗和导体损耗低，载流量大；没有交流磁场，有环保方面的优势。直流电缆特性与交流电缆有本质区别，后者除芯线电阻损耗外，还有绝缘介损及铅包、铠装的磁感应损耗，而前者基本上只有芯线电阻损耗且绝缘老化也较后者缓慢得多，

因而运行费用也较低。在输送功率相同和可靠性指标相当的条件下，直流电缆输电线路的投资比交流线路要低（特别是当线路长度为 20~40 km 时），而在输电技术上更能提高电力系统的运行可靠性和调度灵活性。

4.3.4.1 直流电缆的种类

轨道交通的牵引供电系统采用直流 1 500 V 电压，因此直流 1 500 V 电缆的选择直接关系着地铁车辆的安全可靠性。目前我国采用直流 1 500 V 供电的地铁比较多，已经建成的有广州地铁 1、2 号线，上海地铁 1、2 号线、明珠线、莘闵线、M8 线，深圳地铁一期工程，南京地铁和重庆轻轨等。

随着轨道交通系统的迅速发展，越来越多的直流电缆被投入使用。直流牵引电缆用于连接高速直流开关和接触网，是直流供电系统的“瓶颈”。电缆一般采用交联聚乙烯（XLPE）电缆或乙丙橡胶（EPR）柔性电缆。轨道交通的发展历史比较长，不同时期不同方式的直流牵引电力电压等级多种多样，一般在直流 600~3 000 V，其中常用的电压等级有直流 750 V、1 500 V 和 3 000 V。

轨道交通牵引直流系统采用浮空供电方式，直流牵引电缆用于直流高速开关到接触网的供电，直流牵引电缆主要选用高性能的低烟、无卤、阻燃的 XLPE 或 EPR 电力电缆，有时为了防止鼠咬及增加机械强度等采用软铜带铠装。

轨道交通用直流牵引电缆主要适用于额定电压 3 000 V 及以下的城市轨道交通的直流电力传输。具体有：XLPE 绝缘 PVC 护套直流牵引（软）电缆；XLPE 绝缘聚烯烃护套低烟无卤阻燃直流牵引（软）电缆；XLPE 绝缘聚烯烃护套低烟低卤阻燃直流牵引（软）电缆；XLPE 绝缘聚烯烃护套低烟无卤阻燃防紫外线直流牵引（软）电缆；EPR 绝缘弹性体护套直流牵引软电缆；EPR 绝缘弹性体护套低烟无卤阻燃直流牵引软电缆；XLPE 绝缘防蚁防鼠低烟无卤 A 类阻燃直流牵引电缆等。

4.3.4.2 直流电缆的特性和使用要求

轨道交通用电缆为各种中、低压电缆，属于固定敷设类型，传输功率也比较大，既属于电气装备电缆类，也属于电力电缆类。还有一种电缆用于输送 1 500 V 直流电压，是机车的供电电缆。轨道交通用电缆一般均为单芯电缆。

轨道交通电缆对导体要求很高，希望采用紧压束绞细铜丝为单元，再绞合成导体，截面积一般都比较大，400~630 mm^2 是常用的规格，要求有内外半导电屏蔽层，在绝缘半导电屏蔽层外用铜带屏蔽，铜带要求采用硬度较高的黄铜带，以防止老鼠将电缆咬坏。还有一项重大的要求是防火，故采用 A 类阻燃电缆。另外根据项目具体情况，电缆一般应具有防水、防油、防紫外线、防鼠、防白蚁等性能。地铁项目中直流牵引电缆敷设空间有限，一般要求其重量轻，柔软性好，易弯曲，便于安装及维护。电缆敷设时的弯曲半径规定为：非软结构电缆为电缆外径的 12 倍；交联聚乙烯绝缘软结构电缆为电缆外径的 6 倍；乙丙橡胶绝缘软结构电

缆为电缆外径的 4 倍。

直流供电一般为双极传输，具有两根导线，一根为正极，另一根为负极。正极电缆为绝缘加护套的结构，负极电缆为护套兼具有绝缘功能。所有正、负极电缆护套都选用低烟无卤阻燃材料构成，这样电缆在火灾环境中不但自己具有阻燃性能，而且不释放浓烟和有毒气体，减少对人员和电气设备的损害。

4.3.4.3 直流电缆的结构

1. 导体

地铁中牵引电缆敷设空间有限，要求直流电缆轻量化、柔性好、转弯半径小。硬性电缆导体（1、2 类导体）由紧压型的多股圆铜线组成，不必镀锡，导体紧压系数较大，生产成本较低。柔性电缆的导体（5 类导体）由非紧压型的多股圆铜线组成，采用镀锡退火处理，生产成本较高。

正、负极电缆通常可选择 400 mm^2 的铜导体，线芯直径不大于 3 mm，对于敷设空间特别狭小且敷设处存在强烈振动的连接电缆，应选择柔性电缆。如果连接电缆中 120 mm^2 规格的电缆约占连接电缆总长的 23%，可以将其截面积加大，即整个工程都采用 150 mm^2 的连接电缆，便于统一设备、施工以及运营维护。

2. 绝缘

电缆在直流电压下绝缘内的电场强度与其电阻率成正比分布，电缆在运行中，电缆内温度升高，电阻率会受温度的影响而发生变化。当电缆负载为零时，最大电场强度出现在导电线芯表面；加上负载后，最大电场强度有向绝缘表面移动的趋势。因此，在选择绝缘材料和设计厚度时，不仅应保证在空载时线芯表面电场强度不能超过其允许值，而且还应保证电缆在最大允许负载时，绝缘层表面的电场强度不超过其允许值。

直流牵引电缆的绝缘一般采用电气性能优良的 XLPE 或 EPR 材料，直流电缆对工频耐压和冲击耐压的要求不高，正极电缆的电压在各个工程中没有差别，而负极电缆的电压有较大区别。地铁工程中负极电缆的数量约占直流电缆数量的 40%，考虑设备的统一、施工和运营维护的方便以及运营的可靠，负极电缆宜采用与正极电缆相同的结构。

3. 防水

因地下环境和大气的影响，电缆长期敷设在潮湿的环境下，水分子会通过橡胶或塑料层渗透到电缆的内部，引起绝缘电气性能下降，甚至造成安全事故。因此，直流牵引电缆应具有防水、防潮性能。电缆防水一般以径向防水为主，采用一层不能渗水或难以透水的材料，将水分阻挡在绝缘以外，从而达到保护绝缘的目的。通常可采用铝 / 塑粘接综合护层；也可以在绝缘和护层之间单独设计一层线性低密度聚乙烯材料作为防水层，因为线性低密度聚乙烯具有较好的韧度、耐磨性及较低的透水性。另外，也可采用膨胀型阻水带缠绕在绝缘层的外表面，以便起到纵向或径向防水的作用。

4. 铠装

地下空间鼠害严重,另外电缆敷设空间狭小,施工时容易损伤电缆,地铁系统的电缆应采取措施使电缆免于一般的机械损伤,直流电缆的铠装材料可以选用铜带或不锈钢带。

5. 外护套

为了保证电缆优良的电气性能和阻燃特性,绝缘采用非阻燃材料,而外护层要采用可以防紫外线的低烟无卤阻燃材料。在地铁的牵引变电所电缆出口处敷设的直流电缆数可达20多根。按电缆成束燃烧试验要求,地铁直流电缆通常要求达到A类阻燃。

对于C类阻燃直流牵引电缆,采用乙丙橡胶和交联聚乙烯材料作为绝缘,外护套采用阻燃材料是能够实现的,但对于A、B类阻燃要求来说就比较困难。为了使电缆达到不同的阻燃级别要求,可以在绝缘和护层之间增加一层厚度为1~2 mm的高阻燃隔氧层,以提高电缆的阻燃等级。

轨道交通是城市客运的大动脉和生命线,所以要求直流电缆不仅要防水、防鼠和安全可靠;同时还要考虑消防的要求,应采用阻燃型的低烟无卤电缆。

4.3.5 电力电缆的运行与维护

在电缆的运行中,电缆防火是其主要任务之一。防止电缆火灾首先要防止电缆本身和外界因素引起的电缆着火,其次要防止电缆着火后蔓延扩大,第三是采取有效的灭火措施。

4.3.5.1 电缆防火

1. 电缆火灾事故原因

电缆火灾事故主要有两种形式。一是外界火源引起火灾。据不完全统计,外界火源是引起电缆火灾事故的主要原因。它占所有电缆火灾事故总数的70.3%。因此在外界火源引起的火灾中,由于电缆积煤粉自燃引起电缆火灾的次数占由外界火源引起火灾的一半以上,由此说明必须下大力气防止在电缆上积煤粉。另外,外界火源引起的火灾还有油管道、轴瓦以及锅炉油枪等漏油引起的电缆火灾,电焊、气割金属熔渣引起的电缆火灾等。二是电缆本身故障引起火灾。电缆本身故障引起火灾的原因主要有绝缘老化、受潮、短路以及终端、接头爆炸等,其中由于380 V低压电缆故障造成的电缆火灾约占电缆本身故障引起火灾的一半以上,比例较大,这说明在防止电缆火灾事故时不能忽视低压动力电缆故障。

2. 电缆的防火措施

电缆的防火措施主要有如下几种。

(1)采用阻燃型电缆或耐火型电缆。阻燃型电缆是指着火后不延燃或能自熄的电缆。耐火型电缆是指电缆在一定时间(如0.5~3 h)和高温(如750~1 000 ℃)作用下,绝缘不致完全烧坏并能继续通电的电缆。实践证明,采用阻燃型电缆或耐火型电缆是电缆防火的有效措施之一。近几年来,我国已能生产达到IEC和国标要求的阻燃型、耐火型电缆,国内多家电缆厂都具备了生产XLPE绝缘无卤低烟阻燃及耐火电缆的实力。阻燃型电缆的价格比同类普通电缆高10%左右,耐火型电缆的价格比同类普通电缆高50%左右。

城市轨道交通供电系统多采用交联聚乙烯绝缘无卤、低烟、阻燃及耐火电缆,以提高安全运营水平。

(2)设置单独的电缆通道。公用重要回路的非耐火型电缆,宜布置在两个互相独立或有耐火分隔的通道中,也可对其中一条回路电缆做耐火处理。

(3)提高电缆敷设和电缆防火封堵质量。电缆竖井和电缆孔洞的封堵对于防止电缆火灾蔓延起着十分重要的作用。因此,在相关标准中要求,设计时应考虑通过竖井进入控制室电缆夹层的电缆数量不宜过多,应尽可能减小坚井的开孔尺寸,以方便封堵。对运行单位,电缆孔洞和竖井的严密封堵是当务之急,要求对封堵不严或未进行封堵的立即完成封堵,并根据要求选择合适的填料。

(4)电缆和热力设备之间的净距要满足要求。一般平行时应不小于1 m,交叉时应不小于0.5 m,不允许电缆平行敷设于热管道的上部。

(5)设置防火墙和防火门,把火灾限制在最小范围内。

(6)设置优良、高效、可靠的灭火系统。为了防火,一般安装火灾探测器。目前主要的火灾探测器有烟感、温感和光感三种类型。各式敏感元件可与火灾自动报警系统组合配套,以满足不同场所对火灾探测的需要。当电缆着火探测报警后,就可以驱动末端执行机构,如自动喷水、自动喷射高效灭火剂等装置进行灭火。喷水器最大的中心间距不应大于3.5 m。

快速响应喷水器的动作温度定值为74 ℃,如周围环境温度超过38 ℃,则应装设100 ℃动作的喷水器。同时在电缆隧道、夹层及高压电缆终端室、接头室还可设置泡沫灭火器。

3. 加强管理

运行单位应重视对电缆的运行管理,定期巡视检查,认真、及时地进行预防性试验。同时要重视消防系统的设计和运行管理。城市轨道交通供电系统运行单位应强化消防工作,防止由于外界火源引起的电缆火灾。消防技术规定中要求,消防水泵应保证在火警后8 min内开始工作,并在火场断电时仍能照常运行。

最后要安装火灾预警系统。采用单片机实现的电缆多点温度在线自动监测及电缆火灾预警系统可以在电缆发生火灾事故之前预警,将电缆火灾事故消灭在萌芽状态。该系统的基本工作原理是:以检测电缆表皮温度为测量手段,当电缆表皮温度超过所给定的温度整定限值后,即发出报警信号,并能准确地确定电缆发生过热的具体部位,因而能够在很大保护范围内,从根本上消灭电缆事故,防患于未然。

4.3.5.2 防止电缆故障的措施

根据现场的运行经验,防止电缆故障的措施如下。

1. 加强巡查

按规定的周期进行巡查。变电所内的电缆,至少每3个月巡回检查1次。对敷设在土中的直埋电缆,根据季节及基建工程的特点,必要时应增加巡查次数。对挖掘暴露的电缆,

应根据工程的具体情况，酌情加强巡查。电缆终端头，根据现场及运行情况一般每1~3年停电检查1次。装有油位指示的电缆终端头，每年夏、冬季应检查油位高度。污秽地区的电缆终端头的巡查与清扫期限，可根据当地的污秽程度予以决定。

巡查时要注意以下事项。

（1）对敷设在地下的每一电缆线路，应查看路面是否正常，有无挖掘痕迹，查看路线标桩是否完整无缺等。

（2）电缆线路上不应堆置瓦砾、矿渣、建筑材料、笨重物体、酸碱性排泄物或砌堆石灰坑等。

（3）对于通过桥梁的电缆，应检查桥两端电缆是否拖拉过紧，保护管或槽有无脱开或锈烂现象。

（4）对于各种排管应该用专用工具疏通，检查其有无断裂现象。

（5）电缆铅包在排管口及挂钩处，不应有磨损现象，需检查铅包是否失落。

（6）对户外与架空线连接的电缆和终端头应检查终端头是否完整，引出线的接点有无发热现象，电缆铅包有无龟裂漏油，靠近地面的一段电缆是否被车辆碰撞等。

（7）多根并列电缆要检查电流分配和电缆外皮的温度情况，防止因接点不良而引起电缆过负荷或烧坏接点。

（8）隧道内的电缆要检查电缆位置是否正常，接头有无变形漏油，温度是否异常，构件是否失落，通风、排水、照明等设施是否完整。

（9）巡线人员应做好记录和编制维护计划。

（10）如果发现电缆线路有重要缺陷，应立即报告运行管理人员，并做好记录，填写重要缺陷通知单，运行管理人员接到报告后应及时采取措施，消除缺陷。

2. 防止绝缘过热

过负荷是导致电缆绝缘过热的重要原因，因此，相关规程规定，电缆原则上不允许过负荷，即使在处理事故时出现的过负荷，也应迅速恢复其正常电流。为避免电缆过负荷，一要正确选择电缆的截面，使之满足允许温度和载流量的要求；二要经常测量和监视电缆的负荷电流和温度。

电缆负荷电流的测量，可使用配电盘式电流表或钳形电流表等。测量的时间及次数应按现场运行规程执行，一般应选择最有代表性的日期和负荷在最特殊的时间进行。发电厂或变电所引出的电缆负荷测量由值班人员执行，每条线路的电流表上应画出控制红线，用以标志该线路的最大允许负荷。当电流超过红线时，值班人员应立即通知调度部门采取减负荷措施。

电缆温度的测量，应在夏季或电缆最大负荷时进行，应选择电缆排列最密处或散热条件最差处及有外界热源影响的线段。测量直埋电缆温度时，应测量同地段的土壤温度。测量土壤温度的热电偶温度计的装置点与电缆间的距高不小于3 m，离土壤测量点3 m半径范围内应无其他热源。电缆与地下热力管道交叉或接近敷设时，电缆周围的土壤温度在任何时候不应超过本地段其他地方同样深度土壤温度10 ℃以上。

3. 防止电缆腐蚀

电缆铅包或铝包腐蚀是导致电缆绝缘受潮的重要原因，所以防止电缆铅包或铝包腐蚀是保证电缆安全运行的重要措施。电缆的腐蚀有化学腐蚀和电解腐蚀两种。

防止化学腐蚀的方法如下。

（1）合理选择电缆线路路径，尽量远离有腐蚀性的土壤。否则应采取必要的措施，如部分更换不良土壤，或增加外层防护，将电缆穿在耐腐蚀的管道中等。

（2）对已运行的电缆线路，较难随时了解电缆的腐蚀程度，只能在发现电缆有腐蚀，或发现电缆线路上有化学物质渗漏时，掘开泥土检查电缆。

（3）对室外架空敷设的电缆，每隔2~3年涂刷一通沥青防腐漆，对保护电缆外护层有良好的作用。

防止电解腐蚀的方法主要有以下两种。

（1）加强电缆包皮与附近巨大金属物体间的绝缘。

（2）在小的阳极地区采用吸附电极（锌极或镁极）来构成阴极保护时，被保护的电缆铅包电压应在−0.2~0.5 V范围内。

4. 防止电缆绝缘受潮

防止电缆铅包或铝包腐蚀是防止电缆绝缘受潮的重要措施。对渗油的电缆进行及时处理也是防止电缆绝缘受潮的重要环节，主要方法如下。

（1）电缆运行部门在巡视时，要注意电缆护套是否有渗油现象，对渗油的电缆要做好观察和记录，停电时应进行处理。

（2）对电缆沟、隧道中的电缆，每年应进行两次检查，发现渗油电缆要及时处理：如要进行封铅处理，须停电检查，校对无误后再实施。

（3）对电缆沟、路道、工井等电缆构筑物，要及时排除积水，清理杂物。

高压交联聚乙烯电缆会由于电缆端部封帽不严或被损坏而受潮，也会因为在运输过程中电缆护层被外力损坏而受潮。此外在试验和运行的过程中，会因绝缘被击穿引起的电缆护层损坏而受潮，还会因中间接头密封不严而受潮。

去潮处理是指一般在电缆的一端将压缩气体介质，强行灌入电缆绝缘线芯内，在电缆的另一端，同时抽真空，让干燥的气体吸收进入电缆的潮气，然后抽去。压缩气体介质通常为干燥的氮气或干燥的空气。去潮处理一般采用专门的设备。

5. 防止外力损伤电缆绝缘

电力电缆线路事故大部分是由外力的机械损伤造成的。为了防止电缆的外力损伤，应当建立制度、加强宣传、加强管理，在电缆线路附近进行机械化挖掘土方工程时，必须采取有效的保护措施，或者先用人力将电缆挖出并加以保护后，再根据操作机械及人员的条件，在

保证安全距离的条件下进行施工，并切实加强监护。

6. 防止过电压击穿电缆绝缘

发电厂、变电所的35 kV及以上电缆进线段，在电缆与架空线的连接处应装设网式避雷器，其接地端应与电缆的金属外皮连接。对三芯电缆，末端的金属外皮应直接接地；对单芯电缆，应经接地器或保护间接接地。

7. 防治白蚁

白蚁在全国20多个省市都有发现，而且以云南最多，广东次之。白蚁对直埋电缆有危害作用，它们能把电缆护层咬穿，使电缆绝缘受潮，导致绝缘强度降低，从而造成单相接地短路。对于南方的城市轨道交通电力系统，必须采取措施防治白蚁。

(1)采用咬不动电缆。对于聚氯乙烯电缆，在白蚁活动的场所，采取措施以提高聚氯乙烯的硬度，使白蚁咬不动电缆。

(2)药物型电缆。在电缆中加入一定剂量对白蚁有触杀作用的药物。这些药物要有一定的药性持久性，同时在160 ℃高温时不易分解，此外还要求工艺简单、对电缆机电性能无影响、生产施工方便等，常用的有狄氏剂($C_{12}H_8CL_6O$)、林丹($C_6H_6CL_6$)，狄氏剂的特点是稳定且药效长；而林丹的特点是稳定性差，但毒杀力大。

(3)毒土防蚁。在电缆周围的土中掺入一定剂量的药物，阻杀白蚁。

(4)生态防蚁。主要方法是将电缆用水泥封包，选择合适的线路避开白蚁活动场所、改变敷设方式(改为架空式)等。

此外还要加强电缆的预防性试验工作，发现异常电缆，采取措施，减少损失。

模块4.3 同步练习

模块4.4　城市轨道交通电缆敷设

【学习目标】

(1)了解电缆敷设的一般要求。

(2)了解城市轨道交通高架线路电缆敷设的一般要求。

（3）了解城市轨道交通地面线路电缆敷设的一般要求。

（4）了解城市轨道交通地下线路电缆敷设的一般要求。

（5）了解城市轨道交通特殊线路电缆敷设的一般要求。

【知识储备】

在城市轨道交通供电系统中电缆主要包括中压电缆、低压电缆、直流电缆、控制电缆和光纤等，其电缆在支架上按照电压等级由上至下、先高压再低压的顺序进行布置。一般最上层为中压电力电缆，下面为直流电缆，然后为低压电力电缆，最后为控制电缆、接地电缆和纵差光纤电缆。一般每层电缆之间的距离应满足敷设便利和电磁兼容的原则。

4.4.1　电缆敷设一般要求

（1）对于城市轨道交通电缆敷设，各相关尺寸及距离要求见表4-4-1。

表4-4-1　电缆敷设的相关尺寸及距离　（mm）

相关尺寸及距离		电缆通道		电缆沟	
		垂直	水平	垂直	水平
两侧设支架的通道净宽		≥1 000	—	≥300	—
一侧设支架的通道净宽		≥900	—	≥300	—
电缆支架层间距离	电力电缆	—	≥150（200）	—	—
	控制电缆	—	≥100	—	—
电缆支架之间的距离	电力电缆	1 000	1 500	1 000	—
	控制电缆	800	1 000	800	—
车站站台板下电缆通道	人通行部分	—	—	—	—
	电缆敷设部分	—	—	—	—
变电所内电缆通道净高		—	—	—	—
电力电缆之间的净距		≥35	—	≥35	—

注：①表中括号内数字为35 kV电缆标准；

②电力电缆与控制电缆混敷时，电缆支架间距离宜采用控制电缆标准；

③当确有困难时，地下车站站台板下电缆通道人通行部分的净高可适当降低，但不得低于1 300 mm。

（2）中压电缆中间接头不宜设在车站站台板下。

（3）电缆在同一通道中位于同侧的多层支架上敷设时，宜按电压等级由高压至低压、由强电至弱电的顺序排列。当条件受限时，1 kV及以下电力电缆可与控制电缆敷设在同一层支架上。

（4）同一重要回路的工作与备用电缆应适当配置在不同层次的支架上。

（5）单洞单线隧道内的电力电缆和控制电缆宜敷设在沿行车方向的左侧；单洞双线隧

道内的电力电缆宜布置在隧道两侧。

（6）高架桥上的电力电缆与控制电缆应敷设在电缆支架上或电缆槽内。

（7）电缆在高架桥上或地面线路采用支架明敷时，宜有罩、盖等遮阳措施。

（8）地面线路的电力电缆与控制电缆宜敷设在电缆沟内。

（9）电力电缆与通信信号电缆并行明敷时，两者间距应不小于 150 mm；两者垂直交叉时，其间距应不小于 50 mm。

4.4.2　城市轨道交通电缆敷设

城市轨道交通电缆敷设断面形式较多，存在单洞单线地下线路、单洞双线地下线路、U形槽、地面线、高架线、岛式车站、侧式车站、车辆段等。

电力电缆在地下区间敷设时，一般敷设在行车方向的左侧边墙上，跨越渡线位置采用过顶敷设方式。在岛式车站位置，直接由区间经站台板下电缆通道进入变电所。在侧式车站位置：电缆由行车方向左侧跨越车站端部的线路顶部，之后进入侧式站台板下电缆通道进入变电所。在穿越区间和车站人防隔断门地段时应在人防门预留管孔，以便电缆顺利穿越进入站台板下。

电缆在高架桥敷设时，一般设置在高架桥两侧，采用电缆支架或者电线槽的敷设方式。由于电缆槽占用桥面积较大，因此主要采用电缆支架敷设。电缆支架的布置应满足电力电缆和控制电缆的敷设要求，局部地段需有效与声屏障立柱结合。

电缆在车辆段敷设时，主要采用电缆沟和直埋方式，当采用电缆沟敷设时，应考虑排水要求。

4.4.2.1　高架线路

在高架桥段为节省土建投资，多采用电缆支架沿线路两侧敷设。少量线路由于高架桥有条件，则采用电缆槽敷设方式。

当高架桥采用电缆槽敷设方式时，电缆槽顶盖的强度应满足行人疏散要求。

当高架桥段采用电缆支架敷设方式时，若电缆支架设置在疏散平台的下方，则要满足电缆敷设数量的要求，并注意便于电缆施工及电缆检修。

电缆在长时间进行紫外线照射过程中容易老化，影响电缆寿命。因此，明敷设的电缆应考虑在电缆支架上设置防护罩，以防雨雪、防晒、防紫外线等。

双线高架线路电缆敷设断面如图 4-4-1 所示。一般情况下，电力电缆敷设在高架桥两侧的电缆支架上，通信信号电缆敷设在电缆支架下部的电缆槽内，电缆支架上部设置疏散平台。电力电缆和通信信号电缆在有电缆沟槽隔板的情况下可以间隔 200 mm。

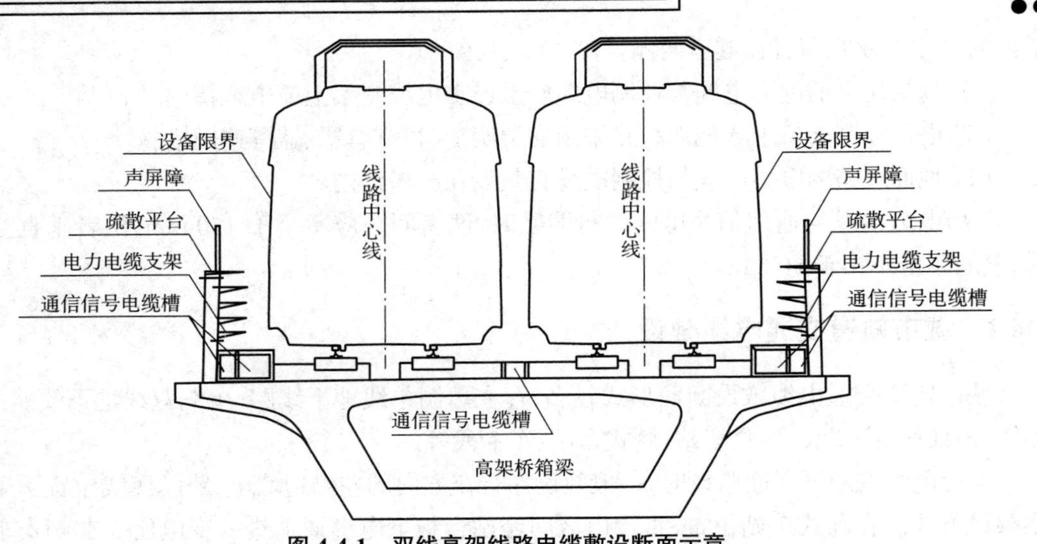

图 4-4-1　双线高架线路电缆敷设断面示意

4.4.2.2　地面线路

在城市轨道交通地面线路中通常采用电缆沟敷设方式或直埋敷设方式。对于全封闭地面线路通常采用电缆沟敷设方式，对于局部开放式地面线路则采用直理方式，以节省工程投资。

1. 采用电缆沟方式

通常在路基下设置电缆沟，电缆沟下设置排水沟，以便排除电缆沟内积水，但应特别注意电缆沟的沟底标高应高于排水沟的沟底标高。从电缆沟过渡到电缆支架敷设方式时，应设置电缆井。地面线路电缆沟方案电缆敷设断面如图 4-4-2 所示。

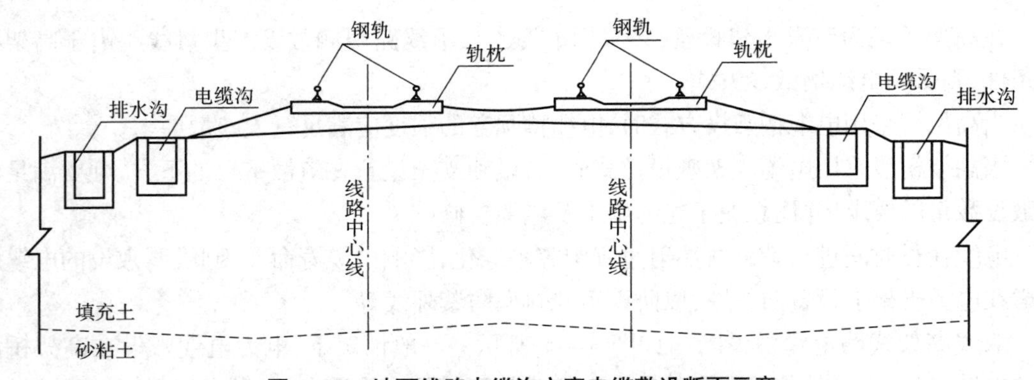

图 4-4-2　地面线路电缆沟方案电缆敷设断面示意

2. 采用直埋方式

对于开放式地面线路和近郊区地面线路，电缆敷设可以采用直埋敷设方式，直理敷设时，应注意在穿越平交道口地段或者有重大承重地段时需考虑电缆穿管承压防护。穿越平交道口处电缆敷设如图 4-4-3 所示。

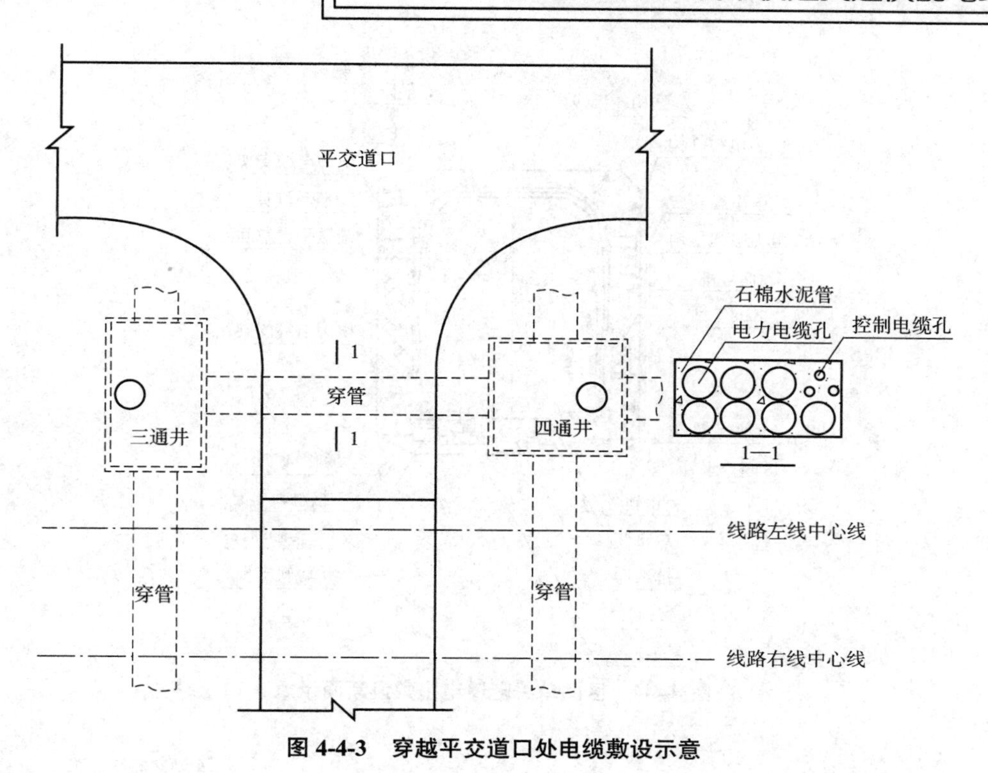

图 4-4-3　穿越平交道口处电缆敷设示意

4.4.2.3　地下线路

对于单洞单线隧道，电缆敷设在行车方向左侧的结构墙电缆支架上。对于单洞双线隧道，中压电缆可敷设在隧道底部的电缆沟槽中，低压电缆敷设在侧墙电缆支架上。电缆敷设时应注意避免侵入设备限界。

跨越渡线位置电缆敷设应采用过顶敷设方式，当电缆截面较小、电缆数量较少时，也可采用在走行轨底部过轨的敷设方式，但应征得轨道专业同意。区间单线隧道电缆敷设断面如图 4-4-4 所示。

4.4.2.4　特殊地段电缆敷设

在城市轨道交通工程中，除标准区间地段外，还存在一些特殊地段，如高架区间与车站过渡区段、U 形槽区段、穿越人防门区段。在这些地段的电缆敷设有一定特殊性。

1. 高架区间与车站过渡区段

当高架车站为侧式站台时，因区间桥面的宽度小于车站站台的宽度，所以电缆支架在此处应为延展式支架，以便电缆敷设通畅。高架区间与车站过渡区段电缆敷设平面如图 4-4-5 所示。

需要注意延展式支架强度除满足电缆敷设要求外，还应满足支架上人员站立的承重要求。

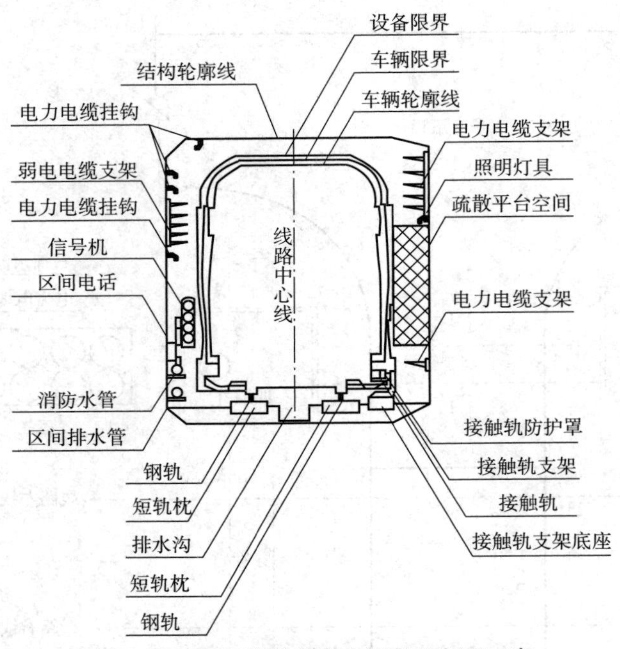

图 4-4-4　区间单线隧道电缆敷设断面示意

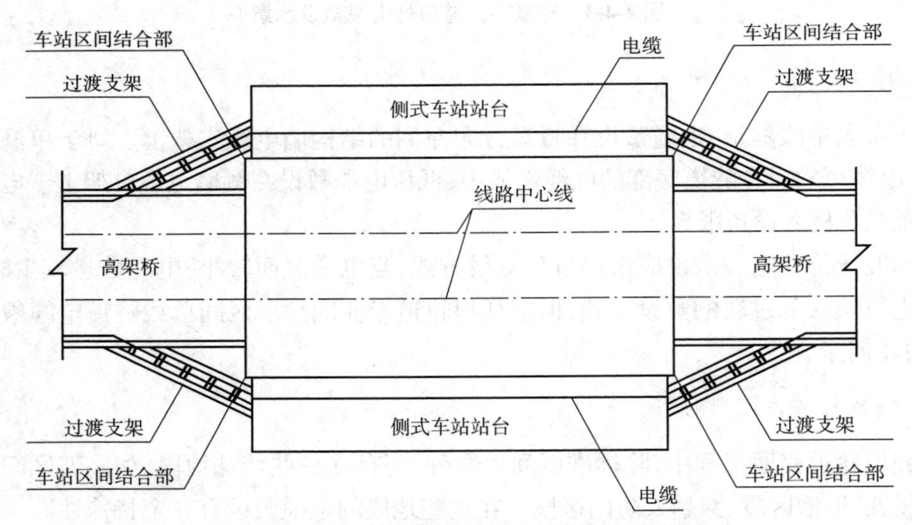

图 4-4-5　高架区间与车站过渡区段电缆敷设平面示意

2. U 形槽区段电缆敷设

在地下和地面过渡区段，一般采用 U 形槽进行处理。电缆敷设用区间隧道内电缆支架方式敷设一直延续到 U 形槽区段，在过 U 形槽之后过渡到电缆沟敷设方式，应处理好电缆过渡时的高程配合。U 形槽区段电缆敷设断面如图 4-4-6 所示。

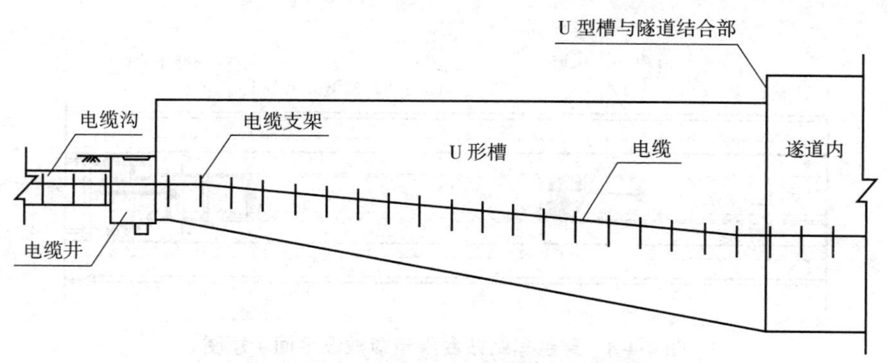

图 4-4-6　U 形槽区段电缆敷设断面示意

3. 穿越人防门区段

根据人防要求,通常在车站与区间结合部设置人防门。电缆在穿越人防门处应进行穿管处理。电缆在区间沿中墙敷设,在穿过人防门之后继续进入车站,至站台板下敷设,应处理好电缆敷设高程的配合。因中压电缆弯曲半径较大,为保证中压电缆从区间顺利敷设过渡至站台板下,多选择中压电缆在人防门的底部穿管敷设。穿越人防门区段电缆敷设断面如图 4-4-7 所示。

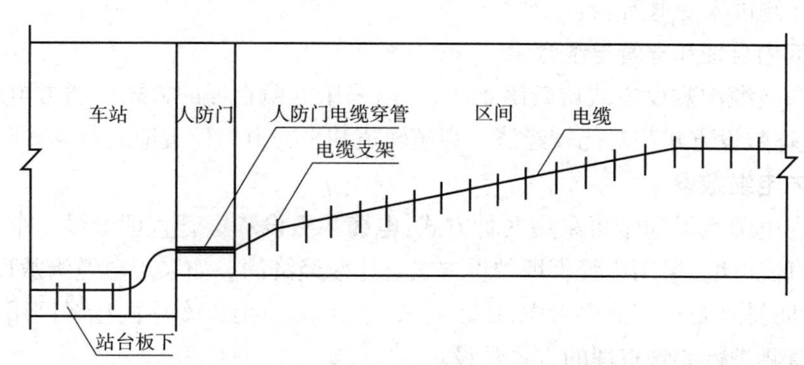

图 4-4-7　穿越人防门区段电缆敷设断面示意

4.4.2.5　车站

电缆在穿越车站时,沿站台板下敷设,除与站台板下的回风道位置配合外,还应避开扶梯基坑、电梯基坑等。穿越车站站台层电缆敷设平面如图 4-4-8 所示。另外,要求结构专业将梁根据需要局部设计为下反梁形式,以保证电缆敷设路径通畅。尤其是在变电所夹层部分,结构应全部处理为下反梁形式,以便于变电所人员维护检修,进出车站端部电缆孔洞应进行防火封堵。

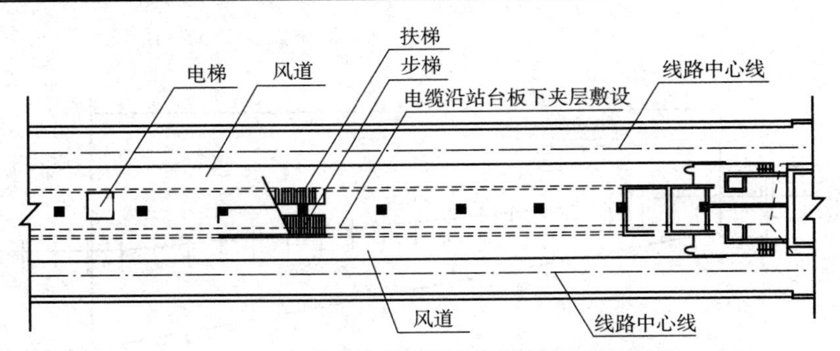

图 4-4-8　穿越车站站台层电缆敷设平面示意图

4.4.2.6　车辆段

车辆段电缆敷设相对繁杂，主要有：地下出入段线 U 形槽与车辆段过渡段电缆敷设、车场区内直理和穿管电缆敷设、车库内电缆敷设。下面分别进行介绍。

1. 地下出入段线 U 形槽与车辆段过渡段电缆敷设

在出入段线过渡段通常采用电缆沟的敷设方式，电缆敷设在支架上，按照高压到低压的顺序排列。以电缆支架明敷过渡到电缆沟内敷设应设置双通电缆井，之后电缆进入电缆沟，然后沿岔区外侧进入变电所。

2. 车场区内直埋和穿管电缆敷设

车场区内电缆沟敷设方式比较困难时，可以采用电缆直埋的方式。通常电缆根数较少时，长距离直埋敷设方式相对比较经济。穿越轨道和平交道口位置应进行穿管防护。

3. 车库内电缆敷设

在车库内电缆敷设通常可采用两种方式：电缆沟敷设和穿管直埋敷设。车库内电缆多为接触网用直流电缆，采用穿管直埋敷设方式是比较经济的。如采用电缆沟敷设方式，电缆沟盖板强度、防排水要求都需要考虑，比较复杂，不经济。因此，车库内接触网用直流电缆一般采用沿轨道侧进行穿管直埋的方式敷设。

4.4.3　电缆的支持与固定

在城市轨道交通中，电缆的支持与国定装置主要为电缆挂钩、电缆支架、吊架、托盘、桥架，电缆支架方式是最常用的。下面介绍采用电缆支架敷设时需要考虑的因素和电缆支架的技术要求。

4.4.3.1　一般规定

(1)电缆明敷时，一般采用电缆支架、挂钩或吊绳等支持装置。最大跨距应符合下列规定：

①应满足支持件的承载能力和无损电缆的外护层及其缆芯；

②使电缆相互间能配置整齐；

③适应工程条件下的布置要求。

（2）直接支持电缆用的普通支架（臂式支架）、吊架的允许跨距见表4-4-2。

表4-4-2　普通支架、吊架的允许跨距　（mm）

电缆特征	敷设方式	
	水平	垂直
未含金属套、铠装的全塑小截面电缆	400*	1 000
除上述情况外的中、低压电缆	800	1 500
35 kV以上高压电缆	1 500	3 000

注：* 表示能维持电缆较平直时该值可增加1倍。

（3）35 kV及以下电缆明敷时，应设置适当固定部位，并符合下列规定：

①水平敷设，应设在电缆线路首、末端和转弯处以及接头的两侧，且应在直线段间隔不少于100 m处，电缆支架间距一般为1 m；

②垂直敷设，应设在上、下端和中间适当数量位置处，垂直固定间距一般为1.5 m；

③斜坡敷设，应遵照水平敷设和垂直敷设因地制宜；

④当电缆间需保持一定间隙时，宜设在每隔约10 m处。

⑤交流单相电力电缆还应按短路电动力确定所需预固定的间距。

（4）35 kV以上高压电缆明敷时，加设固定的部位除应遵照规范要求外，还应符合下列规定：

①在终端、接头或转弯处紧邻部位的电缆上，应有不少于1处的刚性固定；

②在垂直或斜坡的高位侧，宜有不少于2处的刚性固定，使用钢丝铠装电缆时，还应使铠装丝能夹持住并承受电缆自重引起的拉力；

③电缆蛇形敷设的每一节距部位，宜预挠性固定，蛇形转换成直线敷设的过渡部位，宜进行预刚性固定。

（5）在35 kV以上高压电缆的终端、接头与电缆连接部位，宜有伸缩节，伸缩节应大于电缆容许弯曲半径，并满足金属护层的应变不超出容许值。未设伸缩节的接头两侧，应进行预刚性固定或在适当长度内对电缆实施蛇形敷设。

（6）电缆蛇形敷设的参数选择应使电缆因温度变化产生的轴向热应力不致对电缆金属套长期使用产生应变疲劳断裂，且宜按允许拘束力条件确定。

（7）固定电缆用的夹具、扎带、捆绳或支托件等，应表面平滑、便于安装，且具有足够的机械强度和适合使用环境的耐久性。

（8）电缆固定用部件的选择应符合下列规定：

①除交流单相电力电缆情况外，可采用经防腐处理的扁钢制夹具或尼龙扎带、镀塑金属扎带；

②交流单相电力电缆的刚性固定，宜采用铝合金等不构成磁性闭合回路的夹具，其他固定方式，可用尼龙扎带、绳索；

③不得用铁丝直接捆扎电缆。

(9)交流单相电力电缆固定部件的机械强度应验算短路电动力条件。

4.4.3.2　电缆支架

(1)电缆支架应符合下列规定：

①表面光滑无毛刺；

②适应使用环境的耐久稳固；

③满足所需的承载能力；

④符合工程防火要求。

(2)电缆支架除支持单相工作电流大于 1 000 A 的交流系统电缆情况外，宜用钢制。在强腐蚀环境，选用其他材料电缆支架应符合下列规定：

①电线沟中普通支架(臂式支架)可选用耐腐蚀的刚性材料制；

②电缆桥架组成的梯架、托盘，可选用满足工程条件难燃性的玻璃钢制；

③技术经济综合较优时，可用铝合金制电缆桥架。

(3)金属制的电缆支架应作防腐蚀处理，且应符合下列规定：

①在城市轨道交通中配置钢制电缆桥架，应作一次性防腐处理且具有耐久性，按工程环境和耐久性要求，选用适合的防腐处理方式，宜采用热浸镀锌等耐久性较高的防腐处理措施；

②型钢制臂式支架、轻腐蚀环境或非重要性回路的电缆桥架可用涂漆处理。

(4)电缆支架的强度应满足电缆及其附属件荷重和安装维护的受力要求，且应符合下列规定：

①有可能短暂上人时，按 900 N 的附加集中荷载计；

②机械化施工时，计入纵向拉力、横向推力和滑轮重量等影响；

③在户外时，计入可能有覆冰、雪和大风的附加荷载。

(5)电缆桥架的组成结构应满足强度、刚度及稳定性要求，且符合下列规定：

①桥架的承载能力不得超过使桥架最初产生永久变形时的最大荷载除以安全系数 1.5 的数值；

②梯架、托盘在允许均布承载作用下的相对挠度值，对钢制不宜大于 1/200，对铝合金制不应大于 1/300；

③钢制托臂在允许承载下的偏斜与臂长比值不宜大于 1/100。

(6)电缆支架种类的选择，应符合下列规定：

①明敷的全塑电缆数量较多，或在电缆跨越距离较大、高压电缆为蛇形安置方式时，宜用电缆桥架；

②除此之外，可用普通支架、吊架直接支撑电缆。

（7）梯架、托盘的直线段超过下列长度时，应留有不少于20 mm的伸缩缝：

①钢制，30 m；

②铝合金或玻璃钢制，15 m。

（8）金属制桥架系统应有可靠的电气连接并接地。

（9）位于振动场所的桥架系统，包括接地部位的螺栓，均应装置弹簧垫圈，并采取减负荷措施。

模块4.4同步练习

学习单元 5

架空接触网与接触轨

城市轨道交通供电系统接触网是轨道交通供电系统和车辆握手、传递能量的设备,也是没有备用的设备。其他电力系统设备大部分在室内,而它却在室外大气中,受环境影响大,因此了解、维护接触网就显得非常重要。

模块 5.1　接触网系统

【学习目标】

(1)掌握城市轨道交通牵引供电系统的组成及各部分的功能。
(2)掌握接触网的特点。
(3)掌握接触网的分类。
(4)掌握回流网的类型及回流方式。

【知识储备】

5.1.1　牵引网

在城市轨道交通牵引供电系统中,电能从牵引变电所经馈电线、接触网输送给机车,再从机车经钢轨(轨道回路)、回流线回到牵引变电所,这一回路称为牵引供电系统,其组成如图 5-1-1 所示。其中接触网在供电回路中起着十分重要的作用,直接影响着城市轨道交通的运行可靠性,必须使接触网始终处于良好的工作状态,安全可靠地向轨道车辆供电。因

此，这一系统对保证城市轨道交通运输畅通无阻有着极为重大的意义。

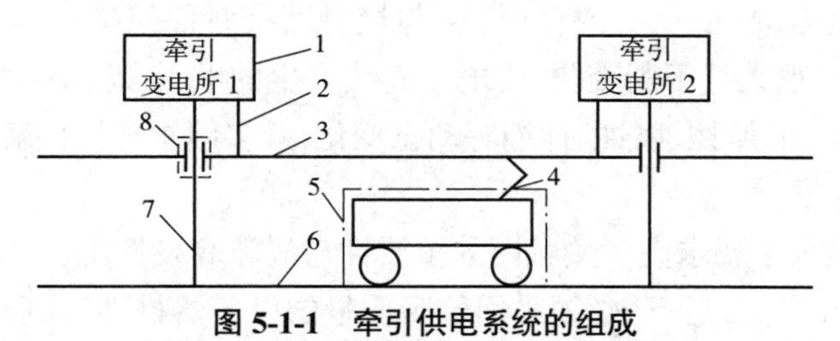

图 5-1-1　牵引供电系统的组成

1—牵引变电所；2—馈电线；3—接触网；4—受电弓；5—机车；6—钢轨；7—回流线；8—电分段

牵引供电系统各部分功能如下。

（1）牵引变电所：向一定区域内的城市轨道交通车辆供给电能。

（2）馈电线：从牵引变电所向接触网输送牵引电能的导线。

（4）接触网（或接触轨）：经过机车的受电弓向机车供给电能的导电网（有接触轨方式和架空接触网两种方式）。

（4）受电弓：机车从接触网取得电能的电气设备。

（5）电动列车：城市轨道交通车辆。

（6）钢轨：机车行走时的承载单元，在牵引供电系统中利用走行轨作为牵引电流回流的电路。

（7）回流线：用以供牵引电流返回牵引变电所的导线。大多数城市轨道交通利用钢轨回流，但在采用跨座式单轨系统时，需沿线路专门敷设单独的回流线，因为它采用的是水泥地面-橡胶轮系统。

（8）电分段：为便于检修和缩小事故范围，将接触网分成若干段称为电分段。

牵引网由接触网、回流网、连接电统和附属设备构成，接触网和回流网分别与牵引变电所电源的正极和负极连接，向车辆供电。接触网为车辆提供电源的正极供电网，回流网为车辆提供回流的负极回流网。接触网主要包括电压电流制式和馈电方式。电压电流制式主要有 750 V 和 1500 V 两种。目前，馈电方式包括接触馈电和非接触馈电，而目前主要采用接触馈电。

5.1.2　接触网

接触网是牵引网的重要组成部分，是牵引网的核心，主要负责把电能可靠地输送到车辆上。和其他电气设备不同，它属于没有备用的设备，因此其安全、可靠就显得尤为重要。接触网具有如下特点。

（1）没有备用。牵引负荷属于一级负荷，但由于接触网与机车在空间上的关系，和轨道一样无法为其设置备用线路，一旦接触网出现故障，将会导致在故障网络间运行的机车停运，整个供电区间将全线停电。

（2）经常处于动态运行状态。在接触网沿线，会有多辆机车在高速运动中从接触网上获取电能，机车受流装置（受电弓或受电靴）与接触网接触并保持一定的压力滑动摩擦运行。接触网上的电流很大且不断变化，受电弓离线产生的电弧，恶劣天气环境及大气污染，接触网长期持续地振动、摩擦、腐蚀、伸缩等动态变化，众多因素致使接触网发生故障的概率较一般电力线路要大得多。

（3）结构复杂且技术要求高。接触网的重要性与故障高发性决定了接触网的高技术要求，为了保证接触网的正常运行，必须采用较高质量的设备器材，以及众多结构复杂的保障措施。例如，在实际项目施工时，对接触网导线的高度、拉出值，定位器的坡度，接触网的弹性和均匀度等，都有明确的要求。

5.1.2.1 接触网的基本要求

为保证接触网与机车的受电弓（或受电靴）良好接触，滑板与接触线之间的接触应保持一定的压力。在机车静止时，保持相对恒定的接触压力较为容易；当机车运动时，机车的速度、滑板与接触线的接触状况及机车的振动等都会使接触压力产生较大波动，有时甚至会产生滑板与接触线脱离的现象，导致电弧的产生。由于机车运动时的速度较快，当接触线有硬点，如接触线不平直而出现小弯曲或悬挂零件不符合标准而超出了接触面，高速行驶的机车上的滑板滑行至硬点时将产生电弧或发生严重的物理冲击，从而给接触网和受电弓带来严重损伤。为了避免此类事故的发生，保证接触网良好的供电状态，接触网需要满足以下各项基本要求。

（1）接触网的悬挂应弹性均匀、高度一致，在高速行车和恶劣天气条件下均能保证正常取电。

（2）接触网的结构应尽量简单，并能保证在施工、运行和检修方面具有充分的可靠性和灵活性。

（3）接触网应具有足够的耐磨性和抗腐蚀性，以保证其使用寿命。

（4）接触网应具有良好的对地绝缘特性，以提高接触网的安全可靠性和系统的供电质量。

（5）在接触网的建设过程中，应尽可能节约有色金属及其他贵重材料的用量，以降低成本。

5.1.2.2 接触网的分类

接触网主要分为架空接触网和接触轨式接触网两种。

采用不同悬挂方式的接触网，其所用导线的粗细、条数和张力也不相同，具体应根据供电分区中的列车速度、电流容量等输送条件及架设环境等因素综合考虑。

接触轨是沿轨道线路敷设的与轨道平行的附加轨，所以也称第三轨。机车从转向架伸出的受流器与滑靴组成受电靴，通过与接触轨接触来获取电能。受电靴与接触轨的接触方

式可分为上接触式、下接触式和侧接触式。

5.1.3　回流网

牵引回流网目前分为走行轨（钢轨）回流和回流轨回流两种类型。利用走行轨回流工程投资较少，但由于钢轨对地绝缘较差，泄入大地的杂散电流较多，直流供电对邻近线路的金属管线和建筑物内的钢筋有一定腐蚀性；专设回流轨可以大大减少泄入大地的杂散电流，但工程投资较高，车辆较特殊，线路维护不便。

回流轨回流。目前城市轨道交通多采用走行轨回流方式，第四轨就是采用的回流轨回流方式。当走行轨回流方式不满足要求时，可以增加一定截面积（$2\times400\ mm^2$）的并联电缆，该电缆与走行轨平行，通过回流电缆与钢轨并联，其作用是可以减少电阻，提高回流能力，减少钢轨电压。

在采用跨座式单轨电动车组的城市轨道交通系统中，其回流方式与利用钢轨回流的方式完全不同，而是采用单独回流，即需沿线路专门敷设单独的回流线，有两个负极受电弓（在轨道梁的两侧）和一个正极受电弓（在上部）。

目前我国城市轨道交通牵引网主要有以下几种：

（1）DC 1 500/750 V 架空刚性接触网供电、走行轨回流方式；

（2）DC 1 500/750 V 架空柔性接触网供电、走行轨回流方式；

（3）DC 750/1 500 V 第三轨接触供电、走行轨回流方式；

（4）DC 750 V 第三轨接触供电、走行轨回流方式。

（5）DC 750 V 第三轨接触供电、回流轨回流方式（跨座式，两侧各一个负极回流轨，上部一个正极馈电轨）。

对于不同的线路形态，也可以进行组合，如地下区段采用刚性接触网，地面和高架区段采用柔性接触网。

模块 5.1 同步练习

模块 5.2　接触轨馈电系统

【学习目标】

（1）掌握城市轨道交通接触轨系统电压等级。
（2）掌握接触轨的接触方式。
（3）掌握接触轨的主要结构。
（4）了解接触轨的电分段。

【知识储备】

接触轨是城市轨道交通线路敷设的与轨道平行的附加轨，又称为第三轨，其功用与架空触网一样，通过它将电能输送给电动车组，相当于接触线的作用，主要任务是传输电能。

5.2.1　接触轨系统概述

接触轨敷设在线路的钢轨旁边，一般在远离站台的一侧。运行过程中，电动车组伸出的集电靴与之接触而传送电能。

接触轨（第三轨）馈电方式最早在伦敦地铁上采用，由于接触轨构造简单，安装方便，维修性好，并对隧道建筑结构等的净空要求较低，受流性能满足 DC 750 V 供电的需要，因而在标准电压 DC 750 V 供电系统中得到了广泛采用，其中接触轨为正极，走行轨为负极。接触轨系统允许电压波动范围为 DC 500~900 V。

目前世界上城市轨道交通中的直流牵引网电压等级繁多，接触轨系统的电压等级有 600 V、700 V、750 V 、825 V、900 V、1 000 V、1 200 V、1 300 V 等。国外接触轨系统的标称电压一般在 1 000 V 以下，西班牙巴塞罗那曾采用过直流 1 500 V 及 1 200 V 接触轨（现在已经拆除）。目前国内接触轨系统标称电压有 DC 750 V 和 1 500 V 两种，国际上接触轨电压等级的发展趋向是 IEC 标准中的 DC 600 V、750 V。

5.2.2　接触轨的分类

5.2.2.1　按安装方式分类

接触轨系统主要由接触轨、端部弯头、接触轨接头、防爬器、安装底座、防护罩、锚结和接触轨支架等部件组成。其中接触轨、绝缘支架、防护罩是接触轨系统中馈电、支撑和防护的三大部件，是接触轨系统的重要组成部分。

接触轨系统根据接触轨与受流靴的接触方式可分为上接触式、下接触式和侧接触式 3

种类型，如图 5-2-1 所示。

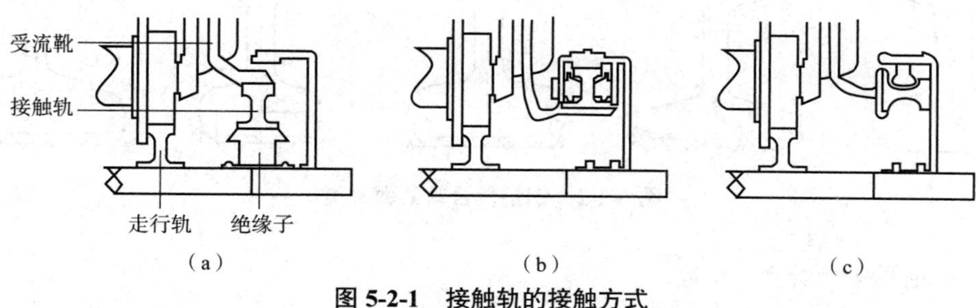

图 5-2-1　接触轨的接触方式

（a）上接触式（b）下接触式（c）侧接触式

上接触式接触轨的结构如图 5-2-1（a）所示，接触轨的轨面朝上，固定安装在绝缘子的上部，并由固定在枕木上的弓形肩架来支撑。受流靴从接触轨上部下压接触轨顶面与之接触摩擦取流。上接触式接触轨安装固定方便，可以在接触轨上方通过支架安装各型防护板或防护罩。北京、纽约等城市的地铁线路均采用上接触式接触轨系统。

如图 5-2-1（b）所示，下接触式接触轨的轨面朝下，通过绝缘肩架、橡胶垫、扣板收紧螺栓及支架等部件安装固定在底座上。受流靴从接触轨下部接触面与之接触摩擦取流。下接触式接触轨的防护罩从上部通过橡胶垫直接固定在接触轨周围，防护效果好，更能保障人员安全。莫斯科地铁线路采用了下接触式接触轨系统，有利于防止下雪和冰冻造成的集电困难，但此类接触轨系统结构较为复杂，造价相对较高。

侧接触式接触轨的结构如图 5-2-1（c）所示，接触轨的接触面朝向走行轨（机车）方向，受流靴从接触轨一侧与接触轨横向接触摩擦取流。跨坐式独轨列车多采用侧面接触形式，其受流器安装于机车转向架下部，接触轨安装于轨道梁上。

5.2.2.2　按材质分类

接触轨按材质可分为高电导率低碳钢导电轨和钢铝复合轨。

低碳钢接触轨主要的特点是磨耗小、制作工艺成熟、价格较低，主要规格有 DU48 和 DU52 型，如图 5-2-2（a）所示。不锈钢带卡在铝材上，不会脱落和移动。图 5-2-2（b）是通过共挤技术将不锈钢带和铝合金型材结合在一起。钢铝复合轨是由钢和铝组合而成，其工作面是钢，其他部分是铝。它的主要特点是电导率高、重量轻、磨耗小、电能损耗低。图 5-2-2（c）中，不锈钢带厚达 6 mm，铝型材已经加工好，在嵌入钢带的地方为凹槽。如图 5-2-2（d）所示，高温下，将不锈钢和铝条结合为一体，然后将做好的钢铝结合体压入铝轨。图 5-2-2（e）中，钢带厚达 5 mm，将两个丁字形不锈钢带焊接好后，将铝合金型材锁死。

随着科技的进步和发展，钢铝复合轨的优势日趋明显。国外越来越多的城市选用钢铝复合轨代替低碳钢接触轨，国内许多城市也对钢铝复合轨表示出浓厚兴趣。

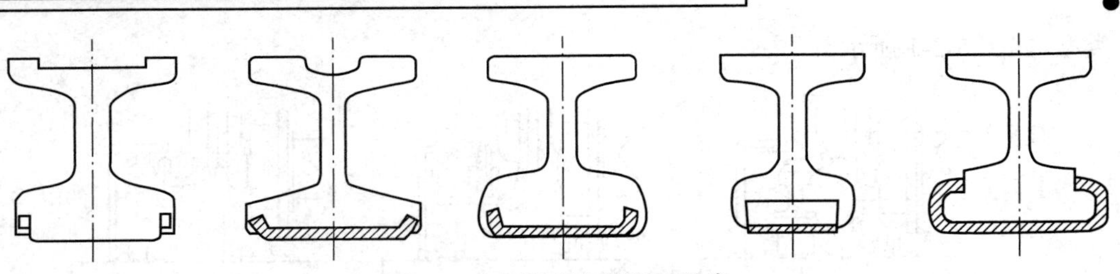

图 5-2-2　钢铝复合轨断面种类

5.2.2.3　按电压等级分类

接触轨按电压等级分为 1 500 V 和 750 V 接触轨系统。

5.2.3　接触轨的主要结构

接触轨系统设备主要由接触轨、绝缘支架（或绝缘子）、防护罩、隔离开关设备和电缆等零部件组成。其中接触轨、绝缘支架（或绝缘子）、防护罩是接触轨系统中馈电、支撑、防护的三大件，也是它的三大主要结构。

接触轨正极供电网络主要包括接触轨、端部弯头、接触轨接头、防爬器、安装底座，负极回流网由回流走行轨、电缆及其他相关电气设备组成。

5.2.3.1　接触轨

在接触轨系统中，接触轨作为导电轨，有着特殊的材质要求。根据使用的材质不同，接触轨可分为高导电率低碳钢轨和钢铝复合轨。

低碳钢轨磨耗小、制作工艺成熟且成本较低，我国的城市轨道接触轨采用的是理论重量为 50 kg/m 或 60 kg/m 的高导电率低碳钢轨，轨头宽度为 90 mm，主要规格有 DU48 型和 DU52 型，其中 DU48 型导电轨重量较轻、导电性更高，更适用于下部接触式接触轨系统。

【知识加油站】

北京地铁的上部受流式接触轨采用我国自行生产的 JU-52 型渗铝低碳钢轨，实际质量为 51.36 kg/m，单位长度的电阻为 $1.91\times10^{-6}\ \Omega\cdot m$（15 ℃），标准制造轨长为 12.5 m。在地下项目实际施工时，可将多根接触轨在隧道外焊接成 50~75 m 长的轨节，相邻的轨节之间做成轨缝式膨胀接头，以简化接触轨的构造，方便后期维护。据统计，此类接触轨运行 30 多年其表面仅磨耗 3~5 mm，约占接触轨截面的 6%，目前运行状况良好。

低碳钢轨的电阻率较高，由此造成供电时的压降较大，国外自 20 世纪 70 年代开始研究用导电性能更好的铜接触轨，以及耐磨性更好的钢材与导电性较好的铝合金材料构成的复合接触轨来代替低碳钢轨。其中，采用 6 mm 厚的高硬度不锈钢带与铝合金柜体压合而成的钢铝复合轨得到了较为广泛的应用。

相较于低碳钢轨，此类钢铝复合轨质量和截面更小，更易于施工安装；电阻更低，降低了

供电网络的电能损耗；接触面较为光滑，耐磨性更好，同时也减少了由于受流器与接触轨之间的不平顺所产生的电弧。但钢铝复合轨的造价高于低碳钢轨，安装精度要求很高，相邻接触轨间用螺栓连接的接头缝隙不能大于 0.1 mm，若采用有机聚合材料的绝缘子，则需要根据实际情况考虑所选用材料的抗污、抗漏电和抗老化等性能是否满足系统的要求。

5.2.3.2　弯头

在车辆运行过程中，弯头可使受流器完好地滑入或滑出接触轨。接触轨端部弯头是为了保证受流靴顺利平滑地通过接触轨断轨处而设置的，在行车速度较高的区段，端部弯头一般约为 5.2 m 长，坡度为 1∶50。例如，武汉地铁 1 号线采用了两种弯头，一种是用于正线的高速弯头，长 5.2 m；另一种是用于停车场的低速弯头，长 3.4 m。

制造弯头的材料与接触轨所用材料相同，弯曲部分与直线部分的过渡为平滑曲线。在接触轨的端部，通过在铝材上进行切割和焊接处理，使接触轨形成斜坡状，但弯头的厚度保持不变，高弯头的倾斜度为 1.27°，低弯头的倾斜度为 2.12°，弯头上方安装有支架和防护罩。

5.2.3.3　接触轨接头

接触轨接头可分为正常接头和温度伸缩接头两种，如图 5-2-3 所示。正常接头采用铝制鱼尾板进行各段导电轨的固定而不预留温度伸缩缝，但要求接头与支撑点间的距离不小于 600 mm。

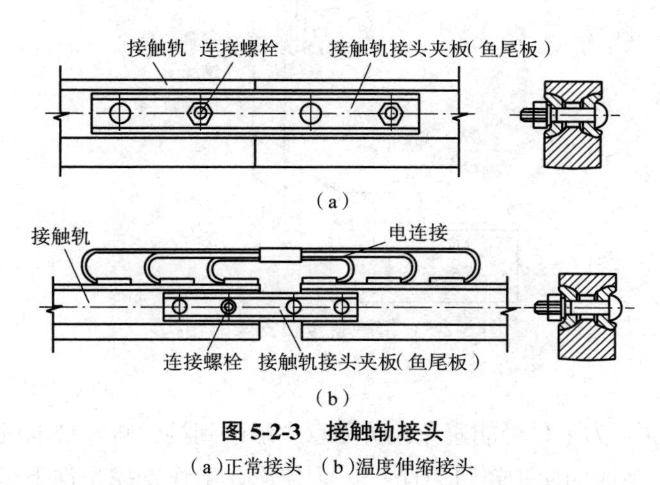

图 5-2-3　接触轨接头

(a)正常接头　(b)温度伸缩接头

温度伸缩接头为了补偿接触轨由于环境温度变化及自身温升等条件影响而产生的热膨胀，而在适当的位置进行设置。在隧道内，接触轨自由伸缩段长度按 100 m 左右来考虑，地面及高架桥上接触轨自由伸缩段按 80 m 左右来考虑。为使受流靴可以平滑通过，温度伸缩接头的表面要求平整、光滑。

5.2.3.4　防爬器

防爬器相当于柔性接触网中的中心锚结，设置防爬器主要是用于限制接触轨自由伸缩

段的膨胀伸缩量。在一般区段两个温度伸缩接头的中部设置一处防爬器,安装在整体绝缘支架的两侧;在高架桥的上坡起始端、坡顶和下坡终端等处安装防爬器。防爬器的结构如图5-2-4所示。

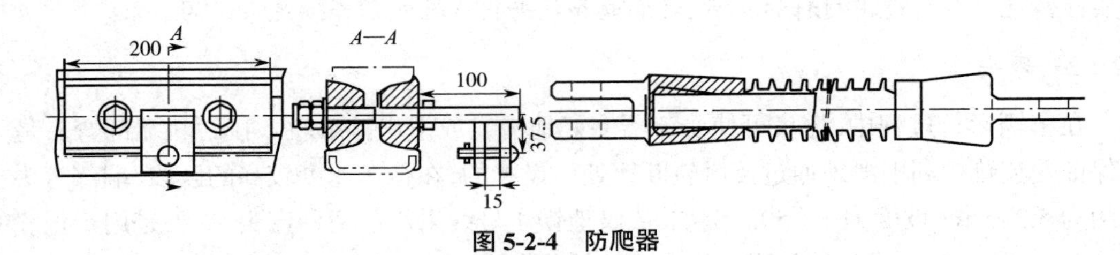

图 5-2-4　防爬器

5.2.3.5　安装底座与接触轨支架

下接触式接触轨的安装底座一般采用绝缘式整体安装底座,一般安装在轨道整体道床或轨枕上。

接触轨的支架主要用于将接触轨进行固定,并对其进行定位和支撑,使其能够承载不同状况下的各种负荷,一般要求具有较高的机械强度。支架的材质分为玻璃钢和金属两种类型,图5-2-5所示为接触轨金属支架的结构。

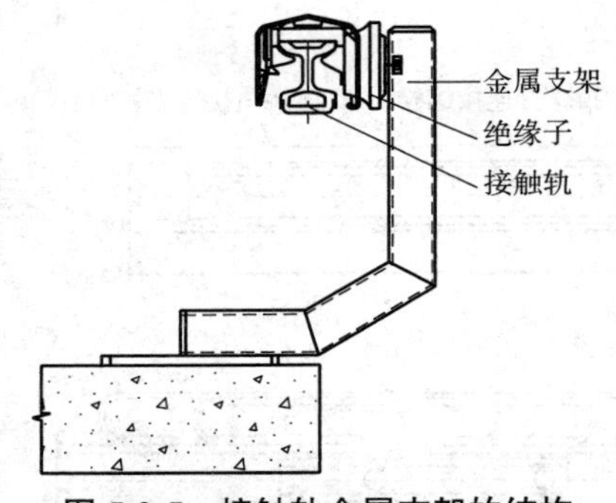

图 5-2-5　接触轨金属支架的结构

5.2.3.6　防护罩

在接触轨系统中,为了尽可能避免人员无意中触碰到接触轨等带电设备,一般采用玻璃纤维增强数值材料制成的防护罩进行防护。防护罩在工作支撑条件下可承受100 kg的垂直荷载,在高温下具有自熄、无毒、无烟和较强的耐火性能。

5.2.3.6　鱼尾板

鱼尾板是专门用来固定连接相邻接触轨的导电装置,其材料与制造接触轨的铝合金材质相同。鱼尾板有足够的截面和强度来保证接触轨跨越接头处的电气和机械特性。鱼尾板可连续通过4 000 A的直流电流,在环境温度为50 ℃时,最大温升不超过35 ℃。装配鱼尾板,接触轨的机械强度和电气性能不受影响。

每个鱼尾板上钻有4个螺栓孔,用4个螺栓来安装固定鱼尾板,连接鱼尾板和接触轨的螺栓、螺母和垫圈等零件均为不锈钢材质,其各项参数需满足相关标准的要求。

5.2.3.7 锚结

在两温度伸缩接头之间的接触轨中部设锚结,以固定接触轨,并使接触轨适应温度伸缩头的行程,使接触轨可以在纵向自由伸缩。

通常锚结安装在两温度伸缩接头或温度伸缩接与弯头之间的接触轨中部,短轨也可安装锚结。锚结和鱼尾板一样,都为铝挤压成形,一个锚结配有两套,分别安装在绝缘夹具两侧。安装后的锚结会对接触轨和支架产生不良影响。每个锚结上都有一个孔,锚结通过螺栓组成的锁紧装置来固定接触轨,锁紧装置应足够结实,并能承受2 000 N的负荷而不被损坏。

5.2.4 接触轨的电分段

接触轨的分段包括机械分段和电分段。机械分段指接触轨在机械方面的明显分段,但在电气上仍保持直接接通。电分段是接触轨导电部分的电气隔离,主要用来保护电路和缩小故障范围。通常在有牵引变电所的车站,车辆段或停车场内不同的供电分区之间及其与正线接口处,折返线、联络线和区间存车线之间,列检库入口处等位置均设置有电分段。

电分段的形式有分段式和短轨式两种,如图5-2-6所示。

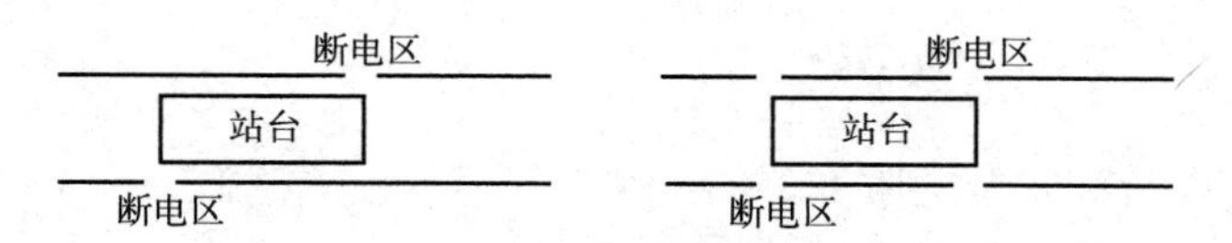

图5-2-6 接触轨电分段

(1)分段式电分段:设置在有牵引变电所的车站,一般设置在车站的进站端,断电区共长14 m,大于1节列车两个受电弓之间的距离。当列车从一个供电分区到另一个供电分区时,有一节列车不取流,以防止两个供电分区的电连接。

(2)短轨式电分段:列车从一个供电分区到另一个供电分区时,可实现不间断取流,短轨通过短路器单独供电,但不能造成两个供电分区的电连接。

模块5.2 同步练习

学习单元 6

供配电系统安全技术

模块 6.1 电气安全基本知识

【学习目标】

(1)掌握安全电流和安全电压。

(2)掌握直接触电防护和间接触电防护。

【知识储备】

6.1.1 触电对人体的危害

人体也是导体,当人体不同部位接触不同电位时,就会有电流流过人体,这就是触电。人体触电可分为两种情况:一种是雷击和高压触电,较高安培数量级的电流通过人体所产生的热效应、化学效应和机械效应将使人的机体遭受严重的电灼伤、组织炭化坏死以及其他难以恢复的永久性伤害;另一种是低压触电,在数十至数百毫安电流的作用下,人的机体会产生病理生理性反应,轻的有针刺痛感,或出现痉挛、血压升高、心律不齐,以致昏迷等暂时性的功能失常,严重的可引起呼吸停止、心搏骤停、心室纤维性颤动等。

6.1.2　安全电流和安全电压

6.1.2.1　安全电流

安全电流是人体触电后最大的摆脱电流。我国规定安全电流为 30 mA（50 Hz 交流），触电时间不超过 1 s，因此安全电流值也称为 30 mA·s。当通过人体的电流不超过 30 mA·s 时，对人的机体不会有损伤，不致引起心室纤维性颤动、心脏停搏或呼吸中枢麻痹。如果通过人体的电流达到 50 mA·s，则对人就有致命危险，而达到 100 mA·s 时，一般会致人死亡。

安全电流主要与下列因素有关。

（1）触电时间。触电时间在 0.2 s 以下或 0.2 s 以上，电流对人体的危害程度有很大的差别。触电时间超过 0.2 s，致颤电流值将急剧降低。

（2）电流性质。实验表明，直流、交流和高频电流通过人体时对人体的危害程度是不一样的，50~60 Hz 的工频电流对人体的危害最为严重。

（3）电流路径。电流对人体的危害程度主要取决于心脏的受损程度。实验表明，不同路径的电流对心脏的损害程度不同，而以电流从手到脚特别是从手到胸对人体的危害最为严重。

（4）体重和健康状况。健康人的心脏和衰弱、患病人的心脏对电流的抵抗能力是不同的。人的心理、情绪以及人的体重等也会影响电流对人体的危害。

6.1.2.2　安全电压

安全电压就是不会使人直接致死或致残的电压。我国国家标准《特低电压（ELV）限值》（GB/T 3805—2008）规定的安全电压等级见表 6-1-1。

表 6-1-1　安全电压

安全电压（交流有效值）（V）		选用举例
额定值	空载上限值	
42	50	在有触电危险的场所使用的手持式电动工具等
36	43	在矿井、多导电粉尘等场所使用的行灯等
24	29	可供某些具有人体可能偶然触及带电体的设备选用
12	15	
6	8	

从电气安全的角度来说，安全电压与人体电阻有关。人体电阻一般为 1 700 Ω。因此，从触电安全角度考虑，人体允许持续接触的安全电压为 $U_{saf}=30\times10^{-3}\times1\,700\approx50$ V。

此处的 50 V（50 Hz）交流有效值称为一般正常环境条件下允许持续接触的“安全特低电压”。

6.1.3 直接触电防护和间接触电防护

根据人体触电的情况，可将触电防护分为直接触电防护和间接触电防护两类。

（1）直接触电防护是指对直接接触正常带电部分的防护，例如对带电导体加隔离栅栏或保护罩等。

（2）间接触电防护是指对故障时可带危险电压而正常时不带电的外露可导电部分（如金属外壳、框架等）的防护，例如将正常不带电的外露可导电部分接地，并装设接地保护等。

模块 6.1 同步练习

模块 6.2 过电压与防雷

21-防雷系统

【学习目标】

（1）掌握过电压的形式。

（2）掌握防雷装置的组成。

【知识储备】

6.2.1 过电压的形式

过电压是指在电气设备或线路上出现的超过正常工作要求，并对其绝缘构成威胁的电压。过电压按其发生的原因可分为两大类，即内部过电压和雷电过电压。

6.2.1.1 内部过电压

内部过电压是由于电力系统本身的开关操作、发生故障或其他原因使系统的工作状态突然改变，从而在系统内部出现电磁能量的转化或传递所引起的电压升高。

内部过电压又分为操作过电压和谐振过电压等形式。操作过电压是由于系统中的开关操作、负荷骤变或由于故障出现断续性电弧而引起的过电压。谐振过电压是由于系统中的

电路参数（R、L、C）在特定组合时发生谐振而引起的过电压。内部过电压的能量来源于电网本身。经验表明，内部过电压一般不会超过系统正常运行时额定电压的3~3.5倍，对线路和电气设备的威胁不是很大。

6.1.2.2　雷电过电压

雷电过电压又称为大气过电压，它是由于电力系统内的设备或建筑物遭受直接雷击或雷电感应而产生的过电压。由于引起这种过电压的能量来源于外界，因此又称为外部过电压。雷电过电压产生的雷电冲击波，电压幅值可高达上亿伏，电流幅值可高达几十万安，因此对电力系统危害极大，必须采取有效措施加以防护。

雷电过电压的基本形式有三种。

1. 直击雷过电压

雷电直接击中电气设备、线路或建筑物时，强大的雷电流通过该物体泄入大地，在该物体上会产生较高的电位降，这种雷电过电压称为直击雷过电压。雷电流通过被击物体时，将产生有破坏作用的热效应和机械效应，相伴的还有电磁效应和对附近物体的闪络放电（称为雷电反击或二次雷击）。

2. 感应过电压

当雷云在架空线路（或其他物体）上方时，会使架空线路上感应出异性电荷。雷云对其他物体放电后，架空线路上的电荷被释放，形成自由电荷并流向线路两端，将会产生很高的过电压。高压架空线路上的感应过电压可达几十万伏，低压线路上可达几万伏。

3. 雷电波侵入

由于直击雷或感应雷而产生的高电位雷电波沿架空线路或金属管道侵入变配电所或用户，因而会造成危害。据统计，供电系统中由于雷电波侵入而造成的雷害事故在整个雷害事故中占50%以上。因此，对雷电波侵入的防护问题应予以足够的重视。

6.2.2 防雷设备

一个完整的防雷设备一般由接闪器或避雷器、引下线和接地装置三部分组成。而防雷的主要功能是由接闪器或避雷器完成的，下面对其展开介绍。

6.2.2.1　接闪器

接闪器就是专门用来接受直接雷击的金属物体。接闪器的金属杆称为避雷针；接闪器的金属线称为避雷线或架空地线；接闪器的金属带、金属网分别称为避雷带、避雷网。所有接闪器都必须经过引下线与接地装置相连。它们都是利用其高出被保护物的突出部位，把雷电引向自身，然后通过引下线和接地装置把雷电流泄入大地，使被保护的线路、设备和建筑物免受雷击。

1. 避雷针

避雷针的功能实质上是引雷。由于避雷针高出被保护物，又与大地相连，当雷云先导放电接近地面时，它与雷云之间的电场强度最大，因而可将雷云放电的通路吸引到避雷针本身，并经引下线和接地装置将雷电流安全地泄放到大地中去，使被保护物免受直接雷击。所以，避雷针实质上是引雷针，它把雷电波引入地下，从而保护了线路、设备及建筑物等。

避雷针一般由镀锌圆钢或镀锌焊接钢管制成。它通常安装在构架、支柱或建筑物上，其下端经引下线与接地装置焊接。避雷针的保护范围以其能防护直击雷的空间来表示，按新颁布的国家标准采用“滚球法”确定。所谓“滚球法”，就是选择一个半径为 hr（滚球半径）的球体，沿需要防护直击雷的部分滚动，如果球体只触及接闪器或者接闪器和地面，而不触及需要保护的部位，则该部位就在这个接闪器的保护范围之内。滚球半径是按建筑物的防雷类别确定的，见表 6-2-1。

表 6-2-1　各类防雷建筑物的滚球半径和避雷网尺寸

建筑物防雷类别	滚球半径 h_r（m）	避雷网格尺寸（m×m）
第一类防雷建筑物	30	≤5×5 或 6×4
第二类防雷建筑物	45	≤10×10 或 12×8
第三类防雷建筑物	60	≤20×20 或 24×16

单支避雷针的保护范围如图 6-2-1 所示，可通过下列方法来确定。

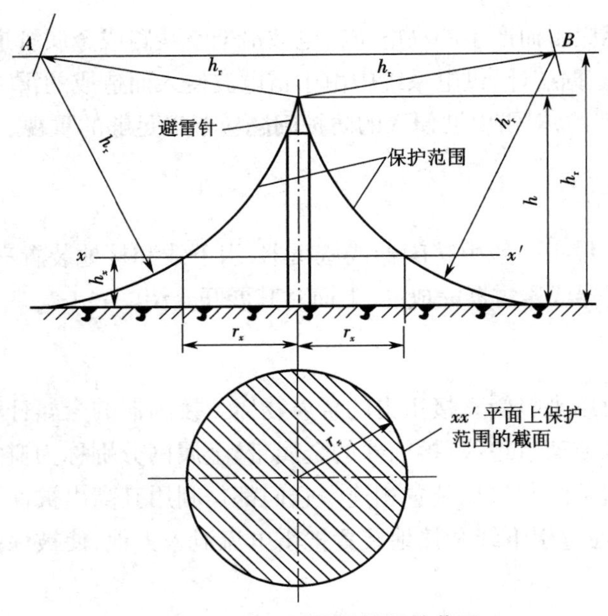

图 6-2-1　单支避雷针的保护范围

（1）当避雷针高度 $h \leqslant h_r$ 时：

①在距地面 h_r 处作一平行于地面的平行线；

②以避雷针的针尖为圆心、h_r 为半径，作弧线交平行线于 A、B 两点；

③以 A、B 为圆心，h_r 为半径作弧线，该弧线与针尖相交，并与地面相切，由此弧线起到地面止的整个锥形空间就是避雷针的保护范围。

避雷针在被保护物高度 h_x 的 xx' 平面上的保护半径 r_x 由下式来计算：

$$r_x = \sqrt{h(2h_r - h)} - \sqrt{h_x(2h_r - h_x)} \quad (6\text{-}2\text{-}1)$$

式中　h_r——滚球半径，其值按表 5-2-1 确定。

（2）当避雷针高度 $h>h_r$ 时，在避雷针上取高度 h_r 处的一点代替避雷针的针尖作为圆心。其余做法同 $h \leqslant h_r$ 时的情况。

2. 避雷线

避雷线架设在架空线路的上方，用来保护架空线路或其他物体（包括建筑物）免遭直接雷击。由于避雷线既架空又接地，因此又称为架空地线。避雷线的原理和功能与避雷针基本相同。

3. 避雷带和避雷网

避雷带和避雷网普遍用来保护较高的建筑物免受雷击。避雷带一般沿屋顶周围装设，高出屋面 100~150 mm，支持卡间距 1~1.5 m。装在烟囱、水塔顶部的环状避雷带又被称为避雷环。避雷网除沿屋顶周围装设外，需要时还可在屋顶上用圆钢或扁钢纵横连接成网。避雷带和避雷网必须经引下线与接地装置可靠连接。

6.2.2.2　避雷器

避雷器用来防止雷电所产生的大气过电压沿架空线路侵入变电所或其他建筑物，以免危及被保护设备的绝缘。避雷器应与被保护设备并联，装在被保护设备的电源侧，如图 6-2-2 所示，其放电电压低于被保护设备的绝缘耐压值。当线路上出现危及设备绝缘的雷电过电压时，避雷器的火花间隙被击穿，使过电压对地放电，从而保护设备的绝缘。

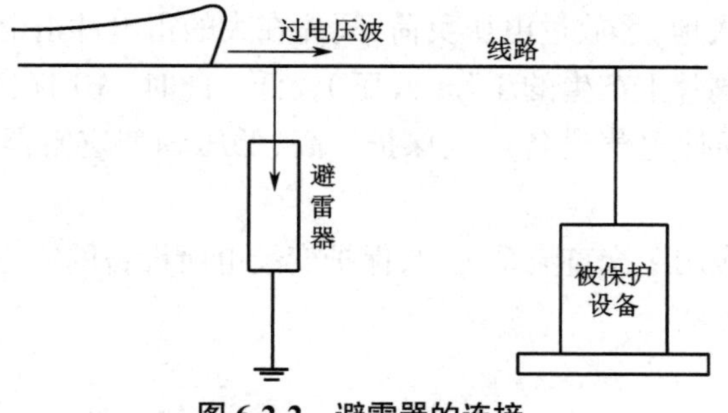

图 6-2-2　避雷器的连接

避雷器的类型主要有管型、阀型和金属氧化物避雷器等。

1. 管型避雷器

管型避雷器主要由产气管、内部间隙和外部间隙组成，其结构如图 6-2-3 所示。当线路上遭到雷击或感应雷时，雷电过电压使管型避雷器的内部间隙 s_1 与外部间隙 s_2 击穿，强大的雷电流通过接地装置泄入大地，将过电压限制在避雷器的放电电压值以内。由于避雷器放电时内阻接近于零，因此其残压极小，但工频续流极大。雷电流和工频续流使产气管内部间隙产生强烈电弧，在电弧高温作用下，管内壁材料燃烧并产生大量灭弧气体，灭弧腔内压力急剧增大，高压气体从喷口喷出，产生强烈的吹弧作用，使电弧熄灭。这时外部间隙的空气恢复绝缘，使避雷器与系统隔离，恢复正常运行状态，电力网正常供电。

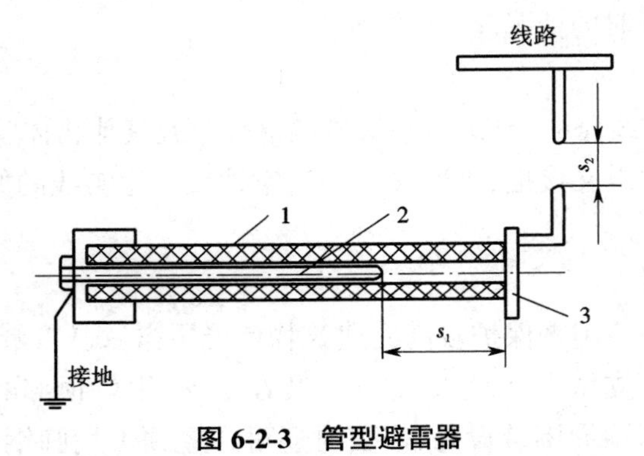

图 6-2-3　管型避雷器

1—产气管；2—内部电极；3—外部电极；s_1—内部间隙；s_2—外部间隙

管型避雷器主要用于变配电所的进线保护和线路绝缘薄弱点的保护。保护性能较好的管型避雷器可用于保护配电变压器。

2. 阀型避雷器

阀型避雷器主要由火花间隙和阀片组成，二者均装在密封的磁套管内。阀型避雷器的火花间隙组是由多个单间隙串联组成的。正常运行时，间隙介质处于绝缘状态，仅有极小的泄漏电流通过阀片。当系统出现雷电过电压时，火花间隙很快被击穿，雷电冲击电流很容易通过阀性电阻而泄入大地，释放过电压负荷，阀片在大的雷电冲击电流下其电阻由高变低，所以雷电冲击电流在阀片上产生的压降（残压）较低。此时，作用在被保护设备上的电压只是避雷器的残压，从而使电气设备得到保护。高、低压阀型避雷器的外形结构如图 6-2-4 所示。

阀型避雷器广泛应用于交直流系统中，保护变配电所设备的绝缘。

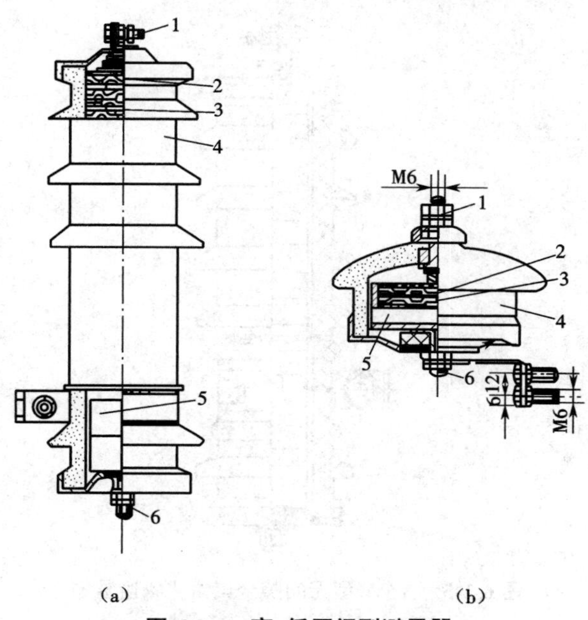

图 6-2-4　高、低压阀型避雷器

(a)FS4-10 型　(b)FS-0.38 型

1—上接线端;2—火花间隙;3—云母垫片;4—瓷套管;5—阀片;6—下接线端

3. 金属氧化物避雷器

金属氧化物避雷器是以氧化锌电阻片为主要元件的一种新型避雷器。它分为有火花间隙和无火花间隙两种。无火花间隙的金属氧化物避雷器,其瓷套管内的阀电阻片是由氧化锌等金属氧化物烧结而成的多晶半导体陶瓷元件,具有理想的伏安特性。在工频电压下,阀电阻片具有极大的电阻,能迅速有效地阻断工频电流,因此不需要火花间隙来熄灭由工频续流引起的电弧;在雷电过电压的作用下,阀电阻片的电阻变得很小,能很好地泄放雷电流。有火花间隙的金属氧化物避雷器与前述的阀型避雷器类似,只是普通阀型避雷器采用的是碳化硅阀电阻片,而这种金属氧化物避雷器采用的是氧化锌电阻片,其非线性更优异,有取代碳化硅阀型避雷器的趋势。目前,金属氧化物避雷器广泛应用于高、低压设备的防雷保护。Y5W 型无间隙金属氧化物避雷器的外形结构如图 6-2-5 所示。

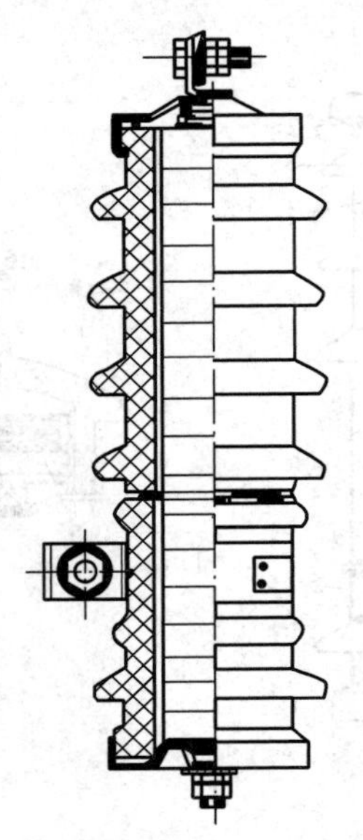

图 6-2-5　Y5W 型无间隙金属氧化物避雷器

6.2.3　防雷措施

6.2.3.1　架空线的防雷保护

(1)架设避雷线是架空线防雷的有效措施,但造价高,因此只在 66 kV 及以上的架空线路上才全线装设。对于 35 kV 的架空线路,一般只在进出变配电所的一段线路上装设避雷线。而对于 10 kV 及以下的线路,则一般不装设避雷线。

(2)提高线路本身的绝缘水平。在架空线路上,可采用木横担、瓷横担或高一级电压的绝缘子,以提高线路的防雷水平,这是 10 kV 及以下架空线路防雷的基本措施。

(3)利用三角形排列的顶线兼作防雷保护线。由于 3~10 kV 的线路是中性点不接地系统,因此可在三角形排列的顶线绝缘子上装设保护间隙。在出现雷压时,顶线绝缘子上的保护间隙被击穿,通过其接地引下线对地泄放雷电流,从而保护下面的两根导线,也不会引起线路断路器跳闸。

(4)尽量装设自动重合闸装置。线路在发生雷击闪络时之所以跳闸,是因为闪络造成的电弧形成了短路。当线路断开后,电弧将熄灭,而把线路再接通时,一般电弧不会重燃,因此重合闸能缩短停电时间。

(5)装设避雷器和保护间隙来保护线路上个别绝缘薄弱地点,包括个别特别高的杆塔、带拉线的杆塔、跨越杆塔、分支杆塔、转角杆塔以及木杆线路中的金属杆塔等处。

对于低压(220 / 380 V)架空线路的保护一般可采取如下措施。

(1)在多雷地区,当变压器采用 Y,yn0 接线时,应在低压侧装设阀型避雷器或保护间隙。当变压器低压侧中性点不接地时,应在其中性点装设击穿保险器。

（2）对于重要用户，应在低压线路进入室内前 50 m 处安装一组低压避雷器，进入室内后再安装一组低压避雷器。

（3）对于一般用户，可在低压进线第一支持物处装设低压避雷器或击穿保险器。

6.2.3.2　变配电所的防雷保护

（1）变配电所防直击雷保护。装设避雷针可保护整个变配电所建筑物免遭直击雷。避雷针可以单独立杆，也可利用户外配电装置的构架。

（2）变配电所进线防雷保护。35 kV 电力线路一般不采用全线装设避雷线来防直击雷，但为防止变电所附近线路在受到雷击时，雷电压沿线路侵入变电所内损坏设备，需在进线 1~2 km 段内装设避雷线，使该段线路免遭直接雷击。为使避雷线保护段以外的线路在受到雷击时侵入变电所内的过电压有所限制，一般可在避雷线两端处的线路上装设管型避雷器。进线防雷保护的接线方式如图 6-2-6 所示。当保护段以外的线路受到雷击时，雷电波到管型避雷器 F1 处即对地放电，降低雷电过电压值。管型避雷器 F2 的作用是防止雷电波侵入而在断开的断路器 QF 处产生过电压并击毁断路器。

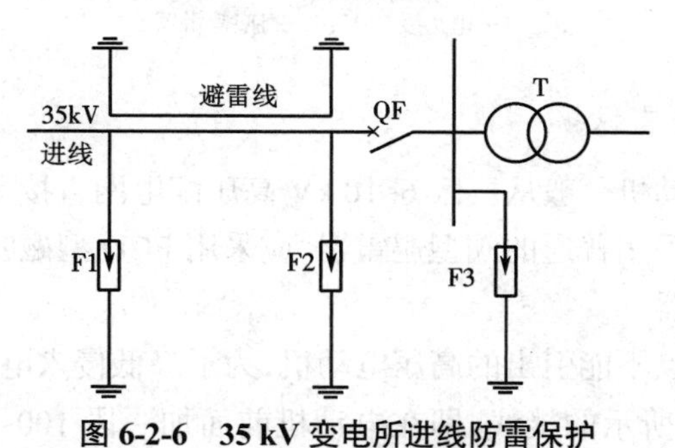

图 6-2-6　35 kV 变电所进线防雷保护

F1、F2—管型避雷器；F3—阀型避雷器

3~10 kV 配电线路的进线防雷保护可以在每路进线终端装设 FZ 型或 FS 型阀型避雷器，以保护线路断路器及隔离开关，如图 6-2-7 中的 F1、F2。如果进线是电缆引入的架空线路，则应在架空线路终端靠近电缆头处装设避雷器，其接地端与电缆头外壳相连后接地。

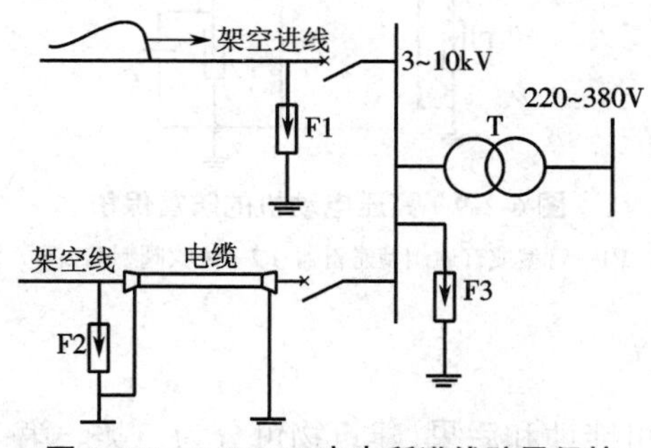

图 6-2-7　3~10 kV 变电所进线防雷保护

F1、F2、F3—阀型避雷器

(3)配电装置防雷保护。为防止雷电波沿高压线路侵入变配电所而对变配电所内设备造成危害,特别是价值最高但绝缘相对薄弱的电力变压器,在变配电所每段母线上都装设一组阀型避雷器,并应尽量靠近变压器,距离一般不应大于 5 m,如图 6-2-6 和图 6-2-7 中的 F3。避雷器的接地线应与变压器低压侧接地中性点及金属外壳连在一起接地,如图 6-2-8 所示。

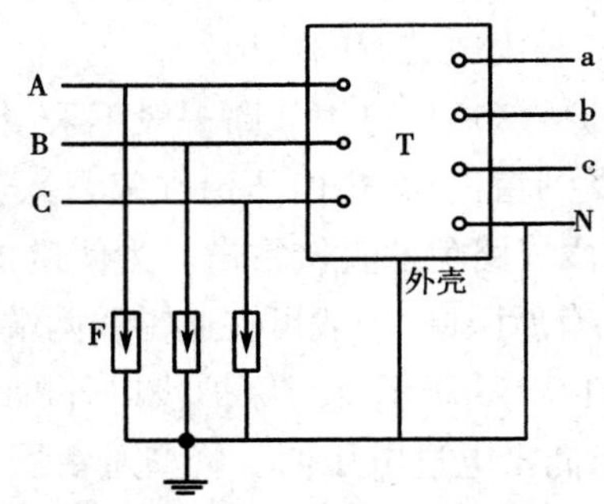

图 6-2-8　电力变压器的防雷保护及其接地系统

T—电力变压器;F—阀型避雷器

6.2.3.3　高压电动机的防雷保护

工厂企业的高压电动机一般从厂区 6~10 kV 高压配电网直接受电。高压电动机对雷电波侵入的防雷保护不能采用普通的阀型避雷器,应采用 FCD 型磁吹阀型避雷器或具有串联间隙的金属氧化物避雷器。

对于定子绕组中性点不能引出的高压电动机,为了降低侵入电动机的雷电波陡度,减轻危害,可采用如图 6-2-9 所示的接线,即在电动机前面加一段 100~150 m 的引入电缆,并在电缆前的电缆头处安装一组管型或普通阀型避雷器,而在电动机电源端(母线上)安装一组并联有电容器的磁吹阀型避雷器,这样可以提高防雷效果。

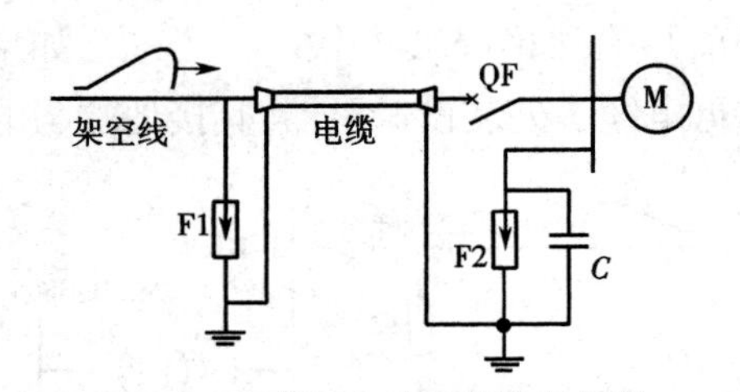

图 6-2-9　高压电动机的防雷保护

F1—管型或普通阀型避雷器;F2—磁吹阀型避雷器

6.2.3.4　建筑物的防雷保护

根据发生雷电事故的可能性和后果,建筑物可分为三类。第一类防雷建筑物是制造、使用或储存爆炸物质,电火花会引起爆炸而造成巨大破坏和人身伤亡的建筑物;第二类防雷建

筑物是制造、使用或储存爆炸物质，电火花不易引起爆炸或不致造成巨大破坏和人身伤亡的建筑物；第三类防雷建筑物是除第一、二类防雷建筑物以外的存在爆炸、火灾危险的场所，如年预计雷击次数大于 0.06 的一般工业建筑物，年预计雷击次数为 0.06~0.3 的一般性民用建筑物以及高度为 15~20 m 以上的孤立高耸的建筑物（如烟囱、水塔）。

第一类防雷建筑物和第二类防雷建筑物中有爆炸危险的场所，应有防直击雷、防感应雷和防雷电波侵入的措施。

第二类防雷建筑物（有爆炸危险的除外）及第三类防雷建筑物应有防直击雷和防雷电波侵入的措施。对建筑物屋顶易受雷击的部位应装设避雷针或避雷带（网）进行直击雷防护。屋顶上装设的避雷带（网）一般应经 2 根引下线与接地装置相连。为防直击雷或感应雷沿低压架空线侵入建筑物，使人和设备遭受损失，一般应将入户处或进户线电杆的绝缘子铁脚接地，其接地电阻应不大于 30 Ω，入户处的接地应和电气设备的保护接地装置相连。

模块 6.2 同步练习

模块 6.3　供配电系统的接地

【学习目标】

（1）掌握接地装置的作用。

（2）了解接地电压和跨步电压。

22-低压配电系统的接地

【知识储备】

6.3.1　接地的作用及概念

接地的主要作用有两种：一种是保证电力系统和用电设备能够正常工作；另一种是保障设备及人身安全，防止间接触电事故的发生。

6.3.1.1　接地和接地装置

电气设备的某部分与土壤之间作良好的电气连接，称为接地。埋入地中与土壤直接接触的金属物体，称为接地体或接地极。专门为接地而人为装设的接地体称为人工接地体。兼作接地体并直接与大地接触的各种金属构件、金属管道及建筑物的钢筋混凝土基础等，称为自然接地体。连接接地体与设备接地部分的导线，称为接地线。接地线和接地体合称为接地装置。由若干接地体在大地中互相连接而组成的总体，称为接地网。接地网中的接地线又可分为接地干线和接地支线，如图 6-3-1 所示。按规定，接地干线应采用不少于两根导线在不同地点与接地网连接。

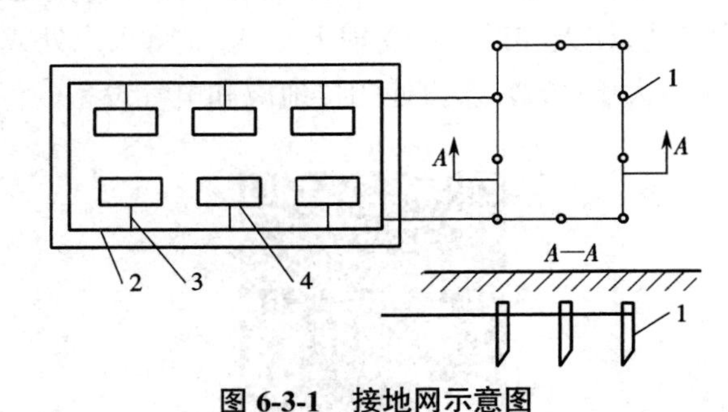

图 6-3-1　接地网示意图

1—接地体；2—接地干线；3—接地支线；4—设备

6.3.1.2　接地电流和对地电压

当电气设备发生接地故障时，电流就通过接地体向大地作半球形散开，该电流称为接地电流，用 I_E 表示。由于在距接地体越远的地方球面越大，因此距接地体越远的地方散流电阻越小，其电位分布曲线如图 6-3-2 所示。

实验证明，在距单根接地体或接地故障点 20 m 左右的地方，实际上散流电阻已趋于零，也就是说，这里的电位已趋近于零。此处电位为零的地方称为电气上的“地”或“大地”。电气设备的接地部分（如接地的外壳和接地体等）与零电位的“大地”之间的电位差就称为接地部分的对地电压，如图 6-3-2 中的 U_E。

6.3.1.3　接触电压和跨步电压

人站在发生接地故障的设备旁边，手触及设备的外露可导电部分，此时人所接触的两点（如手与脚）之间所呈现的电位差称为接触电压 U_{tou}；人在接地故障点周围行走，两脚之间所呈现的电位差称为跨步电压 U_{step}，如图 6-3-3 所示。跨步电压的大小与离接地点的远近及跨步的长短有关，越靠近接地点，跨步越长，则跨步电压就越高，一般离接地点达 20 m 时，跨步电压为零。

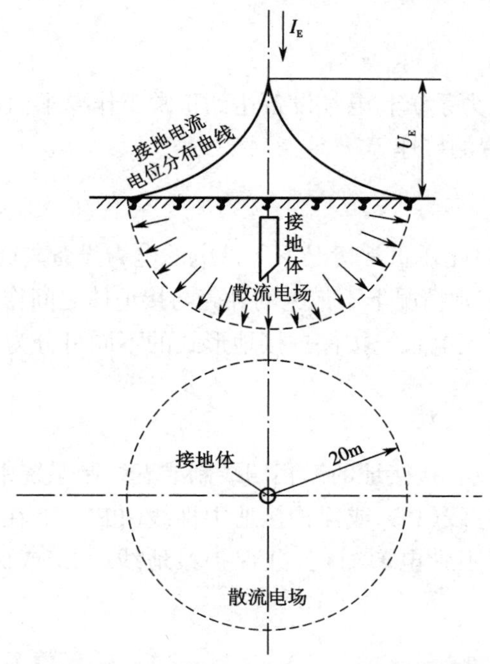

图 6-3-2　接地电流、对地电压及接地电流电位分布曲线

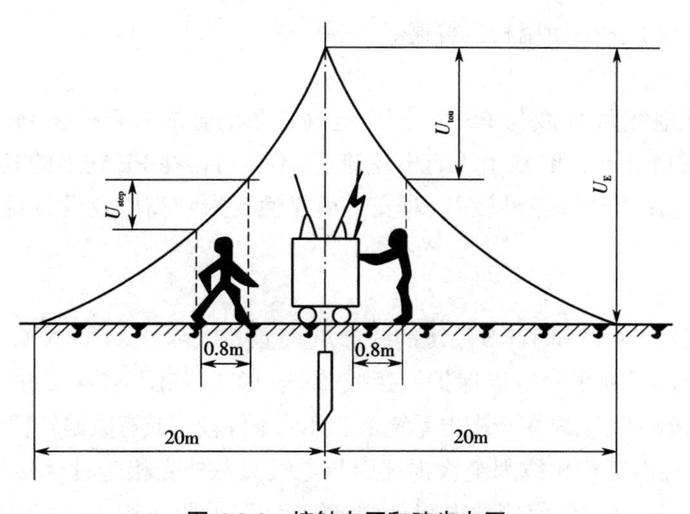

图 6-3-3　接触电压和跨步电压

6.3.2　接地的类型

供配电系统和电气设备的接地按其功能可分为工作接地、保护接地和重复接地三大类。

6.3.2.1　工作接地

工作接地是为保证电力系统和电气设备达到正常工作要求而进行的一种接地，例如电源中性点的接地、防雷装置的接地等。

6.3.2.2　保护接地

由于绝缘受到损坏，因此在正常情况下不带电的电力设备外壳有可能带电。为了保障人身安全，将电力设备在正常情况下不带电的外壳与接地体之间作良好的金属连接，这种连接即称为保护接地。低压配电系统按保护接地形式的不同可分为 TN 系统、TT 系统和 IT 系统。

1. TN 系统

TN 系统是电源中性点直接接地的三相四线制或五线制系统中的保护接地方式。系统引出中性线（N）、保护接地线（PE）或保护接地中性线（PEN）。在 TN 系统中，所有设备的外露可导电部分（正常时不带电）均接公共保护接地线（PE）或保护接地中性线（PEN）。TN 系统又分为以下三种。

1）TN-C 系统

TN-C 系统的 N 线与 PE 线合在一起成为 PEN 线，电气设备不带电金属部分与 PEN 线相连，如图 6-3-4（a）所示。该接线保护方式适用于三相负荷比较平衡且单相负荷不大的场所，在低压设备接地保护中使用相当普遍。

2）TN-S 系统

TN-S 系统配电线路 N 线与 PE 线分开，电气设备的金属外壳接在 PE 线上，如图 6-3-4（b）所示。在正常情况下，PE 线上没有电流流过，不会对接在 PE 线上的其他设备产生电磁干扰。这种系统适用于环境条件较差、对安全可靠性要求较高以及设备对电磁干扰要求较严的场所。

3）TN-C-S 系统

TN-C-S 系统是 TN-C 和 TN-S 系统的综合，电气设备大部分采用 TN-C 系统接线，在设备有特殊要求的场合，局部采用专设保护线接成 TN-S 形式，如图 6-3-4（c）所示。该系统兼有 TN-C 和 TN-S 系统的特点，常用于配电系统末端环境条件较差或有数据处理设备等的场所。

在 TN 系统中，当某相相线因绝缘损坏而与电气设备外壳相碰时，将会形成单相短路电流。由于该回路内不包括任何接地电阻，因此整个回路的阻抗很小，故障电流很大，会在很短的时间内引起熔断器熔断或自动开关跳闸而切断短路故障，从而起到保护作用。

在 TN 系统中，我国习惯上将设备外露可导电部分经配电系统中公共 PE 线或 PEN 线接地的形式称为“保护接零”。

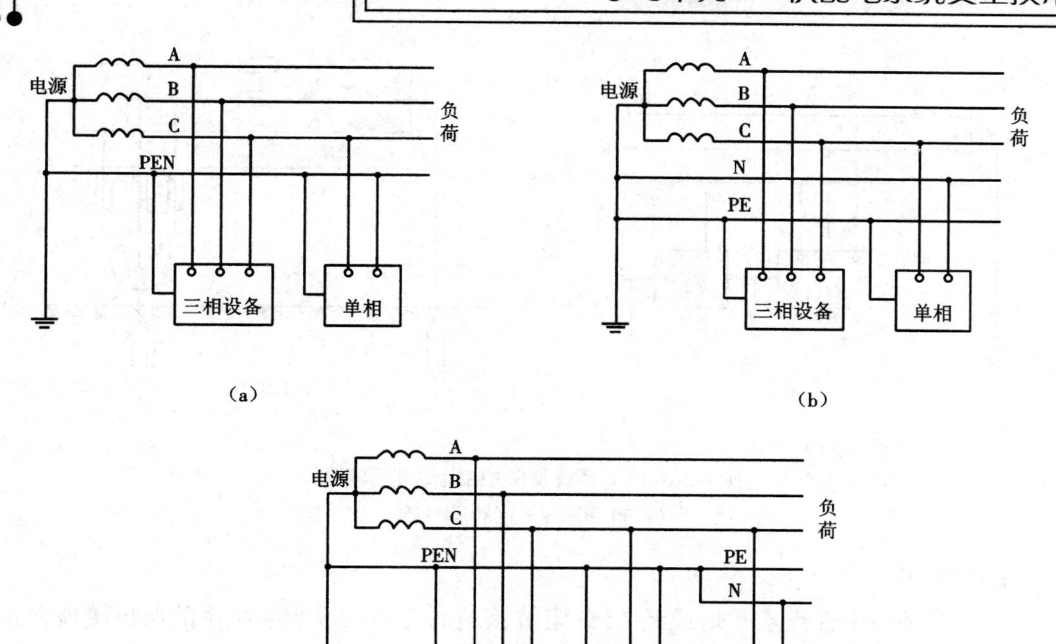

图 6-3-4 低压配电的 TN 系统

(a)TN-C 系统 (b)TN-S 系统 (c)TN-C-S 系统

2. TT 系统

TT 系统是中性点直接接地的三相四线制系统中的保护接地方式。配电系统的 N 线引出,但电气设备的不带电金属部分经各自的接地装置直接接地,与系统接地线不发生关系,如图 6-3-5(a)所示。当设备发生一相接地故障时,就会通过保护接地装置形成单相短路电流 $I_k^{(1)}$(图 6-3-5(b))。由于电源相电压为 220 V,如按电源中性点工作接地电阻为 4 Ω、保护接地电阻为 4 Ω 计算,则故障回路将产生 27.5 A 的电流。这么大的故障电流对于容量较小的电气设备而言,所选用的熔丝将会熔断或使自动开关跳闸,从而切断电源,保障人身安全。但是,对于容量较大的电气设备,因所选用的熔丝或自动开关的额定电流较大,所以不能保证切断电源,也就无法保障人身安全,这是保护接地方式的局限性。这种局限性可通过加装漏电保护开关来弥补,以完善保护接地的功能。

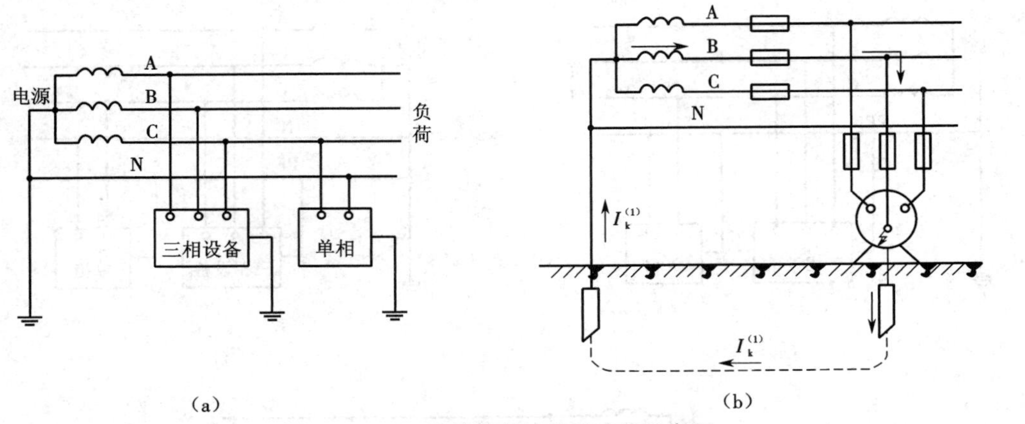

图 6-3-5 TT 系统及保护接地功能示意图

(a)TT 系统 (b)单相接地故障

3. IT 系统

IT 系统是在中性点不接地或经 1 kΩ 阻抗接地的三相三线制系统中的保护接地方式，电气设备的不带电金属部分经各自的接地装置单独接地，如图 6-3-6(a)所示。当电气设备因故障而使金属外壳带电时，接地电容电流分别经接地体和人体两条支路通过，如图 6-3-6(b)所示。

由于人体电阻与接地电阻并联，且其阻值远大于接地电阻值，因此通过人体的故障电流远远小于流经接地电阻的电流，极大地降低了触电的危害程度。必须指出，在同一低压系统中，保护接地和保护接零不能混用。否则，当采取保护接地的设备发生故障时，危险电压将通过大地串至零线及采用保护接零的设备外壳上。

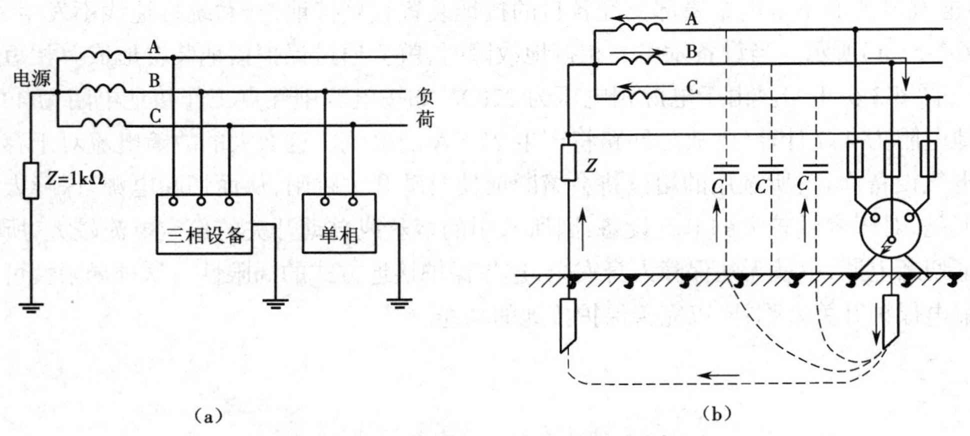

图 6-3-6 IT 系统及保护接地功能示意图

(a)IT 系统 (b)电气设备金属外壳带电

6.3.2.3　重复接地

在电源中性点直接接地系统中，为确保公共 PE 线或 PEN 线安全可靠，除在中性点进行工作接地外，还应在 PE 线或 PEN 线的下列地方进行重复接地。

（1）在架空线路终端及沿线每 1 km 处。

（2）电缆和架空线引入车间或大型建筑物处。如不重复接地，当 PE 线或 PEN 线断线且有设备发生单相接地故障时，接在断线后面的所有设备外露可导电部分都将呈现接近于相电压的对地电压，即 $U_E \approx U_\varphi$，这是很危险的，如图 6-3-7（a）所示。如进行重复接地，当发生同样故障时，断线后面的设备外露可导电部分的对地电压为 $U'_E = I_E R'_E \leqslant U_\varphi$，危险程度将大大降低，如图 6-3-7（b）所示。

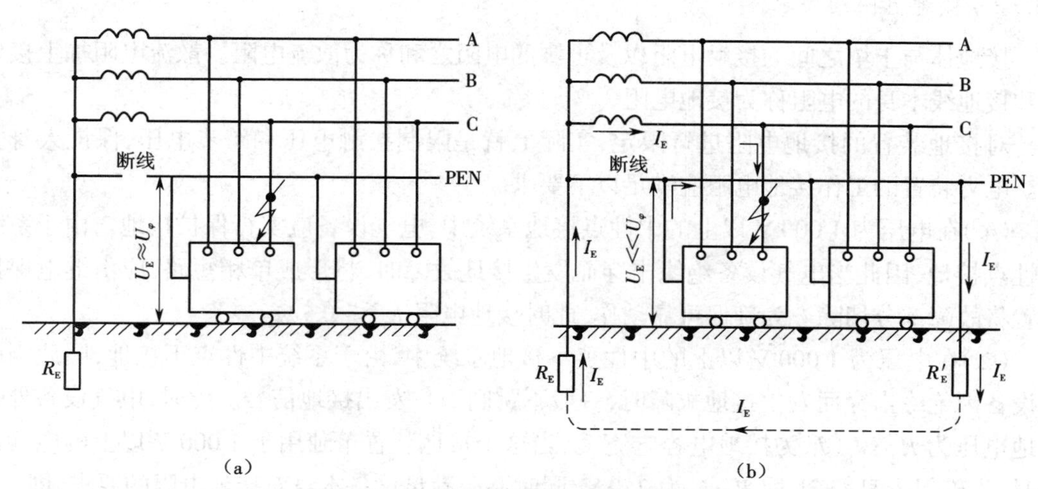

图 6-3-7　重复接地功能示意图

（a）没有重复接地的系统　（b）采用重复接地的系统

6.3.3　电气装置的接地与接地电阻的要求

6.3.3.1　电气装置的接地

根据我国国家标准规定，电气装置应接地的金属部位如下：

（1）电动机、变压器、电器、携带式或移动式用具等的金属底座和外壳；

（2）电气设备的传动装置；

（3）室内外装置的金属或钢筋混凝土构架以及靠近带电部分的金属遮栏和金属门；

（4）配电、控制、保护用的屏及操作台等的金属框架和底座；

（5）交、直流电力电缆的接头盒、终端头，膨胀器的金属外壳，电缆的金属保护层，可触及的电缆金属保护管和穿线的钢管；

（6）电缆桥架、支架和井架；

(7)装有避雷线的电力线路杆塔;

(8)装在配电线路杆上的电力设备;

(9)在非沥青地面的居民区内,无避雷线的小接地电流架空线路的金属杆塔和钢筋混凝土杆塔;

(10)电除尘器的构架;

(11)封闭母线的外壳及其他裸露的金属部分;

(12)六氟化硫封闭式组合电器和箱式变电站的金属箱体;

(13)电热设备的金属外壳;

(14)控制电缆的金属保护层。

6.3.3.2 接地电阻的要求

接地体与土壤之间的接触电阻以及土壤的电阻之和称为散流电阻。散流电阻加上接地体和接地线本身的电阻称为接地电阻。

对接地装置的接地电阻进行限定,实际上就是限制接触电压和跨步电压,保证人身安全。电力装置的工作接地电阻应满足以下要求。

(1)在电压为 1 000 V 以上的中性点接地系统中,电气设备应实行保护接地。由于系统中性点接地,因此当电气设备绝缘击穿而发生接地故障时,将形成单相短路,应由继电保护装置将故障部分切除。为确保可靠动作,此时接地电阻 $R_E \leqslant 0.5\ \Omega$。

(2)在电压为 1 000 V 以上的中性点不接地系统中,由于系统中性点不接地,因此当电气设备因绝缘击穿而发生接地故障时,一般不跳闸而是发出接地信号。此时,电气设备外壳对地电压为 $R_E \cdot I_E$(I_E 为接地电容电流)。当这个接地装置单独用于 1 000 V 以上的电气设备时,为确保人身安全,取 $R_E \cdot I_E$ 为 250 V,同时还应满足设备本身对接地电阻的要求,即

$$R_E \leqslant 250/I_E$$

同时

$$R_E \leqslant 10\ \Omega \tag{6-3-1}$$

当这个接地装置与 1 000 V 以下的电气设备共用时,考虑到 1 000 V 以下设备具有分布广、安全要求高的特点,所以

$$R_E \leqslant 125I_E \tag{6-3-2}$$

同时还应满足 1 000 V 以下设备本身对接地的要求。

(3)在电压为 1 000 V 以下的中性点不接地系统中,考虑到其对地电容通常都很小,因此规定 $R_E \leqslant 4\ \Omega$,即可保证安全。

对于总容量不超过 100 kV · A 的变压器或由发电机供电的小型供电系统,其接地电容电流更小,所以规定 $R_E \leqslant 10\ \Omega$。

(4)在电压为 1 000 V 以下的中性点接地系统中,电气设备实行保护接零。当电气设备发生接地故障时,由保护装置切除故障部分,但为了防止零线中断时产生危害,故仍要求有较小的

接地电阻,规定 $R_E \leqslant 4\,\Omega$。同样,对总容量不超过 1 000 kV·A 的小系统可采用 $R_E \leqslant 10\,\Omega$。

6.3.4　接地电阻的装设

接地体是接地装置的主要部分,它的选择与装设是保证接地电阻符合要求的关键。

6.3.4.1　自然接地体

利用自然接地体不但可以节约钢材,节省施工费用,还可以降低接地电阻,因此有条件的应当优先利用自然接地体。经实地测量,可利用的自然接地体的接地电阻如果能满足要求,而且又满足热稳定条件,就不必再装设人工接地装置,否则应增加人工接地装置。凡是与大地有可靠而良好接触的设备或构件,大都可用作自然接地体,如:

(1)与大地有可靠连接的建筑物的钢结构、混凝土基础中的钢筋;

(2)敷设于地下而数量不少于两根的电缆金属外皮;

(3)敷设在地下的金属管道及热力管道,但不包括输送可燃性气体或液体(如煤气、石油)的金属管道。

利用自然接地体时,必须保证良好的电气连接。在建筑物钢结构结合处凡是用螺栓连接的,只有在采取焊接与加跨接线等措施后方可利用。

6.3.4.2　人工接地体

当自然接地体不能满足接地要求或无自然接地体时,应装设人工接地体。人工接地体大多采用钢管、角钢、圆钢和扁钢制作。一般情况下,人工接地体都采取垂直敷设,特殊情况下(如多岩石地区),可采取水平敷设。垂直敷设的接地体的材料常用直径 50 mm、长 2.5 m 的钢管,或者是截面尺寸为 40 mm × 40 mm × 4 mm~50 mm × 50 mm × 6 mm 的角钢。水平敷设的接地体常采用厚度不小于 4 mm、截面面积不小于 100 mm^2 的扁钢或直径不小于 10 mm 的圆钢,长度宜为 5~20 m。如果接地体敷设处土壤有较强的腐蚀性,则接地体应镀锌或镀锡并适当加大截面,不能采用涂漆或涂沥青的方法防腐。

6.3.4.3　变配电所和车间的接地装置的装设

由于单根接地体周围地面电位分布不均匀,在接地电流或接地电阻较大时,人容易受到接触电压或跨步电压的威胁。因此,在变配电所及车间内应尽可能采用环路式接地装置,即在变配电所和车间建筑物四周,距墙脚 2~3 m 处打入一圈接地体,再用扁钢连成环路,如图 6-3-8 所示。这样,接地体间的散流电场将相互重叠而使地面上的电位分布较为均匀,因此跨步电压及接触电压就很低。当接地体之间的距离为接地体长度的 1~3 倍时,这种效应更明显。若接地区域范围较大,则可在环路式接地装置范围内,每隔 5~10 m 增设一条水平接地带作为均压连接线,该均压连接线还可用作接地干线,以使各被保护设备的接地线连接更为方便可靠。在经常有人出入的地方,应加装帽檐式均压带或采用高绝缘路面。

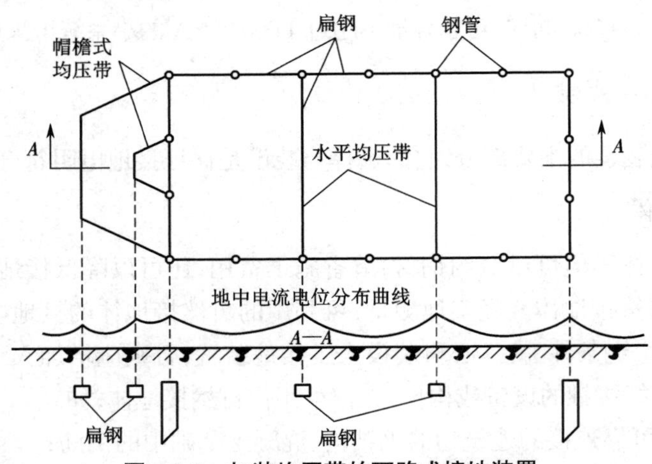

图 6-3-8　加装均压带的环路式接地装置

6.3.5　接地装置平面布置图示例

接地装置平面布置图是表示接地体和接地线具体布置与安装要求的一种安装图。

图 6-3-9 为某高压配电所及 2 号车间变电所的接地装置平面布置图。

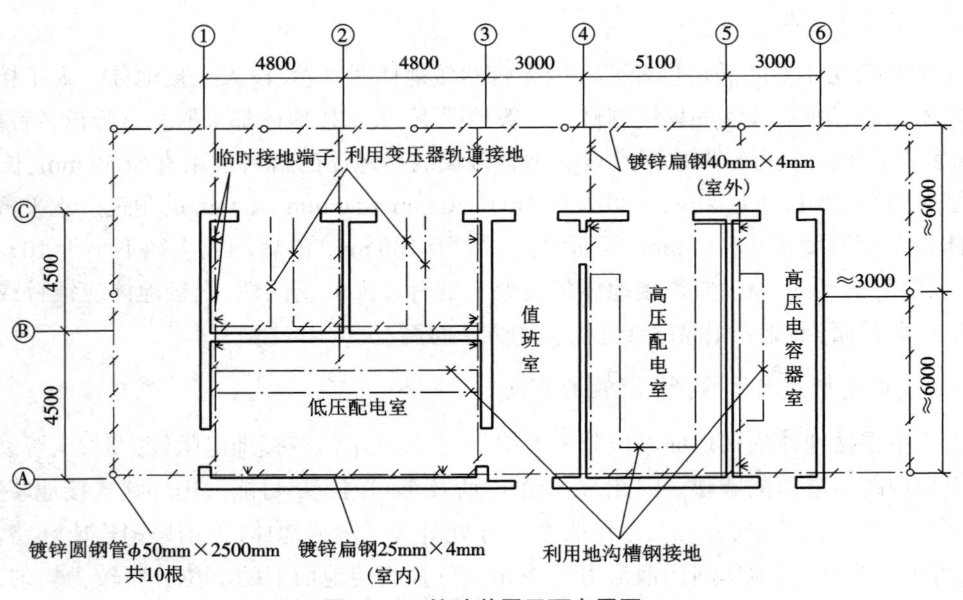

图 6-3-9　接地装置平面布置图

由图 6-3-11 可以看出，距变配电所建筑 3 m 左右，埋设有 10 根管形垂直接地体（直径 50 mm、长 2.5 m 的钢管）。接地钢管之间的距离约为 5 m，采用 40 mm × 4 mm 的扁钢焊接成一个外缘闭合的环形接地网。变压器下面的钢轨以及安装高压开关柜、高压电容器柜和低压配电屏的地沟上的槽钢或角钢，均采用 25 mm × 4 mm 的扁钢焊接成网，并与室外接地

网多处连接。为了便于测量接地电阻以及移动式电气设备临时接地,在适当地点安装有临时接地端子。

模块 6.3 同步练习

模块 6.4　等电位联结与漏电保护

【学习目标】

(1)掌握等电位联结的功能和类别。
(2)掌握漏电保护器的功能和原理。
(3)了解漏电保护器的分类。

【知识储备】

6.4.1　低压配电系统的等电位联结

6.4.1.1　等电位联结的功能与类别

等电位联结是使电气装置各外露可导电部分和装置外可导电部分电位基本相等的一种电气联结。等电位联结的功能在于降低接触电压,以保障人身安全。按规定,采用接地故障保护时,在建筑物内应做总等电位联结(Main Equipotential Bonding, MEB)。当电气装置或其某一部分的接地故障保护不能满足要求时,还应在局部范围内进行局部等电位联结(Local Equipotential Bonding,LEB)。

1. 总等电位联结

总等电位联结是指在建筑物进线处,将 PE 线或 PEN 线与电气装置接地干线、建筑物内的各种金属管道(如水管、煤气管、采暖空调管道等)以及建筑物的金属构件等,都与总等电位联结端子连接,使它们都具有基本相等的电位,如图 6-4-1 中的 MEB。

23-等电位联结

2. 局部等电位联结

局部等电位联结又称辅助等电位联结，是在远离总等电位联结处且非常潮湿、触电危险性大的局部地区内进行的等电位联结，是总等电位联结的一种补充，如图 6-4-1 中的 LEB。通常在容易触电的浴室及对安全要求极高的胸腔手术室等处，应做局部等电位联结。

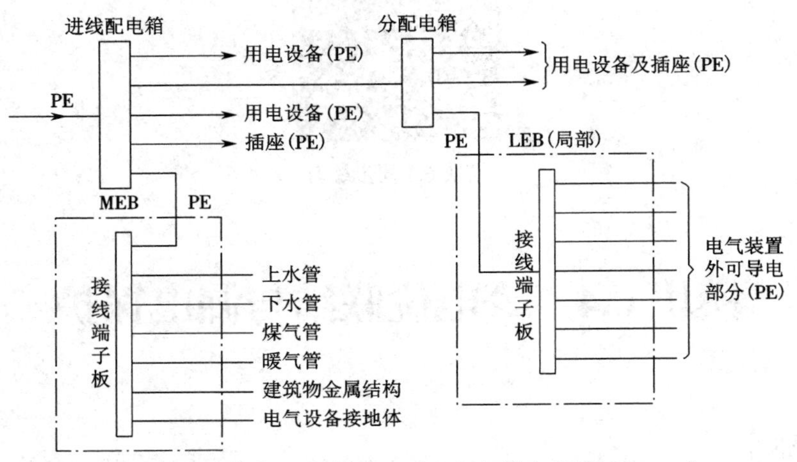

图 6-4-1　总等电位联结(MEB)和局部等电位联结(LEB)

6.4.1.2　等电位联结的接线要求

按规定，等电位联结主母线的截面面积不应小于装置中最大 PE 线或 PEN 线截面面积的一半，但当采用铜线时截面面积不应小于 6 mm^2，当采用铝线时截面面积不应小于 16 mm^2。采用铝线时，必须采取机械保护，并且应保证铝线连接处的持久导通性。如果采用铜导线作联结线，则其截面面积应不超过 25 mm^2。如果采用其他材质导线，则其截面应能承受与之相当的载流量。连接装置外露可导电部分与装置外可导电部分的局部等电位联结线，其截面面积不应小于相应 PE 线的一半。而连接两个外露可导电部分的局部等电位联结线，其截面面积不应小于接至这两个外露可导电部分其中较小 PE 线的截面面积。

6.4.1.3　等电位联结中的几个具体问题

（1）两条金属管道连接处缠有黄麻或聚乙烯薄膜，一般不需要做跨接线。由于两条管道在做丝扣连接时，上述包缠材料实际上已被损伤而失去了绝缘作用，因此管道连接处在电气上依然是导通的。所以，仅有自来水管的水表两端需做跨接线，金属管道连接处一般不需跨接。

（2）现在有些管道系统以塑料管取代金属管，对塑料管道不需要做等电位联结。做等电位联结的目的在于使人体可同时触及的导电部分的电位相等或相近，以防人身触电，而塑料管是不导电物质，不可能传导或呈现电位，因此不需对塑料管道做等电位联结。

（3）在等电位联结系统内，原则上只需做一次等电位联结。例如，在水管进入建筑物的

主管上做一次总等电位联结,再在浴室内的水道主管上做一次局部等电位联结即可。

(4)原则上不能用配电箱内的PE母线代替接地母线和等电位联结端子板来连接等电位联结线。由于配电箱内有带危险电压的相线,在配电箱内带电检测等电位联结和接地时,容易不慎触及危险电压而引起触电事故,此时若停电检测将给工作和生活带来不便。因此,应在配电箱外另设接地母线或等电位联结端子板,以便安全地进行检测。

(5)对于1 000 V及以下的工频低压装置不必考虑跨步电压的危害,因为一般情况下其跨步电压不足以对人体构成伤害。

6.4.2 低压配电系统的漏电保护

6.4.2.1 漏电保护器的功能与原理

漏电保护器又称为“剩余电流保护器”(Residual Current Protective Device,RCD)。漏电保护器是在规定条件下,当漏电电流(剩余电流)达到或超过规定值时能自动断开电路的一种开关电器。它用来对低压配电系统中的漏电和接地故障进行安全防护,防止发生人身触电事故及接地电弧引发的火灾。漏电保护器按反应动作的信号可分为电压动作型和电流动作型两类。电压动作型漏电保护器在技术上存在一些难以克服的问题,所以现在生产的漏电保护器差不多都是电流动作型的。

电流动作型漏电保护器利用零序电流互感器来反映接地故障电流,然后动作于脱扣机构。电流动作型漏电保护器按脱扣机构的结构又可分为电磁脱扣型和电子脱扣型两类。电磁脱扣型漏电保护器的原理接线图如图6-4-2所示。

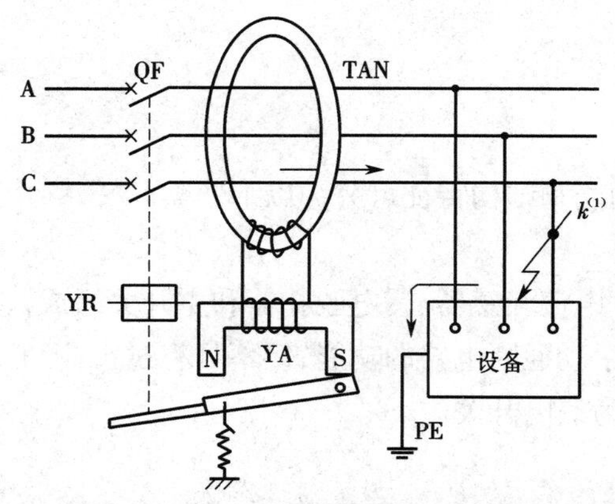

图6-4-2 电流动作的电磁脱扣型漏电保护器原理接线图

TAN—零序电流互感器;YA—磁化电磁铁;QF—断路器;YR—自由脱扣机构

当设备正常运行时,穿过零序电流互感器TAN的三相电流相量和为零,零序电流互感器TAN二次侧不产生感应电动势,因此磁化电磁铁YA的线圈中没有电流,开关上的衔铁靠永久磁铁的磁力保持在吸合位置,使开关维持在合闸状态。当设备发生漏电或单相接壳故障时，会有零序电流穿过互感器 TAN 的铁芯，使其二次侧产生感应电动势，于是电磁铁 YA 线圈中有交流电流通过，磁化电磁铁 YA 铁芯中将产生交变磁通，与原有的永久磁通叠加并产生去磁作用，则其电磁吸力减小，衔铁被弹簧拉开，使自由脱扣机构 YR 动作，开关跳闸，断开故障电流，从而起到漏电保护的作用。

电流动作的电子脱扣型漏电保护器的原理接线图如图 6-4-3 所示。这种电子脱扣型漏电保护器在零序电流互感器 TAN 与自由脱扣机构 YR 之间接入的不是磁化电磁铁，而是电子放大器 AV。当设备发生漏电或单相外壳接地故障时，互感器 TAN 二次侧感生的电信号经电子放大器 AV 放大后，接通自由脱扣机构 YR，使开关跳闸，从而也能起到漏电保护的作用。

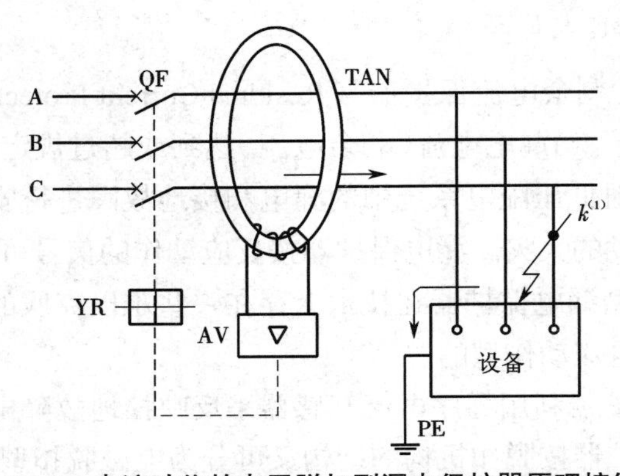

图 6-4-3 电流动作的电子脱扣型漏电保护器原理接线图

TAN—零序电流互感器；AV—电子放大器；QF—断路器；YR—自由脱扣机构

6.4.2.2 漏电保护器的分类

1. 按保护功能分类

漏电保护器按保护功能和结构特征可分为以下四类。

1）漏电保护开关

漏电保护开关由零序电流互感器、漏电脱扣器和主开关组成，它们被组装在一个绝缘外壳之中，具有漏电保护及手动通断电路的功能，但不具有过负荷和短路保护功能。这类产品主要应用于住宅，通常称为漏电开关。

2）漏电断路器

漏电断路器是在低压断路器的基础上加装漏电保护部件组成的，因此它具有漏电、过负荷和短路保护的功能。有些漏电断路器产品就是在低压断路器之外加装漏电保护附件而成的。例如，C45 系列小型断路器加装漏电脱扣器后，就成了家庭及在类似场所广泛应用的漏电断路器。

3）漏电继电器

漏电继电器由零序电流互感器和继电器组成，具有检测和判断漏电及接地故障的功能，

由继电器发出信号，并控制断路器或接触器切断电路。

4）漏电保护插座

漏电保护插座由漏电开关或漏电断路器与插座组合而成，使与插座回路连接的设备具有漏电保护功能。

2. 按极数分类

漏电保护器按极数可分为单极2线、双极2线、3极3线、3极4线和4极4线等多种形式，其在低压配电线路中的接线如图6-4-4所示。

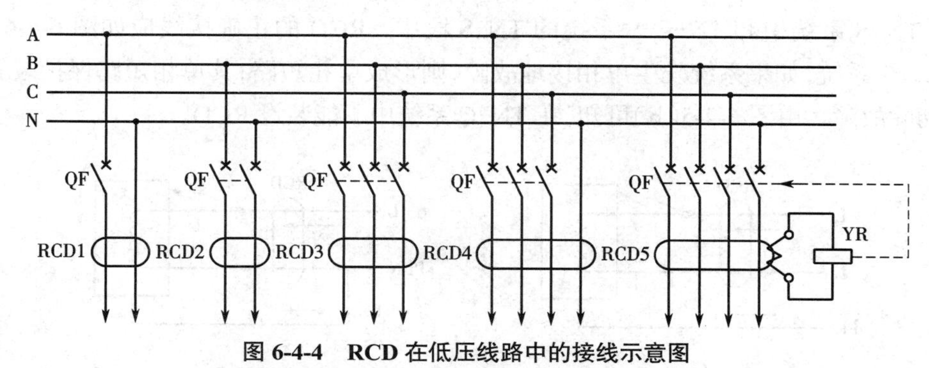

图6-4-4 RCD在低压线路中的接线示意图

RCD1—单极2线；RCD2—双极2线；RCD3—3极3线；RCD4—3极4线；RCD5—4极4线；QF—断路器；YR—漏电脱扣器

6.4.2.3 漏电保护器的装设

1. 漏电保护器的装设场所

当人手握住手持式（或移动式）电器时，如果该电器漏电，则人手因触电痉挛将很难摆脱，触电时间一长就会导致死亡。而固定式电器漏电，如人体触及将会因电击刺痛而弹离，一般不会持续触电。由此可见，手持式（移动式）电器触电的危险性远远大于固定式电器触电。因此，一般规定在手持式（移动式）电器的回路上应装设RCD。由于插座主要是用来连接手持式（含移动式）电器的，因此插座回路上一般也应装设RCD。

《住宅设计规范》（GB 50096—2011）规定，除空调电源插座外，其他电源插座回路均应装设RCD。

2. PE线和PEN线的装设要求

在TN-S系统（或TN-C-S系统的TN-S段）中装设RCD时，PE线不得穿过零序电流互感器铁芯，否则当发生单相接地故障时，由于进出互感器铁芯的故障电流相互抵消，因此RCD将不会动作，如图6-4-5（a）所示。而在TN-C系统（或TN-C-S系统中的TN-C段）中装设RCD时，PEN线不得穿过零序电流互感器铁芯，否则当发生单相接地故障时，RCD同样不会动作，如图6-4-5（b）所示。

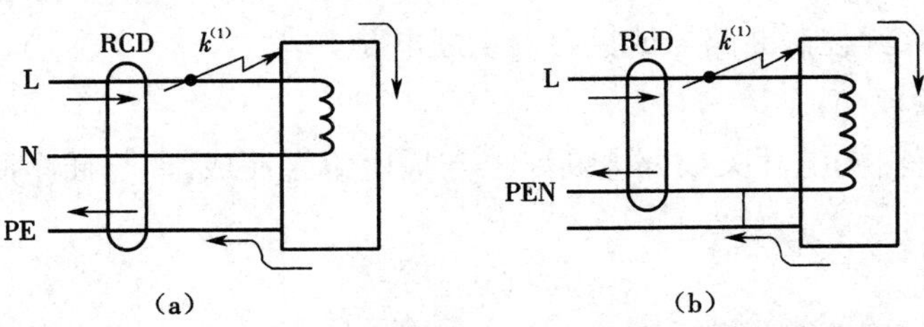

图 6-4-5　PE 线和 PEN 线不得穿过 RCD 的零序电流互感器铁芯

(a)TN-S 系统中 PE 线穿过 RCD 互感器时,RCD 不动作　(b)TN-C 系统中 PEN 线穿过 RCD 互感器时,RCD 不动作

在 TN-S 系统中和 TN-C-S 系统的 TN-S 段中，RCD 的正确接线应如图 6-4-6 所示。对于 TN-C 系统,如果系统发生单相接地故障,则形成单相短路,其单相短路保护装置应该动作,切除故障。由图 6-4-5(b)可知,在 TN-C 系统中不能装设 RCD。

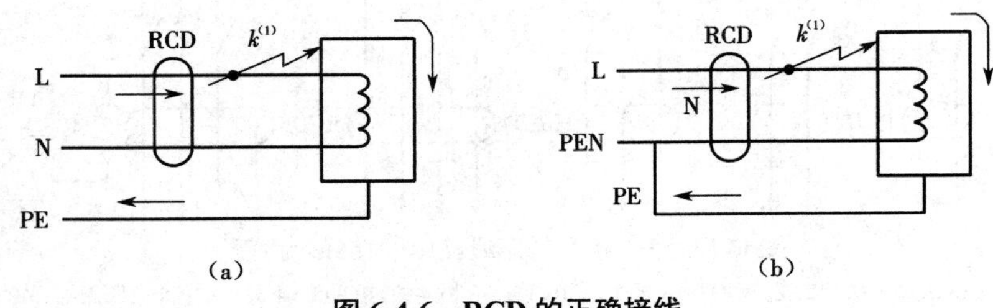

图 6-4-6　RCD 的正确接线

(a)TN-S 系统　(b)TN-C-S 系统的 TN-S 段

3. RCD 负荷侧的 N 线和 PE 线的装设要求

RCD 负荷侧的 N 线和 PE 线不能接反,如图 6-4-7 所示。

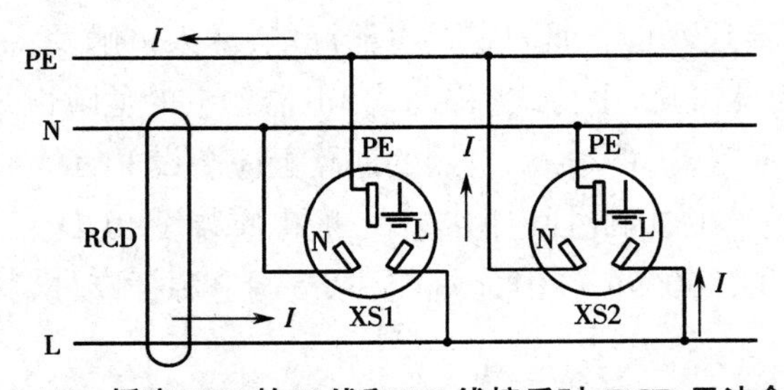

图 6-4-7　插座 XS2 的 N 线和 PE 线接反时,RCD 无法合闸

在低压配电线路中,假设其中插座 XS2 的 N 线端子误接于 PE 线上,而其 PE 线端子误接于 N 线上,则插座 XS2 的负荷电流不是经 N 线,而是经 PE 线返回电源,从而使 RCD 的零序电流互感器一次侧出现不平衡电流,造成漏电保护器 RCD 无法合闸。

为了避免 N 线和 PE 线接错,建议在电气安装中,N 线按规定使用淡蓝色绝缘线,PE 线使用黄绿双色绝缘线,而 A、B、C 三相则分别使用黄、绿、红色绝缘线。

4. 不同回路 N 线的装设要求

装设 RCD 时,不同回路不应共用一根 N 线。在电气施工中,为节约线路投资,往往将

几个回路配电线路共用一根 N 线。图 6-4-8 所示为将装有 RCD 的回路与其他回路共用一根 N 线，这种接线将使 RCD 的零序电流互感器一次侧出现不平衡电流，进而引起 RCD 误动，因此这种做法是不允许的。

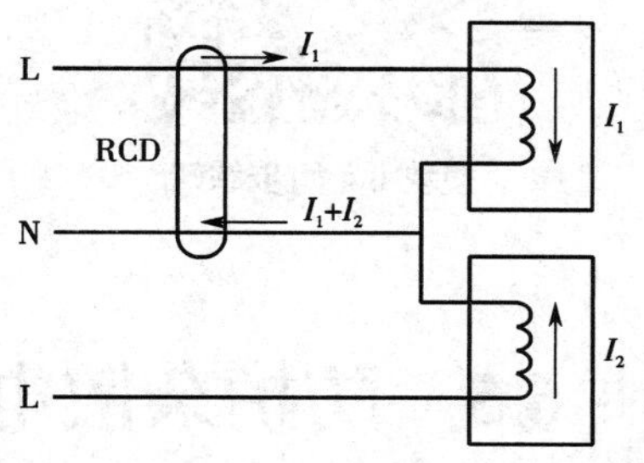

图 6-4-8　不同回路共用一根 N 线引起 RCD 误动作

5. 低压配电系统中多级 RCD 的装设要求

为了有效防止因接地故障引起人身触电事故以及因接地电弧引发的火灾，通常在建筑物的低压配电系统中装设两级或三级 RCD，如图 6-4-9 所示。

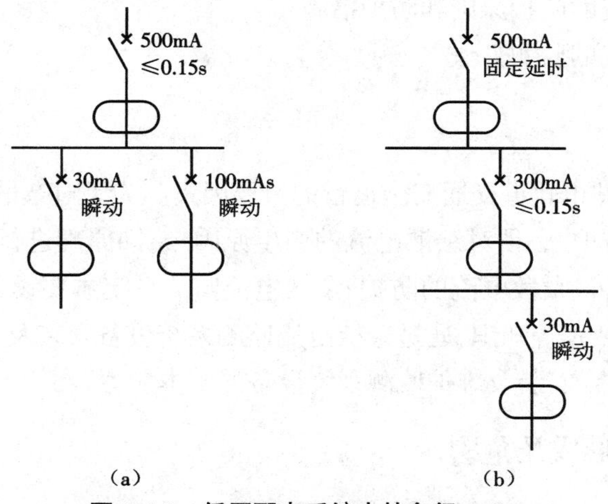

图 6-4-9　低压配电系统中的多级 RCD

（a）两级 RCD　（b）三级 RCD

线路末端装设的 RCD 通常为瞬动型，动作电流通常取 30 mA，个别可达 100 mA。其前一级 RCD 则采用选择型，最长动作时间为 0.15 s，动作电流则为 300~500 mA，以保证前后 RCD 动作的选择性。根据国内外资料，接地电流只有达到 500 mA 以上时，其电弧能量才有可能引燃起火。因此，从防火安全角度来说，RCD 的动作电流最大可达 500 mA。

模块 6.4 同步练习

模块 6.5　防护杂散电流

【学习目标】

（1）了解杂散电流的形成及危害。

（2）了解杂散电流的防护原则和防护措施。

（3）了解杂散电流的监测方法。

【知识储备】

杂散电流是影响城市轨道交通安全运行的重要因素。为了对杂散电流的腐蚀危害进行有效的监测、控制和防护，必须对杂散电流的产生原因、腐蚀原理进行分析。本任务介绍了杂散电流的形成及危害、杂散电流的防护、杂散电流监测系统主要设备及监测原理，以及供电系统钢轨电位限制装置等知识，通过杂散电流监测系统设备安装及系统维护相关实训，使学生具备防护杂散电流、安装及维护监测系统设备的基本能力。

6.5.1　杂散电流的形成及危害

6.5.1.1　杂散电流的形成

在直流牵引供电系统中，牵引电流由牵引变电所的正极出发，经接触网、机车、走行轨和回流线至牵引变电所的负极。在系统正常运行时，钢轨与隧道或道床等结构钢之间的绝缘电阻为非理想状态，由此导致流经走行轨的牵引电流产生泄漏，并经结构钢和大地最终回到牵引变电所的负极。这部分泄漏到隧道或道床等结构钢上的电流称为杂散电流，也称迷流。地下杂散电流的形成原理如图 6-5-1 所示。

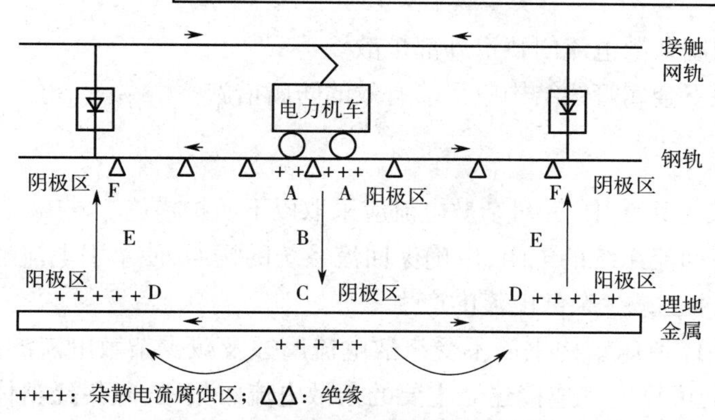

图 6-5-1 地下杂散电流的形成原理

6.5.1.2 杂散电流的危害

杂散电流会对城市轨道交通沿线的电气设备、设施的正常运行造成不同程度的影响，也会对隧道、道床的结构钢和附近的金属管线造成危害，主要表现如下。

（1）若地下杂散电流流入电气接地装置，将引起接地电位过高，从而使某些低压设备无法正常工作，甚至致其损坏。

（2）若走行轨局部或整体对地的绝缘变差，则走行轨对地泄漏的杂散电流增大，当达到极限值时就会触发框架泄漏保护装置动作，使牵引变电所的馈线断路器跳闸而造成变电所停电；该变电所停电又会造成邻近变电所联跳，引发大面积停电事故，严重影响城市轨道交通系统的正常运行。

（3）在杂散电流的长期作用下，轨道沿线隧道、道床或其他建筑物的结构钢筋及附近的地下金属管线会产生严重的电化学腐蚀，将破坏钢结构的强度并大大降低各金属管线的使用寿命。

【知识加油站】

杂散电流的腐蚀原理

杂散电流流入地下会造成地下管道局部过保护，如果管道的对地电位差过大，将会导致管道表面析出大量的氢离子，从而损坏防腐绝缘层，进而导致腐蚀的发生和加剧；在杂散电流流出的部位，管道以铁离子的形式溶入周围介质中，使管道受到严重的腐蚀。

6.5.2 杂散电流的防护

6.5.2.1 防护原则

在城市轨道交通系统中，杂散电流的防护应遵循以下基本原则。

（1）治本为主，应尽量将城市轨道杂散电流减小至最低程度。

（2）应严格限制杂散电流向轨道外部扩散。

（3）附近的地下金属管线结构应采取有效的防腐措施。

6.5.2.2　防护措施

在城市轨道交通系统中，针对杂散电流应采取以下防护措施。

（1）减小牵引回流系统的电阻，以确保回流系统的畅通，使牵引电流通过回流系统流回牵引变电所，从根本上减少杂散电流的产生。

（2）为保护整体道床结构钢筋不受杂散电流腐蚀及减少杂散电流的扩散，可利用整体道床内结构钢筋的可靠电气连接建立主要的杂散电流收集网，收集经整体道床泄漏的杂散电流，在阴极区经钢轨流回牵引变电所。

（3）在需要设置浮动道床的区段，浮动道床内的纵向钢筋结构应与整体道床内的杂散电流收集网进行电气连接，以使所有的道床收集网钢筋结构成为统一的电气连接整体。

（4）尽可能增强整体道床结构与隧道、车站间的绝缘。

（5）为保护地下隧道、车站结构钢筋不受杂散电流腐蚀，同时减少杂散电流向外部的扩散，应将隧道、车站的结构钢筋进行可靠的电气连接，以建立杂散电流辅助收集网，用来收集由整体道床泄漏出来的杂散电流。

（6）在盾构区间隧道，采用隔离法对盾构管片结构钢筋进行保护。将盾构区间两侧相邻车站的结构钢筋用电缆连接，使全线的杂散电流辅助收集网在电气上保持连续。

（7）在高架桥区段，桥梁与桥墩之间加装橡胶绝缘垫或其他绝缘材料，实现桥梁内部结构钢筋与桥墩结构钢筋之间的电气绝缘，防止杂散电流流入桥墩并对桥墩结构钢筋产生腐蚀。

（8）在高架桥车站内，车站结构钢筋与车站内部高架桥结构钢筋应实现电气绝缘，以防止杂散电流对车站结构钢筋产生腐蚀。

（9）牵引变电所应设置杂散电流排流装置，以便在轨道绝缘能力降低致使杂散电流增大时，能够使收集网中的杂散电流有畅通的电气回路。

（10）直流供电设备、回流轨等设备应采用绝缘法安装。

（11）各类管线设备应尽量从材质或绝缘等方面采取措施，以减少杂散电流对其的腐蚀及通过其向轨道外部的泄漏。

（12）走行轨应尽量选用重型轨（如 60 kg/m 钢轨），并焊接成长钢轨；钢轨接头的电阻值应小于 5 m 长的走行轨电阻值，从而降低整个回流回路的总电阻值；钢轨与轨枕或整体道床之间应采用绝缘法安装，保证钢轨对轨枕或整体道床的泄漏电阻不小于 15 Ω/km。

（13）隧道、地下车站主体结构的防水层必须具有良好的防水性和电气绝缘特性；车站、隧道内应设有完善的排水设施，不能有积水、渗漏等现象；在过江（河）隧道的轨道两端设立单向导通装置，与其他线路实现单向电气隔离；车站动力照明采用 TN-S 系统接地；车站屏蔽门应采用绝缘法安装并与走行轨有可靠的电气连接。

6.5.3　杂散电流监测系统主要设备

城市轨道交通的杂散电流监测系统主要由传感器、信号转接器及参比电极等设备组成，如图 6-5-2 所示。图 6-5-3 所示为轨道交通杂散电流排流监测网。

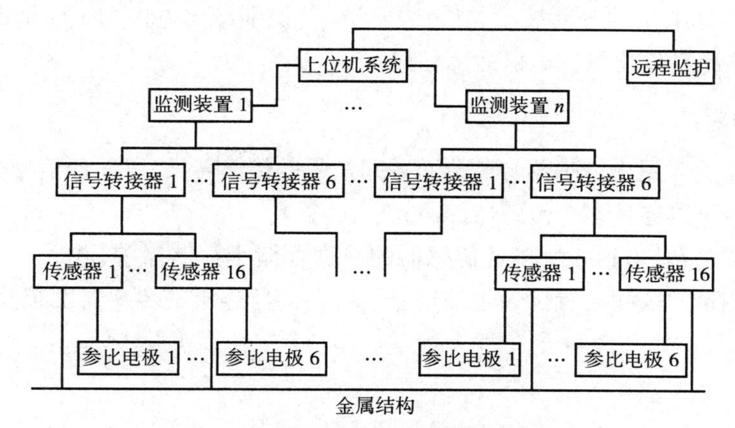

图 6-5-2　杂散电流监测系统的组成

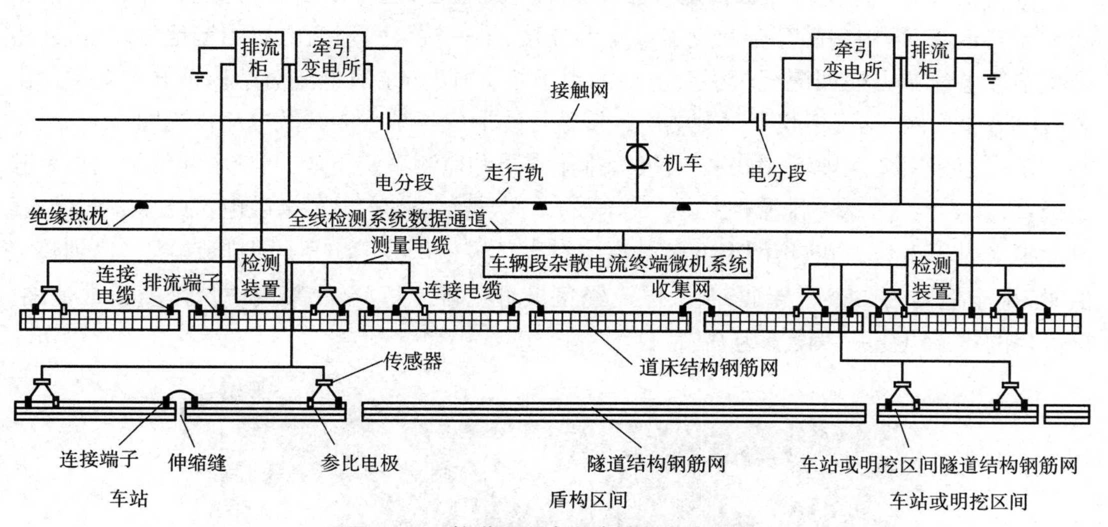

图 6-5-3　轨道交通杂散电流排流监测网

6.5.3.1　参比电极

参比电极是测量各种电极的电势时作为参照比较对象的电极。杂散电流监测系统中多采用多孔陶瓷外壳的参比电极，因此，在安装、使用及检修过程中严禁与其他刚硬结构发生碰撞。

6.5.3.2　传感器

传感器主要用于监测参比电极和道床及隧道侧壁结构钢筋的电压信号，对两个信号进

行 256 次/s 的采样，并进行平均值计算，以 30 min 为一个时间单位采集时段内结构钢筋的极化电压最大值。传感器每隔 30 min 将计算后获得的电压信号送入信号转接器，在信号转接器内完成模拟信号数字化后进行远距离传输。

当接触轨停电时，传感器能自动接收监测装置发出的参比电极本体电位的校正信号并进行参比电极本体电位的自动校正。传感器可自动识别参比电极的工作情况，当参比电极故障时传感器能自动发出参比电极故障信息。

6.5.3.3　信号转接器

信号转接器主要用于传感器与监测装置间信号的传输转换，以保证信号的远距离传输。每个信号转接器可以连接多个传感器（一般为 16 个）。

信号转接器每隔 30 min 就将各传感器的数据存储于存储器中，并送入监测装置，以保证系统的实时测量。监测装置可通过该信号转接器向所连接的传感器发布校正参比电极本体电位命令。

6.5.3.4　排流网及排流柜

排流柜属于“电旁泄”通道，是一种专设的电流通道，通常设在牵引变电所内。排流柜的一端与道床、结构钢筋等杂散电流收集网连接，另一端与牵引变电所的接地母线连接，用来将杂散电流单方向回流至牵引变电所的负极柜，以防止杂散电流对结构钢筋的腐蚀。由杂散电流收集网、排流柜与牵引变电所的接地母线形成了统一的杂散电流排流网。

排流柜采用极性排流，由多个二极管排流支路和监测系统组成，其核心元件为大功率硅二极管，如 6-5-4 所示。排流柜利用二极管的单向导通特性实现了杂散电流的单方向排流。排流柜平时不工作，当收集网上的杂散电流对于负极柜母线的电压（即排流电压）达到整定值时，排流柜内的二极管导通，杂散电流经负极母线排流，直至收集网电位恢复正常范围。排流柜的排流电压一般设置为 0.5 V。

图 6-5-4　排流柜的结构及其工作原理

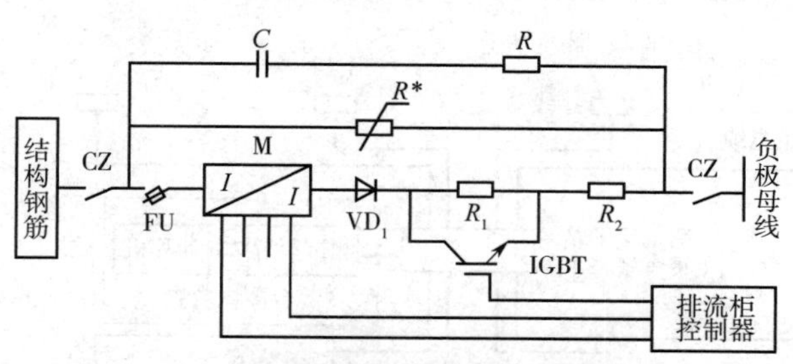

图 6-5-4　排流柜的结构及其工作原理(续)

6.5.4　杂散电流的监测

6.5.4.1　监测原理

杂散电流很难被直接测量,通常利用测量结构钢筋极化电压的大小来判断结构钢筋是否受到杂散电流的腐蚀作用以及腐蚀作用的强弱,极化电压的标准测量方法如图 6-5-5 所示。

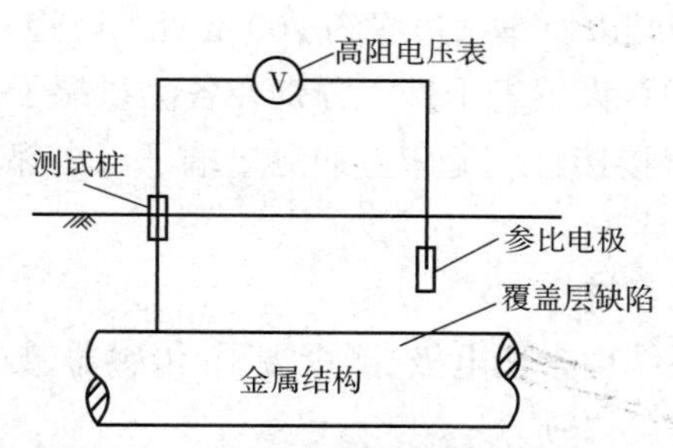

图 6-5-5　极化电压的标准测量方法

在没有杂散电流扰动的情况下,监测装置所测量的极化电压呈现为一相对稳定的数值,称为自然本体电压 U_0;当存在杂散电流扰动时,测量的极化电压会与自然本体电压产生偏移,正常情况下偏移平均值不应超过 0.5 V。

为实现杂散电流的自动在线测量,监测装置应先对系统的自然本体电压进行测量。在城市轨道交通每天停止运行 2 h 后,监测装置即可进行自然本体电压的自动测量。

6.5.4.2　杂散电流监测系统

杂散电流监测系统分为分散式杂散电流监测系统和集中式杂散电流监测系统两种。

1. 分散式杂散电流监测系统

分散式杂散电流监测系统采用车站(变电所)监测和控制中心监测两级监测系统,由参比电极、测量端子、接线盒、测量电缆、测量端子箱及综合测试装置组成,其结构如图 6-5-6 所示。

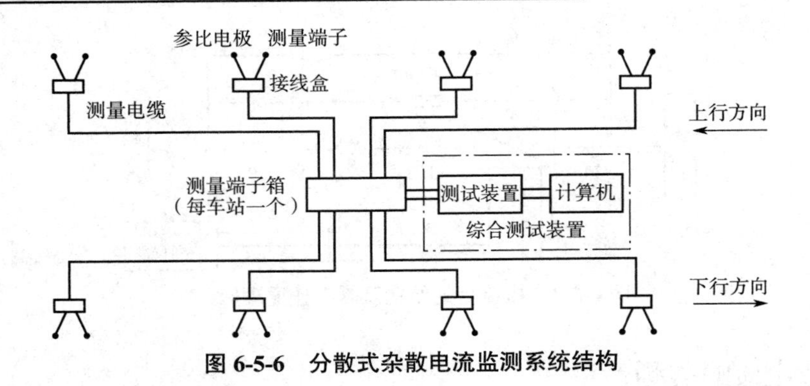

图 6-5-6　分散式杂散电流监测系统结构

一般每个车站的牵引变电所或牵引降压混合变电所设置一套杂散电流监测装置，每套装置包含一台测量端子箱。将车站区段内的参比电极端子和测量端子接至接线盒，由同一测量电缆引入变电所测量端子箱内，然后用可移动式综合测试装置分别对每个变电所进行杂散电流测试及数据处理，并通过变电所内的通信网络与电力监控系统接口，将处理和统计后的数据传送至电力监控中心。

每个车站的有效站台两端以及车站边缘约 200 m 处的隧道外墙及道床上设置杂散电流测量端子，并在上、下行区间各设置若干处。分别在各测量端子 1 m 范围内安装参比电极，参比电极不能与金属结构直接接触。道床上的测量端子可由邻近的连接端子替代，参比电极安装于道床靠外墙侧。

2. 集中式杂散电流监测系统

集中式杂散电流监测系统由参比电极、测量端子、传感器、数据转接器、测量电缆及综合测试装置组成，其结构如图 6-5-7 所示。

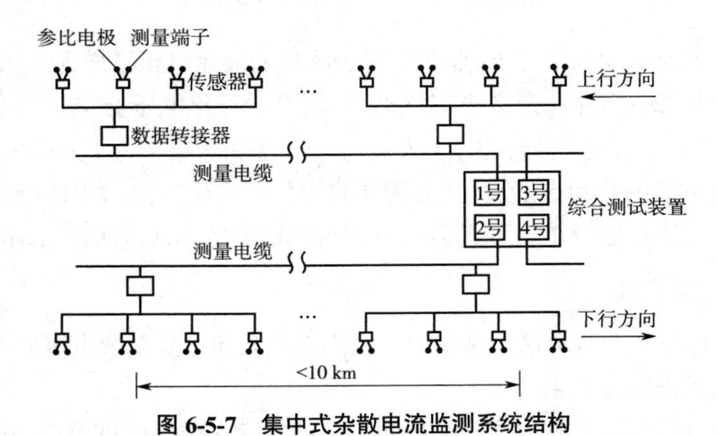

图 6-5-7　集中式杂散电流监测系统结构

在每个测试点，参比电极、测量端子分别与相应的传感器连接，该车站区间内的所有传感器通过测量电缆连接到车站变电所的控制室或检修室内的数据转接器。车站的数据转接器通过测量电缆与固定式杂散电流综合测试装置连接，综合测试装置与传感器之间的最大

传输距离不得超过 10 km。

6.5.5 钢轨电位限制装置

6.5.5.1 钢轨电位异常的原因

根据我国相关标准规定，在最大负载运行时，钢轨(走行轨)上任意一点的对地电位差应不大于 60 V。当钢轨电位超出整定值时，将会危及上下车乘客的安全，并对相关设备造成影响。钢轨的对地电位异常主要由以下原因造成。

(1)正常运行状态下，供电区段内列车运行时钢轨中流过牵引电流，造成钢轨对地电位升高(正值或负值)。此时，钢轨对地电位的大小主要与线路上的机车数量、负荷电流、牵引变电所间距、钢轨对地过渡电阻等因素有关。

(2)当接触网与钢轨发生短接、接触网对架空地线发生短路故障、牵引供电直流设备发生框架泄漏故障或牵引整流变压器二次侧交流系统发生单相接地短路时，都会造成钢轨电位异常。

6.5.5.2 钢轨电位限制装置的构成

钢轨电位限制装置安装在各个车站及停车场内，用于监测钢轨的对地电压，并在电压数值超过整定值时将钢轨与大地进行暂时短接，以降低钢轨的对地电压，保证人员和设施安全。钢轨电位限制装置同时还监测流过装置自身的电流，当该电流低于整定值时，钢轨电位限制装置将自动复位，断开钢轨对地连接，恢复正常运行。

钢轨电位限制装置主要有接触器型和晶闸管接触器组合型两种类型。

(1)接触器型：在检测到钢轨对地电位高于整定值时，接触器动作将钢轨对地短接，动作时间为 150~200 ms。

(2)晶闸管接触器组合型：由晶闸管回路及接触器回路两个主回路构成，主要设备有直流接触器、晶闸管回路、测量和操作回路、接口端子及显示设备等，各设备采用闭环控制，在没有辅助电源的情况下也能保证装置正常工作。在检测到钢轨对地电位高于整定值时，晶闸管快速导通，同时触发接触器动作将钢轨对地短接，其动作时间非常短(约为 3 ms)。

6.5.5.3 钢轨电位限制装置的运行方式

在正常运行时，钢轨电位限制装置的直流接触器触头断开，晶闸管也处于不导通状态。在钢轨电位异常时，钢轨对地电压通过 3 级独立的电压测量元件来检测、显示和判断，并通过相应的控制系统将短路设备与大地短接，具体如下。

第 1 级：当电压检测数值≥ 90 V 且 < 105 V 时，钢轨电位限制装置延时 0.8 s 对地短接，并通过设定的时间整定值(一般为 10 s)后恢复断开。当短路设备在 60 s 内连续动作达 3 次时，短路设备不再自动恢复断开。

第 2 级：当电压检测数值≥ 150 V 且 < 600 V 时，钢轨电位限制装置的直流接触器立即

动作，且不再自动恢复断开。

第 3 级：当电压检测数值≥ 600 V 时，晶闸管回路立即将钢轨与大地短接，然后启动直流接触器动作；在直流接触器合闸后，晶闸管回路立即恢复高阻状态，此时接触器处于闭锁状态不再恢复断开。若短接后钢轨的对地电压仍然较高，钢轨电位限制装置将向控制中心发出故障报警信息。

6.5.5.4 钢轨电位限制装置与框架泄漏保护装置的关系

在设置了钢轨电位限制装置后，框架泄漏保护装置的电压测量元件将与钢轨电位限制装置并联连接。在钢轨电位限制装置动作后，框架泄漏保护装置的电压测量元件即被短接而不起作用。为了二者能够配合使用，框架泄漏保护装置电压测量元件的动作时间整定值应比钢轨电位限制装置的动作时间整定值大，或者框架保护电压整定值比钢轨电位限制装置的电压整定值高。

模块 6.5 同步练习

学习单元 7

供电系统运行管理与事故处理

模块 7.1 供电系统的运行管理

在城市轨道交通供电系统的日常运行管理工作中，应严格遵循“三定四化、记名检修”的基本要求，贯彻落实“质量第一、修养并重、预防为主”的指导方针，逐步完善“定期检测、状态维修、限值管理、寿命管理”的管理模式。

【学习目标】

（1）掌握供电系统运行管理的工作内容。
（2）掌握供电系统运行管理的岗位职责。
（3）掌握供电系统运行管理的安全工作规程。
（4）掌握供电系统运行管理的相关规章制度。
（5）掌握供电系统运营管理的相关技能。

【知识储备】

7.1.1 工作内容

城市轨道交通供电系统运行管理工作是为了保证供电设备的安全运行，持续为用户提供高质量电能。供电系统运行管理工作可分为运行和检修两大部分，基本工作主要包括正常运行工作、异常情况及事故处理、设备检修、系统运行分析、人员培训和技术资料管理等方面的内容。

7.1.1.1 正常运行工作

系统正常运行时,应按照日常运行要求完成系统的设备巡视、设备维护、运行记录、工作票受理及倒闸操作等工作,具体如下。

(1)设备巡视。按照系统规定的巡视周期和巡视项目,沿指定的巡视路线进行设备巡视和检查,通过有关测量仪表和显示装置及时掌握设备的运行情况,及时发现故障隐患,保证系统正常运行。

(2)设备维护。根据系统的运行环境和规定的维护周期及维护项目,组织人员进行场地清洁、设备清扫、绝缘子更换、带电测温和蓄电池维护等工作,并由专门技术人员负责对系统主要的电气设备进行日常维护,以保证系统运行的稳定、可靠。

(3)运行记录。按照系统规定的时间和应记录的项目,通过人工或自动装置对系统的运行数据、运行环境、调度指令和操作、施工检查、事故处理等运行情况进行记录。

(4)工作票受理。按照供电系统安全工作规程,值班员应负责审核工作票、核对及完成安全措施,并会同相关工作负责人对现场安全措施进行检查和工作许可(包括工作票延长、间断、转移的许可)等。在施工结束后会同工作负责人进行设备检查、工作验收,并办理工作票终结手续。

(5)倒闸操作。根据控制中心的调度命令和倒闸操作票,组织相关专职人员按要求进行倒闸操作及监护工作。

7.1.1.2 异常情况及事故处理

相较于设备的正常工作状态,设备在规定的外部条件下部分或全部失去工作能力的状态称为设备的异常状态,如变压器的负荷超出规程和设备能力范围内的正常过负荷数值、母线电压超出限定值、充气设备压力异常等现象。

运行事故是一种较为严重的异常状态,通常是系统发生故障造成设备部分损坏、引起系统运行异常、中止或部分中止对用户供电的非正常运行状态。在系统发生故障时,值班员应迅速、准确地判断和处理。在事故处理中应树立“安全第一”的工作思想,严格遵循“先通后复”和“先通一线”的抢修原则,在事故抢修的过程中应坚持电调与行调、环调密切配合,严格把控供电、行车、环控的基本条件。根据设备的技术条件和现场具体情况采取有效措施,合理调整运行方式,尽可能减少对行车的影响,及时安排故障抢修和处理时间,尽快恢复对接触网的供电和正常行车运行秩序。在允许的条件下尽力保证环控设备的运行,以保障城市轨道交通的服务质量。

【贴心服务窗】

“先通后复”就是以最快的速度设法先行通车,疏通线路,必要时采取迂回供电、越区供

电和降弓通过等措施，尽量缩短停电、中断行车的时间；随后，要尽快安排时间处理遗留工作，使接触网及早恢复正常技术状态。

"先通一线"就是在双线供电区段，除按上述"先通后复"的原则确定抢修方案外，要集中力量以最快的速度设法使一条线路先开通，尽快疏通列车。

电调、行调、环调、维调分别是指行车调度、电力设施设备调度、环控设备调度和维修调度。

7.1.1.3　设备检修

设备检修分为计划性检修和临时检修，以及设备的预防性试验。

1. 计划性检修

为防止设备出现性能劣化或精度降低，根据设备运转的周期和季节性等特点，预先制定设备的检修周期和检修内容，并根据技术要求和检修计划对设备进行相关的检修作业。计划性检修作业必须制订年度检修计划和月度检修计划，并根据制订好的检修计划执行检修作业。

2. 临时检修

根据专业设备的性能变化和实际运行状态，在系统发生事故跳闸或同类设备已发生重大事故时，应根据实际需要对相关设备进行临时性检修作业。

3. 预防性试验

预防性试验是为了暴露设备的内部缺陷、判断设备能否继续运行而对设备采取的预防性测试项目。对于各类电器设备预防性试验的周期和标准，应严格按照相关规程执行。

4. 系统的运行分析

系统的运行分析工作主要指针对设备运行、操作、异常情况及人员执行规章制度情况而进行的分析，以此总结系统运行规律、找出薄弱环节并及时发现问题，有针对性地制定安全防护措施，以防事故的发生。通过对系统运行状况进行分析，可以不断提高系统的安全性能和经济效能，逐步提升运行管理水平。

5. 人员培训

为了提高运行人员的技术和管理水平，供电系统管理部门应对相关工作人员进行作业安全和职业技术业务教育培训，并积极开展事故应急演练，不断提高值班人员的业务、技术和管理水平，提高运行人员的事故处理能力。

6. 技术资料管理

供电系统的运行检修工作应掌握和理解管理部门制定的各项管理规程、安全工作规程，以及各种技术图纸、资料，各类工作记录簿和指示图表等。为使工作有章可循，同时又便于积累资料进行运行分析，应完善并严格落实技术资料管理相关制度。

供电系统运行管理组织的总体要求是机构精简、管理层次少、职责分工明确。在供电系统的运行管理中，应设有各级运行与检修人员，分别负责不同的工作。一般在城市轨道交通

控制中心设置专门的电力调度人员（又称电力调度或电调人员）；在维修基地的供电管理部门设置技术管理人员、运行值班巡视人员和相关的检修试验人员，其中运行值班人员与检修试验人员可单独设置，也可由检修试验人员兼顾运行值班工作。

7.1.2 组织形式

对于供电系统管理组织形式，应结合供电系统点多、分散、距离短且有电力监控系统等特点，根据整体的管理水准、人员的综合素质、检修设备的工作量及检修单台设备所需的基本人数等实际情况做出选择。各环节人员基本的配置原则如下。

7.1.2.1 专业技术人员的配置原则

根据供电系统设计和设备可靠性及对运行要求的不同，变电所的运行值班可分为有人值班和无人值班两种方式。

根据供电系统的运行特点，可在每一专业配置至少1位专业工程师。如在系统管理运行中配置一次设备工程师、二次设备工程师、试验检测工程师、低压设备工程师、变电运行工程师、接触网运行工程、接触网检修工程师等专业技术人员至少各1位。

7.1.2.2 电力调度员的配置原则

变电所在未实行无人值班时，电调人员的配置可按每班1人值班来考虑；在实行无人值班后，由于变电所所有能够实行“四遥”功能的设备运行、操作及监控全部由电调员来完成，因此电调员不仅是系统运行和操作的指挥人，还是系统运行和操作的执行人，此时电调的值班制度应重新安排，当供电系统有操作任务时，须做到1人操作、另1人监护。

7.1.2.3 变电运行、检修人员的配置原则

若变电所采用有人值班方式，其运行值班可采用三班制或三班半制，每班至少配置2人，其中1人须是安全等级不低于3级的专职值班员，另1人为安全等级不低于2级的助理值班员。在只有2人值班时，专职值班员兼任值班负责人；值班人员超过2人且安全等级均符合要求时，可设1名值班负责人领导值班工作。

若变电所采用无人值班方式，可采用“无人值班、有人巡视”的形式。在系统运行初期，变电所的日常管理可实行分段管理，每一工班负责1个分段区域（一般是相邻4~6座车站区间内的所有变电所）的值班、巡视、日常维护、操作及事故处理等工作。每分段设置1名分段值班员在分段值班室值班，另设1~2名巡视人员。

在实际运行时，可根据具体情况分设运行值班人员和检修试验人员，也可由检修试验人员同时兼顾运行值班工作。在工班设置方面，可根据人员素质和设备的特性以及管理幅度不同，设置一次设备工班、二次设备工班、高压试验工班、低压设备工班、运行工班等，每一工班至少需设置1名工班长以及数名技术人员。

7.1.2.4　接触网运行、检修人员的配置原则

在供电系统实际运行中，接触网的运行值班、维修及应急抢险等工作人员并没有进行严格区分，接触网的运行、检修及应急抢险均可由接触网值班人员承担。接触网工班数量可按线路的长短来设置。根据接触网检修作业的特点，每个工班至少需要 8 名技工，每个值班时段的人员中应有至少 1 名安全等级不低于 4 级和至少 2 名安全等级不低于 3 级的值班员。

接触网运行状态的检测由接触网当值人员完成，可在城市轨道交通沿线设置接触网运行状态监察点，监察点的设置应满足能够在规定的时间内到达城市轨道交通正线的任何地点的要求。在系统正常运行时，接触网当值人员应分布在各监察点，负责运营期间接触网设备运行状态的监测和故障情况下现场联络及防护工作。

7.1.2.5　电力监控系统运行、检修人员的配置原则

根据实际需要，可专门设立电力监控工班，工班至少设置 1 名工班长及数名技工。也可根据电力系统与受控设备及站端设备的关系，将电力监控工班与二次设备工班合并，以起到减员增效的作用，但此时对工班人员的素质要求较高，需强化其业务和管理水平培训，使工班人员做到一专多能。

7.1.3　岗位职责

7.1.3.1　供电管理部门负责人的职责

（1）全面主持本部门的管理工作，完成分管工作；负责供电设备的运行、维修和事故处理工作，确保供电系统的安全、可靠运行。

（2）组织开展与供电设备有关的技术改进、科学研究工作，不断提高设备运营效率和质量。

（3）制定本部门年度方针目标和生产计划，组织实施供电系统设备运行、检修、改进、科研计划，以及为实现上述计划而进行物料采购、资金使用等计划申报工作。

（4）执行上级部门供电方针和相关指示，实施安全供电，完成生产任务，坚持“节约用电”的管理理念。

（5）组织制定有关规章制度、标准化文件、检修规程，并组织执行。

（6）协调各工班之间、本部门与其他部门之间的生产工作关系；检查下级安全、生产、运行、检修工作的执行及完成情况。

（7）控制生产过程中出现的指标偏差，确保公司工作总目标的实现。

（8）担当本部门的质量、安全生产的责任人。

7.1.3.2　专业技术管理人员的职责

（1）确保本专业设备的正常运行和人员的人身安全。

(2)组织实施本专业设备运行、维修和日常管理,并进行检查监督;组织实施本专业的故障处理;组织科研、技术改进的研究和实施工作,对本专业的故障处理进行技术支持。

(3)组织相关技术管理文件、规程的编写工作,提高维修质量和故障处理能力。

(4)编报本专业各种检修、材料、工具和培训计划。

(5)建立和检查本专业各种记录、台账、报表,向上级提供各种运行报表。

(6)接收上级指令,明确本专业的目标,并将目标细化到班组及责任人。

(7)提供良好的服务,接收各种检查和监督,认真整改不足。

(8)处理各种反馈信息,确保生产的正常开展,及时反馈各种信息。

(9)开展本专业技术改进、科研项目,使本专业设备不断完善。

7.1.3.3 工班长的职责

(1)工班长是整个工班在行政和业务上的领导人,接收行政上级的领导和专业工程师的业务指导,主持本班组的工作。

(2)根据部门下达的工作计划,编制检修工作计划,并负责组织实施。

(3)制定班组管理制度,并负责实施;督促全工班人员,并以身作则严格遵守有关规程和制度,发现问题及时处理,确保人员和设备安全。

(4)负责工班的工器具使用、保养和班前维修管理,及时提出工器具的补充和报废计划,做好班组的修旧利废组织工作,降低各种维修开支。

(5)负责管理班组备用材料,按程序领用和储备备品、备件,负责填写备品、备件使用报表,并上报有关部门。

(6)负责本班组的检修记录、用工记录、原材料消耗、能源消耗工作量的记录和统计工作;负责收集和上报各种票据作业单,按时完成工作总结,并负责填报各种报表。

(7)组织搞好班组的文明生产;审核班组人员的工作表现和工作能力,编制有关的培训计划,并在获准后负责具体实施。

(8)组织学习有关安全生产的文件和规程;组织进行事故预想演习;组织分析本工班的事故和事故苗子,并提出事故防范措施。

7.1.3.4 班员的职责

(1)在工班长的领导下,对所辖设备进行日常巡视、检查、维护、维修和抢修工作。

(2)熟悉所管辖范围内的设备及供电系统运行情况,并能根据技术标准、工作程序完成操作任务和生产任务。

(3)熟悉掌握所管辖设备的维护、保养方法和检修工艺。

(4)正确使用和维护工器具及测量仪表、仪器。

(5)严格执行各项规章制度和电气安全、技术规程,确保人员和设备安全。

(6)认真做好设备运行及维护、抢修工作的各项原始记录工作,认真填写各种工作票。

（7）积极主动参加各种培训，不断提高技术业务能力。

（8）督促操作者的正确作业、向工班长及各级反映工作情况、提出合理化建议和意见，参与工班的相关考评。

7.1.3.5　变电所值班员的职责

变电所值班员在值班时间内负责变电所设备的正确维护与安全运行，主要工作包括设备巡视及维护保养、表计监视和记录、倒闸操作、办理检修作业手续，以及事故、故障及缺陷的处理，整理资料并进行运行分析、清洁环境等内容。值班（巡视）员应做到“五熟”“三能”。

【知识加油站】

“五熟”是指熟悉本变电所的主接线和二次接线的原理及其布置和走向；熟悉本变电所电气设备型号、规格、工作原理、构造、性能、用途、检修标准、巡视项目、停运条件和装设位置；熟悉本区段继电保护和自动、远动装置及仪表等基本原理和装设位置；熟悉本岗位的各种规章、制度及标准化作业程序；熟悉本区段正常和应急运行方式、操作原则、操作卡片和事故处理原则。“三能”是指能分析、判断正常和异常运行情况；能及时发现并排除故障、缺陷；能掌握一般的维护、检修技能。

7.1.3.6　电力调度（电调）员的职责

（1）负责所辖范围内的供电生产工作，保证整个供电系统安全运行和连续供电。

（2）认真贯彻执行有关规章、制度、命令和上级指示。

（3）执行供电协议有关条文，负责与上级或同级供电部门间供电范围内的有关工作的协调与联系。

（4）执行供电系统的运行方式，制定故障下系统的紧急运行模式。

（5）对电调管辖范围内的设备在远程控制中心（Operation Control Center，OCC）直接进行远程设备启、停及运行方式转换等操作，对OCC不能进行遥控的设备，电调员负责编写操作票发令到变电所值班员进行当地操作。

（6）审核所管辖设备检修计划，根据批准的计划要求组织设备的检修和施工，并负责对施工安全进行把关，对施工过程进行监控。

（7）指挥供电系统事故处理，参加事故分析，制定系统安全运行的措施。

（8）负责对供电系统的电压调整、继电保护、安全自动装置等设备进行运行管理，执行继电保护及自动装置的运行、更改方案。

（9）收集整理本系统的运行资料并进行分析，总结交流调度运行工作经验，不断提高系统调度运行和管理水平。

7.1.4 安全工作规程及相关制度

供电系统管理部门除需掌握和理解国家、行业颁发的有关规程、制度、标准、规定、导则、条例外，还必须根据具体情况制定实际可行的管理制度，以便本部门各级人员在日常工作中有章可循，也便于积累资料和进行分析，从而提高各级人员的技术和管理水平。

7.1.4.1 变电所的规程和制度

变电所一般需建立、保存的规程和制度如下。

（1）电力工业技术管理法规。

（2）变电所安全工作规程。

（3）变压器运行规程。

（4）整流机组运行规程。

（5）电力电缆运行规程。

（6）蓄电池运行规程。

（7）电气测量仪表运行管理规程。

（8）电气事故处理规程。

（9）继电保护及安全自动装置运行管理规程。

（10）电气设备交接和预防性试验标准。

（11）供电系统电压和无功调整规定。

（12）变电所运行管理制度。

（13）电气装置安装施工及验收规范。

（14）各类事故的处理技术及措施。

变电所在制定以上规程和制度时，可根据具体情况将其单独成册，也可将若干相关的规程或制度进行合订。

7.1.4.2 变电所现场运行规程

在相关法规、规程、制度及标准规范的基础上，变电所应根据自身主接线形式及设备运行状况制定与之相适应的《现场运行规程》。《现场运行规程》的编制应在新变电所投运前完成，并在投运满一年时定稿。在运行过程中如有重要设备更换，应根据需要及时对《现场运行规程》进行修订。

1. 编制依据

《现场运行规程》的编制和修订主要依据以下相关内容。

（1）电力工业技术管理法规。

（2）供电行业中已成文的各种电气设备运行规程、安全工作规程和运行管理规程。

（3）本变电所一次主接线、保护配置等设计资料。

（4）本变电所各种设备技术性能、使用说明书等设备制造厂家提供的资料。

（5）与变电所或供电系统有调度业务联系的调度部门制定的调度规程。

（6）本单位运行实践经验。

2. 主要内容

（1）各级运行人员及运行管理人员的岗位职责。

（2）主要设备的性能、特点、正常和极限运行参数。

（3）设备和建筑物在运行中检查巡视、维护、调整的要点和注意事项。

（4）设备的操作程序。

（5）设备异常及事故情况的判断、处理和注意事项。

（6）安全作业、消防等相关规定。

3. 现场运行规程的修订

变电所的扩建和设备、线路的更改等工程完工后应组织人员对《现场运行规程》进行修改、补充。此外，正常运行的变电所也应定期组织对《现场运行规程》进行修订。修订的主要依据如下。

（1）运行分析报告中发现的原规程错漏或不足之处。

（2）反事故演习中发现的规程中不够明确的条款。

（3）事故分析中发现的错漏内容。

7.1.4.3　变电所运行管理制度

运行规程属于技术规程，变电所还需建立相应的管理规程或管理制度来制约相关人员在工作中的行为，以保证技术规程得到有效的执行。变电所中各工位的管理制度也不尽相同，具体如下。

1. 值班制度

（1）牵引变电所值班人员应接受电力调度的统一指挥，保证安全、可靠、不间断的供电，每班应不少于 2 人同时值班。

（2）值班人员应做到“五熟”“三能”，当班时应正确执行电力调度命令，按规定进行倒闸、办理工作票，并做好安全措施。

（3）严格执行有关规章、制度、细则、命令及指示，按规定及时、正确地填写各种运行记录和报表。

（4）按规定巡视设备，当发现设备缺陷、异常现象或发生事故时，应尽力妥善处理，并通过信息反馈渠道及时报告有关部门。

（5）管理好仪表、工具、安全用具、备品、钥匙及图纸资料，保持变电所内清洁卫生，搞好文明生产。

（6）不擅离职守，不做与当班无关的事情，不擅自互相替班、换班，特殊情况应经所长批准后方可变更。

（7）控制室应保持安静，未经允许非当班人员及检修人员不准进入控制室、高压室和设备区，其他人员进入变电所须按有关规定办理手续。

（8）接班前、值班中禁止饮酒，工作前应充分休息，以保证值班时精力充沛。

2. 交、接班制度

（1）交、接班必须按照规定的时间严肃、认真地进行。接班人员未到时，交班人员不得离岗；超过规定时间接班人员仍未到岗时，值班人员应报告所长或上级领导，直至做出安排。

（2）交、接班前，交班的值班负责人应组织交班人员进行本班工作小结，将交、接班事项填入运行日志。交班人员应提前 1 小时做好室内、外卫生及交班准备工作。

（3）交、接班应避开倒闸操作和办理工作票等时间，如遇到重要或紧急倒闸操作及处理事故等特殊情况，不得进行交、接班或暂停交、接班。只有倒闸完成或事故处理完毕，经电力调度和接班负责人同意后方可进行交、接班。在交、接班过程中发生事故或设备出现异常时，应暂停交、接班，但接班人员应主动协助处理。

（4）交、接班内容由交班负责人介绍，并由交、接班人员共同巡视检查。交、接班双方一致认为交、接班没问题后方可办理交接手续，即由接班负责人签字并宣告交、接班工作结束，然后转由接班人员开始执行值班任务。

（5）接班后，新接班的值班负责人应向电力调度中心报告交、接班情况，并根据设备运行、检修及气候变化情况向本班人员提出运行中的注意事项和事故预测等。

【知识加油站】

交、接班的主要内容如下。

（1）设备在交班时的运行方式，前一班的倒闸情况。

（2）前一班发生的事故和所发现的设备异常及处理情况。

（3）断路器跳闸情况，继电保护、自动、远动装置的运行及动作情况。

（4）设备变更和检修情况，尚未结束检修的设备，尚未恢复的熔断器，尚未拆除的接地线的地点、数目等。

（5）各种记录是否齐全，所记录的内容是否符合实际情况和有关规定。

（6）仪表、工具、安全用具、备品、钥匙、图纸资料等。

（7）已提报的计划检修项目。

（8）设备整洁、环境卫生、通信设备等方面的情况。

3. 巡视制度

值班人员应按照有关项目和要求，结合变电所设备运行情况，按规定的巡视路线进行巡视，巡视人员进行巡视时不得进行其他工作；单独巡视可由值班员进行，但严禁进入设备带电区域；各种巡视均应通知值班员或电调员，巡视结束后由巡视人员在运行日志上记录；巡视时发现缺陷要及时处理，并由值班员填写缺陷记录，应对缺陷进行检查并复查处理后的情

况是否符合运行要求。

4. 缺陷管理制度

为了更好地掌握设备的运行规律，保证设备处于良好的技术状态，做到防患于未然，同时确保设备安全运行，也为科学安排设备检修、校验和试验工作提供重要依据，变电所应建立完善的缺陷管理制度。

按照对供电安全构成的威胁程度，系统或设备缺陷可分为严重缺陷和一般缺陷。

（1）严重缺陷：对人员和设备有严重威胁，若不及时处理有可能造成运行事故的缺陷。

（2）一般缺陷：对运行虽有影响，但尚能使系统安全运行的缺陷。

有关人员在发现缺陷后，无论消除与否均应由运行值班人员在运行日志和缺陷记录簿中做好记录，并向有关领导汇报。对于严重缺陷，应及时组织人员消除或采取必要措施防止造成事故。对于一般缺陷，可列入设备检修计划中进行检修处理。

5. 运行分析制度

运行分析应包括以下内容。

（1）岗位分析：变电所应对各工作岗位的工作票、作业命令记录、倒闸操作记录及各项制度执行情况进行检查分析；统计倒闸操作正确率、办理工作票正确率、违章率，找出故障原因，并对发生违章的班组和个人提出改正措施。岗位分析应每月进行一次，特殊情况至少每季度进行一次。

（2）计量分析：分析系统的负荷运行情况，统计负荷率、最大小时功率和平均小时功率；统计受电量、供电量、自用电量、主变压器损耗、功率因数，分析判断电能电量与实际负荷是否相符；核算主变压器运行的经济效能，以确定系统是单台变压器运行还是多台变压器并联运行。一般在每日抄表后应进行一次日计量分析，每周或至少每半个月进行一次阶段计量分析。

（3）检修分析：分析检修计划的完成情况，对未完成或延长检修期限的原因做出说明；统计每台设备定期检修消耗的材料和工时；统计每月维护检修所消耗的材料费用。

（4）设备运行分析：对电气设备、继电保护设备、自动装置、远动装置和仪表等运行情况，事故、故障、异常现象进行分析。根据有关记录对投入运行以来出现的现象、有关操作、处理措施、恢复的情况等进行统计、分析，从中总结经验教训，以便有针对性地加强检修或进行技术改造。

6. 倒闸作业制度

（1）牵引供电系统的倒闸作业应有供电调度的命令。在供电调度发布倒闸作业命令后，值班员受令复诵，在供电调度确认无误后方可给予命令编号和批准时间。

（2）值班人员和供电调度应认真填写倒闸操作命令记录。对不需要供电调度下令的断路器和隔离开关的操作，倒闸完毕后要将倒闸时间、原因，操作人、监护人的姓名在值班日志中进行记录。

(3)倒闸操作必须 2 人进行,由助理值班员操作,值班员监护; 2 人必须穿绝缘靴,戴安全帽,直接操作人员还须戴绝缘手套。

(4)一般倒闸作业要按操作卡片内容进行,没有操作卡片的由值班员编写倒闸表并记入值班日志中。由供电调度下令的倒闸操作,其倒闸表应经过供电调度的审查同意。

(5)值班员接到倒闸命令后,先在模拟图上进行模拟操作,确认无误后再进行实际操作;操作中实行呼唤应答、手指眼看。

(6)遇到危及人身和设备安全的情况时,值班员可先断开有关断路器和隔离开关,然后再向供电调度报告原因、时间、地点并做好记录。合闸时必须有供电调度的命令方可进行。

(7)对供电调度的命令在操作中产生疑问时,不得擅自更改,必须向供电调度报告,在弄清缘由后方可进行操作。

7. 设备鉴定

设备完好是变电所安全运行的重要前提。在变电所运行中,应搞好设备的日常维护和检修,还应于每年年底对电气设备进行设备鉴定。

设备鉴定是根据设备在鉴定时的现状,以及在运行、检修中发现的缺陷和处理情况,并结合本周期的预防性试验结果进行综合分析,然后对设备质量进行等级评定。本年度新建或大修的设备可参照竣工验收时的质量评定结果,已封存或已列入年度大修计划但尚未修护的设备可不做鉴定,其他包括已经安装的设备或替修用的备用设备等所有设备均应进行鉴定。

7.1.4.4 接触网运行管理规程

管理部门应根据接触网实际运行的环境及特点,制定相应的运行管理制度,主要包括以下内容。

1. 接触网作业制度

接触网检修作业实行工作票制度,工作票按作业方式分为停电作业、远离作业两种形式。其中,停电作业的工作票主要适用于需要接触网停电的作业及距离接触网带电部分 1 m 范围内的作业;远离作业的工作票适用于距离带电体 1 m 及以外的高空作业和复杂的地面作业。

2. 交接班制度

接触网的检修、维护工作需要有安全等级不低于 3 级的人员昼夜值班,值班人员要认真填写接触网工段值班日志,及时传达和执行供电调度命令。

接触网工段值班人员要按时做好交、接班工作,交班人员应向接班人员描述设备运行情况及有关注意事项,并当面清点值班用品、用具。接班人员认真阅读前一工班的值班日志,在确认了解前一工班的工作情况并在值班日志上签字后方可完成交班。

3. 要令与消令制度

在接触网线路上进行停电作业或倒闸操作时均需有供电调度相关命令。各种供电调度

命令均应具备相应的编号和批准时间方可有效。要令和消令均应严格按照相关程序执行，要令和消令的时间以供电调度员通知的时间为准。

4. 开工会与收工会制度

接触网每次进行检修作业时必须由相关负责人主持举行开工会，检修作业完成时必须举行收工会，作业人员在检修作业期间应穿戴整齐并按操作规范进行作业。

5. 作业防护制度

接触网每次检修作业必须采取有效的防护措施，主要包括以下内容。

（1）在正线区间作业时，应在区间两端的车站设置闪烁的防护警示灯；在正线车站和车辆段作业时，在距离作业区域两端适当位置设置防护警示灯；必要时可设专人防护，其安全等级应不低于3级。

（2）由专人办理有关区间、车站的封闭手续；对可能有工程车运行的区段应在合适位置设置坐台防护人员，车辆段设在车厂调度室，区间作业室设在相邻车站站控室，车站作业室设在该站站控室。

6. 验电接地制度

接触网在进行停电作业前，必须先进行验电接地。验电接地应由2人执行，其中1人操作，另1人负责监护，操作人和监护人的安全等级分别不得低于2级和3级。

7. 倒闸作业制度

倒闸作业应由2人执行，其中1人操作，另1人负责监护，2人的安全等级均不得低于3级。所有隔离开关的倒闸作业必须根据供电调度命令进行，并按要求填写隔离开关倒闸命令票，按命令内容迅速完成倒闸操作。由其他部分负责倒闸的开关，在倒闸前应由操作人员向开关所在部门的值班员办理准许倒闸手续并按有关规定操作。

8. 自检互检制度

接触网检修作业必须执行自检互检制度，自检由直接操作人进行，互检由第2操作人或监护人进行。

9. 巡视作业制度

接触网工段应对管辖内设备进行定期和不定期的巡视，巡视人员的安全等级不低于3级。接触网步行巡视每半个月1次，夜间巡视应不少于每季度1次，乘车巡视每季度1次。昼间巡视可1人进行，夜间巡视不应少于2人。异常气象时或接电力调度命令后应按规定进行针对性巡视，对重点设备应进行重点巡视。

10. 设备分管制度

接触网工段应将管辖内设备作业进行分管，作业组应将主要设备交由作业组成员分管，做到人各有责、物各有主、管理到位。

11. 设备运行分析制度

对接触网各种参数和状况等运行情况及事故、故障、缺陷等异常状况，应根据有关记录对其出现的现象、处理的措施等情况进行统计、分析，从中总结经验教训，以便有针对性地加强维修或进行技术改造。

7.1.4.5　电力监控管理规程和制度

1. 安全及检查制度

电力监控系统工作人员的基本安全生产制度和作业记录是必须认真执行“三不动”“三不离”“三不放过”“三预想”“三懂三会”“三级检查制度”等安全措施，同时应严格按照城市轨道交通运营部门的有关安全规章制度执行。

三不动：未联系登记好不动，对设备性能、状态不清楚不动，未经授权的人员对正在使用的设备不动。

三不离：检查完不复查试验好不离开，发现故障不排除不离开，发现异状、异味、异声不查明不离开。

三不放过：事故原因分析不清不放过，没有防范措施不放过，事故责任者和其他人员没有受到教育不放过。

三预想：工作前预想练习、登记、检修设备、预防措施是否妥当，工作中预想有无漏检、漏修和只检不修造成妨害系统运行的可能，工作后预想是否检修都彻底及复查试验、加封加锁、消点手续是否完备。

三懂三会：懂设备结构会使用，懂设备性能会维修，懂设备原理会排除故障。

三级检查制度：部门每半年对管辖内主要设备检查一次；工班每季度对管辖内的主要设备检查一次；电力监控专业人员每月对管辖内的主要设备检查一次。各种检查完毕后均应有详细的设备运行记录。电力监控专业维修人员应严格按照维修操作规程进行维修作业，同时要遵守运营部门有关保密制度和规定。

2. 设备日常维护和巡视制度

电力监控部门应按照规定的时间、周期和项目，对全线电力监控设备进行检查和记录，相关规定如下。

（1）凡有计划对设备进行拆卸、更换、移位、测试等工作，需要中断设备使用时，应填写施工要点申请计划表并报生产调度，施工前应按调度命令在设备检查登记表中登记，经车站值班员同意并签认后，方可作业。在作业进行前应先告知电力监控值班员。

（2）临时对设备进行拆卸、更换、移位、测试等工作，必须在设备检查登记表上登记，经车站值班员同意并签认后，方可作业。若作业影响到相关专业设备，必须取得相关专业人员认可后，在相关专业人员的监护下方可作业。

（3）对于不松动电气节点、不拆断电气连线、不更换零配件和不分离机械设备的一般性检查，可不登记，但应加强与车站值班人员和电力监控值班人员的联系。

（4）在进行检修作业时必须按要求做好联系、清点和登记工作。

3. 设备故障处理制度

（1）为迅速进行事故处理，同时便于电力监控设备的管理及考核，电力监控部门应建立完善的故障受理制度。电力监控检修人员应从生产调度处受理电力监控系统故障，故障受理要按要求填写故障受理表格。

（2）电力监控设备发生故障时，有关维修人员应及时准确判明故障位置、故障原因，积极组织修复，把故障时间及影响控制在最小范围内，若短时间内无法修复应及时上报。

（3）故障处理的时限为应在接到故障报告时的当班内赶到现场。如果是仅需在线维修的设备，应在当班内维修完成，当班完成不了的应报维修中心生产调度，并做好现场保护措施和下一步的维修计划。对于必须离线维修的设备，在设备离线前，应做好设备更换，经复查、检验以及运行恢复正常后，才离开现场，离线设备的维修应有计划和维修期限。

（4）维修人员在故障处理完毕后，应对维修现场进行清理，恢复到原来的状态并及时消点，及时填写故障处理台账，记录故障情况及处理时间、结果，归档备查。

（5）由电力监控班组对维修情况做核查，确保维修质量，严格执行事后检查制度。

（6）故障处理时不能影响接口专业的运作，涉及接口的维修应先与其他专业协调，在其他专业监护下进行。故障处理要按程序进行，做到时间清、原因清、地点清，即“三清”。电力监控部门对维护班组按月考核其“三清”率。

模块 7.1 同步练习

模块 7.2　供电系统事故处理方法

在供电系统中，所有因工作失误、设备状态不良或自然灾害引起的供电设备破损、中断供电及其他严重威胁供电安全的现象均称为供电事故。运行人员应保证供电系统正常运行，尽量减少和避免事故的发生，而一旦发生事故，应以最快的速度进行处理，将事故的影响控制在最小范围内。

本模块通过介绍供电事故处理基本原则、处理程序及抢修方法等相关知识，结合对典型事故的剖析，并通过供电事故应急处理模拟演练，使学生掌握供电事故处理的基本技能。

【学习目标】

(1)掌握供电事故处理基本原则。

(2)掌握供电事故处理处理程序。

(3)掌握供电事故处理抢修方法。

(4)掌握供电事故处理的基本技能。

【知识储备】

7.2.1 供电事故处理的基本原则

供电事故处理的基本原则如下。

(1)发现供电事故应尽快向电力调度部门报告。当发现供电事故时,现场值班员或事故发现人应按照规定进行现场防护,并在力所能及的范围内积极采取有效措施,防止事故扩大和蔓延,减少事故损失。

(2)供电事故的抢修要遵循"先通后复"和"先通一线"的原则,尽快疏通列车、恢复通行。事故范围较小、抢修时间不长且无须分层作业时,应抓紧时间一次抢修完毕,恢复供电和行车。

(3)事故抢修可以不要工作票,但必须有电力调度命令,并按规定办理作业手续,做好安全防护措施。

(4)事故抢修工作必须明确指挥,一般由抢修工作的领导人负责现场指挥。当有几个作业组同时进行抢修作业时,必须指定 1 人为现场总指挥,来负责各作业组之间的协调配合。同时应指定专人与电力调度保持联系,及时汇报抢修工作进度、情况等,并将电力调度和上级指示、命令迅速传达给事故抢修的指挥者。

(5)对于因事故停电的电气设备,在未断开有关断路器和隔离开关并按规定做好安全防护措施前,禁止人员进入相关设备区,更不能触碰停电设备,以防突然来电对人员造成伤害。对于无人值班变电所,在已派出人员到现场巡查后,电力调度在未与现场人员取得联系前不得对停电设备重新送电。

(6)在对威胁人身和设备安全的设备停电、对已损坏的设备进行隔离以及变电所恢复用电等情况下,当值人员可不经电力调度许可而自行操作,可先操作后汇报。

7.2.2 供电事故的抢修

7.2.2.1 事故抢修的组织指挥

1. 事故的处理程序

城市轨道交通系统的所有员工,无论何时发现接触网有异状或发生事故,均应立即设法

报告控制中心的电力调度,并尽可能详细说明异状或事故的范围和破坏情况,必要时可在事故地点设置相应的防护措施。

控制中心的电力调度在得知事故信息后,应通过各种方式迅速判明事故地点和具体情况,尽可能详细地掌握设备损坏程度,并立即通知维修调度,维修调度应立即启动事故处理程序,积极组织对事故点的定位查找和抢修工作,在最短时间内修复设备、恢复运营。供电系统事故处理的一般流程如图 7-2-1 所示。

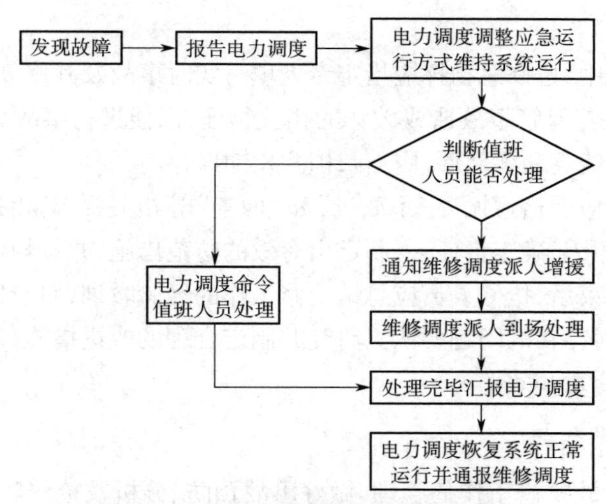

图 7-2-1　供电系统事故处理的一般流程

2. 事故抢修组织

1)抢修人员的组织

抢修人员在接到抢修命令后,应立即紧急集合所有当班人员,组成抢修组,并按内部分工带齐抢修器具和材料,在规定时间内赶到事故现场。

如果事故范围较大、设备损坏较为严重,且需技术和人力支援时,应及时调动有关技术人员赶赴现场。事故现场应有相关领导组织指挥抢修,以便及时解决问题。

对需要连续作业且预计抢修时间较长的事故进行抢修时,应调动足够的人员轮换作业。

2)抢修前的准备工作

抢修人员到达事故现场后,抢修总指挥应组织人员全面了解事故范围和设备损坏情况,果断、快速地确定抢修方案,并尽快报告电力调度。

同时,根据掌握的事故范围和设备损坏情况,确定抢修人员的分工、作业项目与次序,明确相互配合环节,预制和预配抢修用零部件,检查抢修作业机具和材料的技术状态并清点数量。

3. 现场指挥

指挥人员的判断、决策,对人员分工安排及调配,作业次序的安排及各环节的配合等,对供电事故的抢修速度有着重要影响。为尽快解决事故、恢复运营,应根据事故具体情况及抢修作业的进展情况，在确保供电及行车安全的前提下采取一些必要的临时开通技术措施，以达到“先通后复”的目的。

所有参加事故抢修的人员都必须服从抢修总指挥的领导，各级领导的指示应通过电力调度下达，并由抢修总指挥集中组织实施。遇到大型综合性事故，如同时伴随线路、信号、电缆及机电设备的综合性事故，在进行事故处理时，抢修人员应具有大局观念，服从指挥，同时要与其他专业抢修组及时联系、密切配合。

7.2.2.2 事故分析

在事故抢修过程中，抢修总指挥应指定专人填写实时事故及其修复情况，包括必要的照片、录像等，收集并妥善保管事故造成破坏的相关物证，以便进行事故分析。对于典型事故的照片、报告、损坏的线头和零部件，应当归档并长期保存。

事故的调查分析应严格遵循“三不放过”和“四查”等相关要求，相关负责人应积极组织人员认真调查，明确原因，确定责任人，制定出有效的防范措施，并按规定填写事故报告向有关部门上报。抢修结束后，抢修人员应总结抢修工作的经验教训，对抢修中采取的先进方法和机具应及时推广，对存在的问题要认真研究并制定合理的改进措施，以不断完善抢修的组织和方法，提高抢修质量和效率。

7.2.2.3 建立健全抢修组织

为了加强供电事故抢修工作的管理，做好事故预防、分析及抢修队伍梯队建设，供电系统主管部门应建立健全各级人员的供电事故责任制度。各级事故抢修领导必须贯彻执行有关规章制度，并按规定对管辖内各项工作进行督查，不断提高抢修队伍的整体素质和服务水平。

供电系统主管部门应成立供电事故领导小组，由指定的负责人任组长，组员应包括技术、安全、材料、调度等各部门相关人员。事故抢修的具体工作由抢修组承担。各工班须建立抢修组，由工班长任组长，以熟练技工作为骨干，明确分工、责任到人。抢修时抢修组各成员应佩戴明显标志。

7.2.3 典型供电事故剖析

7.2.3.1 变电所全所失压事故处理

1. 事故现象

变电所各级母线均无电压的情况称为全所失压，主要现象如下。

(1)交流照明全部熄灭，仅由蓄电池供电的应急照明灯亮。

(2)各母线电压表、电流表、功率表等均无指示。

(3)继电保护装置发出交流电压断线信号。

(4)运行中的变压器无任何声响。

2. 事故原因

（1）若变电所发生母线故障或出线故障而导致该变电所各电源进线跳闸，由此将造成变电所全所失压。

（2）在双电源变电所中，若其中一路电源停电或处于备用状态，则当另一路电源失压时也将造成变电所全所失压。

3. 处理原则

（1）迅速利用尚能工作的应急照明和变电所便携光源检查变电所内的事故情况，包括表计指示情况、保护装置是否动作、所内一次设备的失压状况等，并及时将事故状况上报电力调度。

（2）若确定是变电所内设备故障导致全所失压，则应上报电力调度后按电力调度的指示或现场规程处理。若变电所线路发生短路，而相应的断路器又未能跳闸，此时应第一时间将对应的进线电源断路器断开，以防止事故范围扩大。

（3）若确定不是变电所内故障导致全所失压，则应上报电力调度后等候指示，未经许可不得在设备上进行操作。

（4）若长时间未恢复供电，则应将不是十分重要的直流负荷断开，以免蓄电池过度放电。若事故发生在牵引变电所，因其使用电保持型直流开关，可断开所有直流开关。

（5）若事故伴随通信故障，常规的通信手段已不能使用，应利用电信电话或移动电话等与电力调度取得联系。

（6）若因变电所设备故障引发变电所电源进线失压，应将故障设备进行有效的电气隔离，并确认不会再危及供电安全后，方可恢复对该变电所的供电。

7.2.3.2　油浸式变压器的事故处理

主变电所的主变压器多采用油浸式变压器，是主变电所的重要设备。除变压器自身质量原因外，操作不当、检修质量不良、设备缺陷未及时消除等原因均会造成油浸式变压器事故。应根据主变压器出现的不同的事故现象，采取不同的事故处理措施。

1. 有异常音响

应根据运行经验，仔细辨析变压器的异常音响，找出变压器音响异常的原因，检查变压器的运行状态及其他异常现象，及时采取相应的检修和防护措施消除异常。

（1）变压器零件松动、附件振动或撞击外壳产生杂音。例如，穿控制线的软管与外壳或散热器撞击，起吊环的穿杆、温度计、通风电机及其扇叶、气体继电器中间端子盒等附件的颤动，都会产生异常音响。如此时变压器各部件仍能正常运行，各表计的指示也符合运行规定，则变电所值班人员应加强巡视，若异常音响频繁出现，应请求上级部门将发生内部异音的变压器停止运行并吊芯检查。

（2）变压器内部接触不良或短路产生放电。当变压器运行时出现“噼啪”声或“嗤嗤”声并伴随变压器油局部沸腾的“咕噜”声，同时出现轻瓦斯动作信号时或变压器油色明显加深等现象时,值班人员应采取措施并进行必要的检查,可立即进行红外线测温及用超声波探测局部放电,以确定是否存在局部过热现象。经检查分析确认有异常时,应立即上报要求停止运行,并进行吊芯检查。

(3)外部放电引发音响异常。在雨、雾、雪等恶劣天气条件下,因套管电晕放电或辉光放电及连线接触不良放电而产生“嘶嘶”声或“嗤嗤”声时,值班巡视人员应及时查明情况,并向电力调度提出停电申请,将变压器解列进行清扫及紧固处理,在未处理前应密切关注放电现象的变化和发展。

2. 油温急剧升高

当变压器油温超过限定值时,值班员应检查变压器负荷和温度,检查油温温度计运行状况是否正常,并检查冷却装置及通风情况,若未发现异常,应增加巡视次数,密切监视变压器的负荷和温度变化。若发现变压器油温高出正常值 10 ℃以上仍继续上升,或油温已达 75 ℃以上(含 75 ℃)超过 20 min 时,一般可判定变压器内部发生故障。若油温持续升高,油色变深,应及时停止运行并等待检查。

3. 油位异常

若变压器油温变化正常,而油标管内油位不变或变化异常,则应考虑是否是由于油标管、吸湿器、防爆管的气孔堵塞而造成的假油面,此时不应加油或放油,而应采取进一步的检查和处理措施。

若变压器油温变化显著,随之出现油枕油位过高或过低后,均应及时通知检修人员加油或放油。若由于渗、漏油严重而使油位过低,则在加油的同时应采取防渗、堵漏措施。若因气温骤降、变压器油位已低至不可见时,值班人员在处理前应适当关闭部分散热器,以免油温降得过快而暴露线圈。

7.2.3.3 GIS 开关柜的事故处理

1. 六氟化硫气体微量泄漏事故的处理

在日常巡视检查、维护中,若 GIS 开关柜表计显示异常、表压下降,同时伴有刺激性气味或不适感,应立即向值班负责人报告,并按以下步骤检查处理。

(1)根据压力表及气路系统确认气室。

(2)以发泡液法或采用气体检漏仪查找漏气部分。

(3)检查压力表的可靠性,检查压力表阀门是否开启。

(4)经检漏,确认有微量气体泄漏的,应将情况上报电力调度和值班室,同时加强监视,增加抄表次数。

2. 压力异常报警的处理

若在 GIS 开关柜运行时“压力异常”光字牌亮起、警铃声响,此时应记录事故发生的时间并复位音响,到达现场后按以下步骤进行检查处理。

(1)根据现场控制屏上信号继电器的掉牌情况及压力表的读数,确认漏气气室。

（2）对漏气气室进行外表检查，注意有无异响、异味，并记录压力表读数和相应的环境温度、负荷情况。

（3）将检查结果报有关部门及调度，同时加强对开关柜的监视。

（4）若泄漏情况严重，则应根据当时的运行方式立即切断有关开关断路器，事后报告电力调度。

3. 压力异常的闭锁操作

若在 GIS 开关柜运行时“压力异常”和“压力闭锁”光字牌亮起、警铃声响，则表明该开关柜的间隔断路器气室发生较为严重的气体泄漏事故，此时应记录事故发生的时间并复位音响，到达现场后按以下步骤检查处理。

（1）在现场控制屏及断路器的操动机构箱上确认信号继电器掉牌情况及压力表的读数，以此确认漏气气室。

（2）对漏气气室进行外表检查，注意有无异响、异味，并记录压力表读数和相应的环境温度、负荷情况。

（3）拉开断路器电源，并将断路器锁定在合闸位置，但此时不能拉开回路信号电源。

（4）加强对开关柜的检测，若在现场发现有大量气体泄漏，则应根据当时的运行方式，立即拉开开关柜电源，事后报告电力调度及值班室。

4. 设备解体时的安全防护

在 GIS 开关柜解体前，应对设备内的六氟化硫气体进行必要的分析和测定，根据其中有毒气体的含量，采取相应的安全防护措施。安全防护措施应纳入设备解体工作方案中。具体的安全防护措施如下。

（1）在设备解体前，用回收净化装置对六氟化硫气体进行净化，并对设备进行抽真空处理。在用氮气冲洗 3 次后，方可进行设备解体检修。

（2）在设备解体时，检修人员应穿戴防护服及防毒面具。当设备封盖打开后，应暂时撤离现场 30 min。

（3）在取出吸附剂、清洗金属和绝缘零部件时，检修人员应穿戴全套的安全防护用具，并用吸尘器和毛刷清除粉末。

（4）将清理出的吸附剂、金属粉末等废物放入酸性或碱性溶液中进行处理，处理至中性后，进行深埋处理，埋入地下深度应大于 0.8 m，地点应选择在野外偏远地区或下水处。

（5）六氟化硫气体设备解体检修需要密闭、低沉降的净化场地，并具有良好的地沟电力通风排气设施。通风排气口应设在场地底部，应保证 15 min 内换气一次。

（6）在解体工作结束后，工作人员应及时洗澡，并将使用过的防护用具清洗干净。

5. 处理紧急事故时的安全防护

当开关柜内防爆膜破裂或其他原因造成大量的六氟化硫气体泄漏时，应立即上报上级主管部门，并积极采取有效的紧急防护措施，具体如下。

（1）室内紧急事故发生后，应立即开启全部通风系统，工作人员根据事故严重程度，采取相应的防护措施。工作人员在佩戴防毒面具或氧气呼吸器后，方可进入现场进行处理。

（2）若发生防爆膜破裂事故，应及时停电并进行处理。防爆膜破裂喷出的粉末应用吸尘器或毛刷清理干净。

（3）事故处理后，工作人员应及时洗澡，并将使用过的防护用具清洗干净。

（4）六氟化硫气体中混合的其他有毒气体及设备内产生的粉尘等对人体呼吸系统及黏膜等具有一定的危害，会造成人员中毒。一般中毒后会出现不同程度的流泪、打喷嚏、流鼻涕、鼻腔咽喉有热辣感、声音嘶哑、咳嗽、头晕、恶心和胸闷等现象。当有人员发生中毒症状时，应迅速将其移至空气新鲜处并及时进行救治。若中毒症状较为严重，应及时送医治疗。

（5）电力调度主管部门应与有关医疗单位联系，制定可能发生中毒事故的处理方案并配备药品，以便发生中毒事故时中毒人员能够及时得到有效救治。

7.2.3.4　隔离开关的事故处理

隔离开关在供电系统中，尤其在牵引供电网络中使用较多，一般每个牵引变电所的馈出线上会装有 6 台隔离开关。一段 17~18 km 的接触网通常会安装 80 余台隔离开关。

1. 隔离开关故障的影响

隔离开关常见的故障有操动机构、主闸刀、支柱绝缘子、接地闸刀等部件损坏造成的隔离开关工作状态不良或无法工作。隔离开关的故障会严重影响供电系统的正常运行，有时甚至会造成严重的后果，其中常见的影响如下。

（1）隔离开关的支柱绝缘子损坏，使接触网对地短路，从而造成变电所跳闸和部分接触网停电，影响城市轨道交通的正常运行。

（2）隔离开关引线松脱，可能侵入建筑限界，引起刮弓现象，导致事故扩大，影响机车正常运行。

（3）隔离开关闸刀与触头接触不良，可能会烧毁闸刀，造成部分接触网停电。

（4）接地刀闸事故可能引起接触网无法供电，容易烧坏隔离开关或引起变电所跳闸，造成部分接触网停电。

（5）电动操动机构故障致使隔离开关无法操作，电力监控系统无法进行远动操作与实时监控，使电力调度无法根据需要来完成倒闸操作，影响供电系统的正常运行管理。

2. 事故原因分析

造成隔离开关事故的原因主要有以下几个方面。

（1）隔离开关的支柱绝缘子破损或脏污造成隔离开关的闪络击穿。

（2）主刀闸合闸后，主触头接触不良或未接触，造成主触头烧坏，进而造成隔离开关损坏。

（3）隔离开关与设备线夹接触不良，烧坏引线或线夹；线夹与隔离开关接触不良，烧毁线夹或隔离开关触头。

（4）隔离开关引线与接触线上的供电线夹接触不良，造成引线或接触线烧断，或供电线夹安装不端正而被受电弓打掉造成引线脱落。

（5）隔离开关引线安装不牢固、绑扎带老化脱落、短路事故时的电动力使绑扎带脱落等原因引起隔离开关引线松脱，拉坏接触网设备、线夹、支柱绝缘子，甚至对地短路而引起变电所跳闸。

（6）接地刀闸与主刀闸的连锁机构损坏，致使隔离开关烧坏。

（7）电动操作箱内的接线端子或继电器出现松动或接触不良，或因其他原因导致隔离开关的信息不能上传到控制中心，控制中心无法对其进行监控和远动操作。

3. 事故处理方法

根据隔离开关损坏的严重程度及事故范围的大小，其事故处理方法分为以下两种。

（1）将损坏的隔离开关解列退出运行。当隔离开关严重损坏、事故范围较大，短时间内难以修复时，为了节省时间、减小对系统运行的影响，通常采用此方法。

（2）用新隔离开关替换故障开关进行恢复性抢修。仅隔离开关发生故障、事故范围较小，或事故抢修时间紧迫而隔离开关一时难以修复时，可采用此方法。

模块 7.2 同步练习

附　　录

附录　技术数据

附表 1-1　橡皮绝缘导线明敷时的载流量（Q_e=65 ℃）　　（A）

截面/mm²	BLX、BLXF 铝芯				BX、BXF 铜芯			
	25 ℃	30 ℃	35 ℃	40 ℃	25 ℃	30 ℃	35 ℃	40 ℃
1	—	—	—	—	21	19	18	16
1.5	—	—	—	—	27	25	23	21
2.5	27	25	23	21	35	32	30	27
4	35	32	30	27	45	42	38	35
6	45	42	38	35	58	54	50	45
10	65	60	56	51	85	79	73	67
16	85	79	73	67	110	102	95	87
25	110	102	95	87	145	135	125	114
35	138	129	119	109	180	168	155	142
50	175	163	151	138	230	215	198	181
70	220	206	190	174	285	266	246	225
95	265	247	229	209	345	322	298	272
120	310	289	268	245	400	374	346	316
150	360	336	311	284	470	439	406	371
185	420	392	363	332	540	504	467	427
240	510	476	441	403	660	617	570	522

附表 1-2　橡皮绝缘电线穿硬塑料管(PVC)在空气中敷设时的载流量(Q_e =65 ℃)　　（A）

截面 /mm²		两根单芯				三根单芯				四根单芯			
		25 ℃	30 ℃	35 ℃	40 ℃	25 ℃	30 ℃	35 ℃	40 ℃	25 ℃	30 ℃	35 ℃	40 ℃
BLX、BLXF铝芯	2.5	19	17	16	15	17	15	14	13	15	14	12	11
	4	25	23	21	19	23	21	19	18	20	18	17	15
	6	33	30	28	26	29	27	25	22	26	24	22	20
	10	44	41	38	34	40	37	34	31	35	32	30	27
	16	58	54	50	45	52	48	44	41	46	43	39	36
	25	77	71	66	60	68	63	58	53	60	56	51	47
	35	95	88	82	75	84	78	72	66	74	69	64	58
	50	120	112	103	94	108	100	93	85	95	88	82	75
	70	153	143	132	121	135	126	116	106	120	112	103	94
	95	184	172	159	145	165	154	142	130	150	140	129	118
	120	210	196	181	166	190	177	164	150	170	158	147	134
	150	250	233	216	197	227	212	196	179	205	191	177	162
	185	282	263	243	223	255	238	220	201	232	216	200	183
BX、BXF铜芯	1	13	12	11	10	12	11	10	9	11	10	9	8
	1.5	17	15	14	13	16	14	13	12	14	13	12	11
	2.5	25	23	21	19	22	20	19	17	20	18	17	15
	4	33	30	28	26	30	28	25	23	26	24	22	20
	6	43	40	37	34	38	35	32	30	34	31	29	26
	10	59	55	51	46	52	48	44	41	46	43	39	36
	16	76	71	65	60	68	63	58	53	60	56	51	47
	25	100	93	86	79	90	84	77	71	80	74	69	63
	35	125	116	108	98	110	102	95	87	98	91	84	77
	50	160	149	138	126	140	130	121	110	123	115	106	97
	70	195	182	168	154	175	163	151	138	155	144	134	122
	95	240	224	207	189	215	201	185	170	195	182	168	154
	120	278	259	240	219	250	233	216	197	227	212	196	179
	150	320	299	276	253	290	271	250	229	265	247	229	209
	185	360	336	311	284	330	308	285	261	300	280	259	237

附表 1-3　橡皮绝缘电线穿钢管在空气中敷设时的载流量（Q_e=65 ℃）　　（A）

截面/mm²		两根单芯				三根单芯				四根单芯			
		25 ℃	30 ℃	35 ℃	40 ℃	25 ℃	30 ℃	35 ℃	40 ℃	25 ℃	30 ℃	35 ℃	40 ℃
BLX、BLXF 铝芯	2.5	21	19	18	16	19	17	16	15	16	14	13	12
	4	28	26	24	22	25	23	21	19	23	21	19	18
	6	37	34	32	29	34	31	29	26	30	28	25	23
	10	52	48	44	41	46	43	39	36	40	37	34	31
	16	66	61	57	52	59	55	51	46	52	48	44	41
	25	86	80	74	68	76	71	65	60	68	63	58	53
	35	106	99	91	83	94	87	81	74	83	77	71	65
	50	133	124	115	105	118	110	102	93	105	98	90	83
	70	165	154	142	130	150	140	129	118	133	124	115	105
	95	200	187	173	158	180	168	155	142	160	149	138	126
	120	230	215	198	181	210	196	181	166	190	177	164	150
	150	260	243	224	205	240	224	207	189	220	205	190	174
	185	295	275	255	233	270	252	233	213	250	233	216	197
BX、BXF 铜芯	1	15	14	12	11	14	13	12	11	12	11	10	9
	1.5	20	18	17	15	18	16	15	14	17	15	14	13
	2.5	28	26	24	22	25	23	21	19	23	21	19	18
	4	37	34	32	29	33	30	28	26	30	28	25	23
	6	49	45	42	38	43	40	37	34	39	36	33	30
	10	68	63	58	53	60	56	51	47	53	49	45	41
	16	86	80	74	68	77	71	66	60	69	64	59	54
	25	113	105	97	89	100	93	86	79	90	84	77	71
	35	140	130	121	110	122	114	105	96	110	102	95	87
	50	175	163	151	138	154	143	133	121	137	128	118	108
	70	215	201	185	170	193	180	166	152	173	161	149	136
	95	260	243	224	205	235	219	203	185	210	196	181	166
	120	300	280	259	237	270	252	233	213	245	229	211	193
	150	340	317	294	268	310	289	268	245	280	261	242	221
	185	385	359	333	304	355	331	307	280	320	299	276	253

注：目前 BLXF 铝芯线只生产 2.5~185 mm²，BXF 铜芯线只生产≤ 95 mm² 的规格。

附表 1-4　聚氯乙烯绝缘电线明敷时的载流量（Q_e=65 ℃）　（A）

截面 /mm²	BLV 铝芯				BV、BVR 铜芯			
	25 ℃	30 ℃	35 ℃	40 ℃	25 ℃	30 ℃	35 ℃	40 ℃
1	—	—	—	—	19	17	16	15
1.5	18	16	15	14	24	22	20	18
2.5	25	23	21	19	32	29	27	25
4	32	29	27	25	42	39	36	33
6	42	39	36	33	55	51	47	43
10	59	55	51	46	75	70	64	59
16	80	74	69	63	105	98	90	83
25	105	98	90	83	138	129	119	109
35	130	121	112	102	170	158	147	134
50	165	154	142	130	215	201	185	170
70	205	191	177	162	265	247	229	209
95	250	233	216	197	325	303	281	257
120	285	266	246	225	375	350	324	296
150	325	303	281	257	430	402	371	340
185	380	355	328	300	490	458	423	387

附表 1-5　聚氯乙烯绝缘电线穿硬塑料管（PVC）在空气中敷设时的载流量（Q_e=65 ℃）　（A）

截面 /mm²		两根单芯				三根单芯				四根单芯			
		25 ℃	30 ℃	35 ℃	40 ℃	25 ℃	30 ℃	35 ℃	40 ℃	25 ℃	30 ℃	35 ℃	40 ℃
BLV 铝芯	2.5	18	16	15	14	16	14	13	12	14	13	12	11
	4	24	22	20	18	22	20	19	17	19	17	16	15
	6	31	28	26	24	27	25	23	21	25	23	21	19
	10	42	39	36	33	38	35	32	30	33	30	28	26
	16	55	51	47	43	49	45	42	38	44	41	38	34
	25	73	68	63	57	65	60	56	51	57	53	49	45
	35	90	84	77	71	80	74	69	63	70	65	60	55
	50	114	106	98	90	102	95	88	80	90	84	77	71
	70	145	135	125	114	130	121	112	102	115	107	99	90
	95	175	163	151	138	158	147	136	124	140	130	121	110
	120	200	187	173	158	180	168	155	142	160	149	138	126
	150	230	215	198	181	207	193	179	163	185	172	160	146
	185	265	247	229	209	235	219	203	185	212	198	183	167

续表

截面/mm²		两根单芯				三根单芯				四根单芯			
		25 ℃	30 ℃	35 ℃	40 ℃	25 ℃	30 ℃	35 ℃	40 ℃	25 ℃	30 ℃	35 ℃	40 ℃
BV铜芯	1	12	11	10	9	11	10	9	8	10	9	8	7
	1.5	16	14	13	12	15	14	12	11	13	12	11	10
	2.5	24	22	20	18	21	19	18	16	19	17	16	15
	4	31	28	26	24	28	26	24	22	25	23	21	18
	6	41	38	35	32	36	33	31	28	32	29	27	25
	10	56	52	48	44	49	45	42	38	44	41	38	34
	16	72	67	62	56	65	60	56	51	57	53	49	45
	25	95	88	82	75	85	79	73	67	75	70	64	59
	35	120	112	103	94	105	98	90	83	93	86	80	73
	50	150	140	129	118	132	123	114	104	117	109	101	92
	70	185	172	160	146	167	156	144	130	148	138	128	117
	95	230	215	198	181	205	191	177	162	185	172	160	146
	120	270	252	233	213	240	224	207	189	215	201	185	172
	150	305	285	263	241	275	257	237	217	250	233	216	197
	185	355	331	307	280	310	289	268	245	280	261	242	221

附表 1-6 聚氯乙烯绝缘电线穿钢管在空气中敷设时的载流量（Q_e=65 ℃） （A）

截面/mm²		两根单芯				三根单芯				四根单芯			
		25 ℃	30 ℃	35 ℃	40 ℃	25 ℃	30 ℃	35 ℃	40 ℃	25 ℃	30 ℃	35 ℃	40 ℃
BLV铝芯	2.5	20	18	17	15	18	16	15	14	15	14	12	11
	4	27	25	23	21	24	22	20	18	22	20	19	17
	6	35	32	30	27	32	29	27	25	28	26	24	22
	10	49	45	42	38	44	41	38	34	38	35	32	30
	16	63	58	54	49	56	52	48	44	50	46	43	39
	25	80	74	69	63	70	65	60	55	65	60	50	51
	35	100	93	86	79	90	84	77	71	80	74	69	63
	50	125	116	108	98	110	102	95	87	100	93	86	79
	70	155	144	134	122	143	133	123	113	127	118	109	100
	95	190	177	164	150	170	158	147	134	152	142	131	120
	120	220	205	190	174	195	182	168	154	172	160	148	136
	150	250	233	216	197	225	210	194	177	200	187	173	158
	185	285	266	246	225	255	238	220	201	230	215	198	181

续表

截面/mm²		两根单芯 25 ℃	两根单芯 30 ℃	两根单芯 35 ℃	两根单芯 40 ℃	三根单芯 25 ℃	三根单芯 30 ℃	三根单芯 35 ℃	三根单芯 40 ℃	四根单芯 25 ℃	四根单芯 30 ℃	四根单芯 35 ℃	四根单芯 40 ℃
BV铜芯	1	14	13	12	11	13	12	11	10	11	10	9	8
	1.5	19	17	16	15	17	15	14	13	16	14	13	12
	2.5	26	24	22	20	24	22	20	18	22	20	19	17
	4	35	32	30	27	31	28	26	24	28	26	24	22
	6	47	43	40	37	41	38	35	32	37	34	32	29
	10	65	60	56	51	57	53	49	45	50	46	43	39
	16	82	76	70	64	73	68	63	57	65	60	56	51
	25	107	100	92	84	95	88	82	75	85	79	73	67
	35	133	124	115	105	115	107	99	90	105	98	90	83
	50	165	154	142	130	146	136	126	115	130	121	112	102
	70	205	191	177	162	183	171	158	144	165	154	142	130
	95	250	233	216	197	225	210	194	177	200	187	173	158
	120	290	271	250	229	260	243	224	205	230	215	198	181
	150	330	308	285	261	300	280	259	237	265	247	229	209
	185	380	355	328	300	340	317	294	268	300	280	259	237

附表 1-7 塑料绝缘软线、塑料绝缘护套线明敷时的载流量(Q_e =65 ℃) (A)

截 面/mm²		单芯 25 ℃	单芯 30 ℃	单芯 35 ℃	单芯 40 ℃	二芯 25 ℃	二芯 30 ℃	二芯 35 ℃	二芯 40 ℃	三芯 25 ℃	三芯 30 ℃	三芯 35 ℃	三芯 40 ℃
BLVV铝芯	2.5	25	23	21	19	20	18	17	15	16	14	13	12
	4	34	31	29	26	26	24	22	20	22	20	19	17
	6	43	40	37	34	33	30	28	26	25	23	21	19
	10	59	55	51	46	47	47	44	40	40	37	34	31
RV、RVV、RVB、RVS、RFB、RFS、BVV铜芯	0.12	5	4.5	4	3.5	4	3.5	3	3	3	2.5	2.5	2
	0.2	7	6.5	6	5.5	5.5	5	4.5	4	4	3.5	3	3
	0.3	9	8	7.5	7	7	6.5	6	5.5	5	4.5	4	3.5
	0.4	11	10	9.5	8.5	8.5	7.5	7	6.5	6	5.5	5	4.5
	0.5	12.5	11.5	10.5	9.5	9.5	8.5	8	7.5	7	6.5	6	5.5
	0.75	16	14.5	13.5	12.5	12.5	11.5	10.5	9.5	9	8	7.5	7
	1	19	17	16	15	15	14	12	11	11	10	9	8
	1.5	24	22	21	18	19	17	16	15	14	13	12	11
	2	28	26	24	22	22	20	19	17	17	15	14	13
	2.5	32	29	27	25	26	24	22	20	20	18	17	15
	4	42	39	36	33	36	33	31	28	26	24	22	20
	6	55	51	47	43	47	43	40	37	32	29	27	25
	10	75	70	64	59	65	60	56	51	52	48	44	41

附表 1-8　BV-105 型耐热聚氯乙烯绝缘铜芯电线的载流量（Q_e=105 ℃）　（A）

截面/mm²	明敷				两根穿管			
	50 ℃	55 ℃	60 ℃	65 ℃	50 ℃	55 ℃	60 ℃	65 ℃
1.5	25	23	22	21	19	18	17	16
2.5	34	32	30	28	27	25	24	23
4	47	44	42	40	39	37	35	33
6	60	57	54	51	51	48	46	43
10	89	84	80	75	76	72	68	64
16	123	117	111	104	95	90	85	81
25	165	157	149	140	127	121	114	108
35	205	191	185	174	160	152	144	136
50	264	251	138	225	202	192	182	172
70	310	295	280	264	240	228	217	204
95	380	362	343	324	292	278	264	249
120	448	427	405	382	347	331	314	296
150	519	494	469	442	399	380	360	340

截面/mm²	三根穿管				四根穿管			
	50 ℃	55 ℃	60 ℃	65 ℃	50 ℃	55 ℃	60 ℃	65 ℃
1.5	17	16	15	14	16	15	14	13
2.5	25	23	22	21	23	21	20	19
4	34	32	30	28	31	29	28	26
6	44	41	39	37	40	38	36	34
10	67	63	60	57	59	56	53	50
16	85	81	76	72	75	71	67	63
25	113	107	102	96	101	96	91	86
35	138	131	124	117	126	120	113	107
50	179	170	161	152	159	151	143	135
70	213	203	192	181	193	184	174	164
95	262	249	236	223	233	222	201	198
120	311	296	281	265	275	261	248	234
150	362	345	327	308	320	305	289	272

注：（1）耐热线的接头要求是在焊接或铰接后表面搪锡处理，电线实际允许工作温度还取决于接头处的允许工作温度。当接头允许温度为 95 ℃时，表中数据应乘以 0.92，85 ℃时应乘以 0.84。

（2）BLV-105 型铝芯耐热线的载流量可按表中数据乘以 0.84。

（3）本表中载流量是计算得出，仅供参考，上海电缆研究所未提供数据。

附表 1-9　LJ 铝绞线、LGJ 钢芯铝绞线的载流量（Q_e=70 ℃）　（A）

截面/mm²	LJ 型								LGJ 型			
	室内				室外				室外			
	25 ℃	30 ℃	35 ℃	40 ℃	25 ℃	30 ℃	35 ℃	40 ℃	25 ℃	30 ℃	35 ℃	40 ℃
10					75	70	66	61				
16	55	52	48	45	105	99	92	85	105	98	92	85
25	80	75	70	65	135	127	119	109	135	127	119	109
35	110	103	97	89	170	160	150	138	170	159	149	137
50	135	127	119	109	215	202	189	174	220	207	193	178
70	170	160	150	138	265	249	233	215	275	259	228	222
95	215	202	189	174	325	305	286	247	335	315	295	272
120	260	244	229	211	375	352	330	304	380	357	335	307
150	310	292	273	251	440	414	387	356	445	418	390	360
185	370	348	326	300	500	470	440	405	515	484	453	416
240	425	400	374	344	610	574	536	494	610	574	536	494
300					680	640	597	550	700	658	615	566

附表 1-10　TJ 型铜绞线的载流量（Q_e=70 ℃）　（A）

截面/mm²	室内				室外			
	25 ℃	30 ℃	35 ℃	40 ℃	25 ℃	30 ℃	35 ℃	40 ℃
4	25	24	22	20	50	47	44	41
6	35	33	31	28	70	66	62	57
10	60	56	53	49	95	89	84	77
16	100	94	88	81	130	122	114	105
25	140	132	123	104	180	169	158	146
35	175	156	154	142	220	207	194	178
50	220	207	194	178	270	254	238	219
70	280	263	246	227	340	320	300	276
95	340	320	299	276	415	390	365	336
120	405	380	356	328	485	456	426	393
150	480	451	422	389	570	536	501	461
185	550	516	448	445	645	606	567	522
240	650	610	571	526	770	724	678	624
300					890	835	783	720

附表 1-11　单片铜母线的载流量(Q_e =70 ℃) (A)

母线尺寸(宽 × 厚)/mm	交流				直流			
	25 ℃	30 ℃	35 ℃	40 ℃	25 ℃	30 ℃	35 ℃	40 ℃
15 × 3	210	197	185	170	210	197	185	170
20 × 3	275	258	242	223	275	258	242	223
25 × 3	340	320	299	276	340	320	299	276
30 × 4	475	446	418	385	475	446	418	385
40 × 4	625	587	550	560	625	587	550	506
40 × 5	700	659	615	567	705	664	620	571
50 × 5	860	809	756	697	870	818	765	705
50 × 6	955	898	840	774	965	902	845	778
60 × 6	1 125	1 056	990	912	1 145	1 079	1 010	928
80 × 6	1 480	1 390	1 300	1 200	1 510	1 420	1 330	1 225
100 × 6	1 810	1 700	1 590	1 470	1 870	1 760	1 650	1 520
60 × 8	1 320	1 240	1 160	1 070	1 345	1 265	1 185	1 090
80 × 8	1 690	1 590	1 490	1 370	1 700	1 650	1 545	1 420
100 × 8	2 080	1 955	1 830	1 685	2 180	2 050	1 920	1 770
120 × 8	2 400	2 255	2 110	1 945	2 600	2 445	2 290	2 105
60 × 10	1 475	1 383	1 300	1 195	1 525	1 432	1 340	1 235
80 × 10	1 900	1 786	1 670	1 540	1 990	1 870	1 750	1 610
100 × 10	2 310	2 170	2 030	1 870	2 470	2 320	2 175	2 000
120 × 10	2 650	2 490	2 330	2 150	2 950	2 770	2 595	2 390

注:本表系母线立放数据。当母线平放且宽度≤ 60 mm 时,表中数据应乘以 0.95;当母线平放且宽度 >60 mm 时,表中数据应乘以 0.92。

附表 1-12　单片铝母线的载流量(Q_e =70 ℃) (A)

母线尺寸(宽 × 厚)/mm	交流				直流			
	25 ℃	30 ℃	35 ℃	40 ℃	25 ℃	30 ℃	35 ℃	40 ℃
15 × 3	165	155	145	134	165	155	145	134
20 × 3	215	202	189	174	215	202	189	174
25 × 3	265	249	233	215	265	249	233	215
30 × 4	365	343	321	396	370	248	326	300
40 × 4	480	451	422	389	480	451	422	389
40 × 5	540	507	475	438	545	510	480	446
50 × 5	665	625	585	539	670	630	590	543
50 × 6	740	695	651	600	745	700	655	604
60 × 6	870	818	765	705	880	827	775	713
80 × 6	1 150	1 080	1 010	932	1 170	1 100	1 030	950
100 × 6	1 425	1 340	1 255	1 155	1 455	1 368	1 280	1 180
60 × 8	1 025	965	902	831	1 040	977	915	844
80 × 8	1 320	1 240	1 160	1 070	1 355	1 274	1 192	1 100
100 × 8	1 625	1 530	1 430	1 315	1 690	1 590	1 488	1 370
120 × 8	1 900	1 785	1 670	1 540	2 040	1 918	1 795	1 655
60 × 10	1 155	1 085	1 016	936	1 180	1 110	1 040	956
80 × 10	1 480	1 390	1 300	1 200	1 540	1 450	1 355	1 250
100 × 10	1 820	1 710	1 600	1 475	1 910	1 795	1 680	1 550
120 × 10	2 070	1 945	1 820	1 680	2 300	2 160	2 020	1 865

注:本表系母线立放数据。当母线平放且宽度≤ 60 mm 时,表中数据应乘以 0.95;当母线平放且宽度 >60 mm 时,表中数据

应乘以 0.92。

附表 1-13 2~3 片组合涂漆母线的载流量(Q_e =70 ℃) （A）

母线尺寸（宽×厚）/mm	铝				铜			
	交流		直流		交流		直流	
	2 片	3 片	2 片	3 片	2 片	3 片	2 片	3 片
40×4			855				1 090	
40×5			965				1 250	
50×5			1 180				1 525	
50×6			1 315				1 700	
60×6	1 350	1 720	1 555	1 940	1 740	2 240	1 990	2 495
80×6	1 630	2 100	2 055	2 460	2 110	2 720	2 630	3 220
100×6	1 935	2 500	2 515	3 040	2 470	3 170	3 245	3 940
60×8	1 680	2 180	1 840	2 330	2 660	2 790	2 485	3 020
80×8	2 040	2 620	2 400	2 975	2 620	3 370	3 095	3 850
100×8	2 390	3 050	2 945	3 620	3 060	3 930	3 810	4 690
120×8	2 650	3 380	3 350	4 250	3 400	4 340	4 400	5 600
60×10	2 010	2 650	2 110	2 720	2 560	3 300	2 725	3 530
80×10	2 410	3 100	2 735	3 440	3 100	3 990	3 510	4 450
100×10	2 860	3 650	3 350	4 160	3 610	4 650	4 325	5 385
120×10	3 200	4 100	3 900	4 860	4 100	5 200	5 000	6 250

注：本表系母线立放时的数据，片间距等于厚度。

附表 1-14 扁钢载流量(Q_e =70 ℃，环境温度为 25 ℃) （A）

扁钢尺寸（宽×厚）/mm	载流量 /A		质量 /(kg/m)	扁钢尺寸（宽×厚）/mm	载流量 /A		质量 /(kg/m)	扁钢尺寸（宽×厚）/mm	载流量 /A		质量 /(kg/m)
	交流	直流			交流	直流			交流	直流	
20×3	65	100	0.47	20×4	70	115	0.63	30×5	115	200	1.18
25×3	80	120	0.59	25×4	85	140	0.79	40×5	145	265	1.57
30×3	94	140	0.71	30×4	100	165	0.94	50×5	180	325	1.96
40×3	125	190	0.94	40×4	130	220	1.26	60×5	215	390	2.36
50×3	155	230	1.18	50×4	165	270	1.57	80×5	280	510	3.14
60×3	185	280	1.41	60×4	195	325	1.88	100×5	350	640	3.93
70×3	215	320	1.68	70×4	225	375	2.20	60×6	210		2.83
75×3	230	345	1.77	80×4	260	430	2.51	80×6	275		3.77
80×3	245	365	1.88	90×4	290	480	2.83	80×8	290		5.02
90×3	275	410	2.12	100×4	235	535	3.14	100×10	390		7.85
100×3	305	460	2.36	25×5	95	170	0.98				

注：本表系母线立放时的数据，当母线平放且宽度≤ 60 mm 时，表中数据乘以 0.95；当母线平放且宽度 >60 mm 时，表中数据应乘以 0.92。

附表 1-15　通用橡套软电缆的载流量（Q_e=65 ℃）　　（A）

主芯线截面/mm²	中性线截面/mm²	YZ、YZW								YQ、YQW	
		二芯				三芯				二芯	三芯
		25 ℃	30 ℃	35 ℃	40 ℃	25 ℃	30 ℃	35 ℃	40 ℃	25 ℃	25 ℃
0.5	0.5	12	11	10	9	9	8	7	7	11	9
0.75	0.75	14	13	12	11	11	10	9	8	14	12
1	1	17	15	14	13	13	12	11	10		
1.5	1	21	19	18	16	18	16	15	14		
2	2	26	24	22	20	22	20	19	17		
2.5	2.5	30	28	25	25	25	23	21	19		
4	2.5	41	38	35	32	36	32	30	27		
6	4	53	49	45	41	45	42	38	35		

主芯线截面/mm²	中性线截面/mm²	YZ、YZW							
		二芯				三芯			
		25 ℃	30 ℃	35 ℃	40 ℃	25 ℃	30 ℃	35 ℃	40 ℃
2.5	1.5	30	28	25	23	26	24	22	20
4	2.5	39	36	342	30	34	31	29	26
6	4	51	47	44	40	43	40	37	34
10	6	74	69	64	58	63	58	54	49
16	6	98	51	84	77	84	78	72	66
25	10	135	126	116	106	115	107	99	90
35	10	167	156	144	132	142	132	122	112
50	16	208	194	179	164	176	164	152	139
70	25	259	242	224	204	224	209	193	177
95	35	318	297	275	251	273	225	236	215
120	35	371	346	320	293	316	295	273	249

附表 1-16　1 kW 橡皮绝缘电力电缆的载流量（Q_e =65 ℃）　（A）

主芯线截面/mm^2		空气中敷设								直线埋地 ρ_r=0.8 ℃·m/W			
		XLV（XV）				XLV_{29}（XV_{29}）				XLV_{29}（XV_{29}）			
		25 ℃	30 ℃	35 ℃	40 ℃	25 ℃	30 ℃	35 ℃	40 ℃	15 ℃	20 ℃	25 ℃	30 ℃
铝芯	3×4	25	23	21	19	25	23	21	19	36	34	33	30
	3×6	32	29	27	25	31	28	26	24	54	43	41	38
	3×10	45	42	38	35	44	41	38	34	62	59	56	52
	3×16	59	55	51	46	58	54	50	45	80	76	72	67
	3×25	79	73	68	62	77	71	66	60	105	99	94	87
	3×35	97	90	83	76	94	87	81	74	126	119	113	105
	3×50	124	115	107	98	118	110	102	93	156	148	140	130
	3×70	150	140	129	118	143	133	123	113	188	178	168	157
	3×95	184	172	159	145	175	163	151	138	224	212	200	187
	3×120	212	198	183	167	200	187	173	158	252	238	225	210
	3×150	245	229	211	193	231	215	199	182	287	272	257	240
	3×185	284	265	245	224	264	246	228	208	323	306	289	270
铜芯	3×4	32	29	27	25	31	28	26	24	45	43	41	38
	3×6	40	37	34	31	40	37	34	31	58	55	52	48
	3×10	57	53	49	45	56	52	48	44	79	75	71	66
	3×16	76	71	65	60	75	70	64	59	104	98	93	86
	3×25	101	94	87	79	98	91	84	77	134	127	120	112
	3×35	124	115	107	98	119	111	102	94	162	153	145	135
	3×50	158	147	136	124	150	140	129	118	199	188	178	165
	3×70	191	178	165	151	183	171	158	144	238	225	213	199
	3×95	234	218	202	185	222	207	192	175	285	276	255	238
	3×120	269	251	232	212	254	237	219	200	320	303	286	267
	3×150	311	290	269	246	293	273	253	231	365	345	326	304
	3×185	359	335	310	283	334	312	288	264	408	386	365	341

注：表中数据为三芯电缆的载流量值。

附表 1-17　1~3 kV 聚氯乙烯绝缘电力电缆在空气中敷设时的载流量（Q_e=70 ℃）　　（A）

电缆型号		VLV、VLY（铝）						VV、VY（铜）					
电缆芯数		单芯	二芯	三芯或四芯				单芯	二芯	三芯或四芯			
环境温度		40 ℃	40 ℃	25 ℃	30 ℃	35 ℃	40 ℃	40 ℃	40 ℃	25 ℃	30 ℃	35 ℃	40 ℃
缆芯截面/mm²	2.5		18	18	17	16	15		23	23	22	21	19
	4		24	26	24	23	21		31	33	31	29	27
	6		31	33	31	29	27		40	43	40	38	35
	10		44	46	44	41	38		57	60	56	53	49
	16		60	63	60	56	52		77	82	77	72	67
	25	95	79	84	79	75	69	123	102	109	102	96	89
	35	115	95	100	94	89	82	148	123	129	122	114	106
	50	147	121	129	120	112	104	190	156	163	154	145	134
	70	179	147	157	148	139	129	231	190	203	191	179	166
	95	221	181	189	178	67	155	285	233	244	230	216	200
	120	257	211	221	208	195	181	332	272	284	268	252	233
	150	294	242	257	243	228	211	379	312	332	313	294	272
	185	340		300	283	266	246	439		387	365	342	317
	240	410		359	338	318	294	529		462	436	409	379
	300	473		400	377	354	328	610		516	486	457	423

注：（1）单芯电缆的载流量适用于直流。
（2）本表也适用于铠装电缆。

附表 1-18　1~3 kV 聚氯乙烯绝缘电力电缆(铜芯)直接埋地敷设时的载流量(Q_e =70 ℃)(A)

电缆型号		VV、VY						$VV_{22、32、42}$、$VY_{23、33、43}$					
土壤热阻系数		1.2 ℃·m/W											
电缆芯数		单芯	二芯	三芯或四芯				单芯	二芯	三芯或四芯			
环境温度		25 ℃	25 ℃	15 ℃	20 ℃	25 ℃	30 ℃	25 ℃	25 ℃	15 ℃	20 ℃	25 ℃	30 ℃
电缆截面/mm^2	4	61	46	44	43	40	37		44	43	41	39	36
	6	75	58	54	52	49	46		55	53	50	48	45
	10	105	80	76	72	68	65	99	76	72	68	65	61
	16	142	107	101	95	90	86	135	102	80	92	88	83
	25	178	135	129	123	116	107	173	129	125	117	112	106
	35	222	175	157	150	142	133	209	169	151	142	135	128
	50	262	202	192	182	173	163	250	196	184	174	166	156
	70	315	237	224	213	203	191	303	232	218	206	196	184
	95	381	292	271	244	244	230	362	280	258	244	232	218
	120	428	328	303	288	273	257	504	321	297	280	267	252
	150	482	370	347	328	312	293	471	352	339	321	306	288
	185	547		391	370	352	332	530		278	357	341	320
	240	648		446	458	412	387	623		444	421	400	375
	300	724		497	470	448	421	700		497	470	448	421
	400	824						806					
	500	940						900					
	630	1 091						1 057					
	800	1 265						1 242					

注:单芯电缆的载流量适用于直流。

附表 1-19　1~3 kV 聚氯乙烯绝缘电力电缆（铝芯）直接埋地敷设时的载流量（Q_e=70 ℃）　（A）

电缆型号	VV、VY						$VV_{22、32、42}$、$VY_{23、33、43}$					
土壤热阻系数	1.2 ℃·m/W											
电缆芯数	单芯	二芯	三芯或四芯				单芯	二芯	三芯或四芯			
环境温度	25 ℃	25 ℃	15 ℃	20 ℃	25 ℃	30 ℃	25 ℃	25 ℃	15 ℃	20 ℃	25 ℃	30 ℃
电缆截面/mm^2 4	47	36	34	33	31	29		34	33	32	30	28
6	58	45	42	40	38	36		43	41	39	37	35
10	81	62	59	56	53	50	77	59	56	53	50	47
16	110	83	78	74	70	67	105	79	62	71	68	64
25	138	105	100	95	90	85	134	100	97	91	87	82
35	172	136	122	116	110	103	162	131	117	110	105	99
50	203	157	149	141	134	126	194	152	143	135	129	121
70	244	184	174	165	157	148	235	180	169	190	152	143
95	295	226	210	198	189	178	281	217	200	189	180	169
120	332	254	235	223	212	199	319	249	230	217	207	195
150	374	287	269	254	242	227	365	273	263	249	237	223
185	424		303	287	273	257	410		293	277	264	248
240	502		354	335	319	300	483		344	326	310	291
300	561		385	364	347	326	543		385	364	347	326
400	639						625					
500	729						715					
630	846						819					
800	981						963					

注：单芯电缆的载流量适用于直流。

附表 1-20　6 kV 塑料绝缘电力电缆(三芯)在空气中及直接埋地时的载流量(Q_e=70 ℃)　　(A)

敷设场所		空气中				直接埋地(ρ_T=1.2 ℃·m/W)							
电缆型号		V(L)V、V(L)Y				V(L)V、V(L)Y				$V(L)V_{22,32,42}$、$V(L)Y_{23,33,43}$			
环境温度		25 ℃	30 ℃	35 ℃	40 ℃	15 ℃	20 ℃	25 ℃	30 ℃	15 ℃	20 ℃	25 ℃	30 ℃
铝芯截面/mm²	10	49	46	43	40	57	54	51	48	56	53	50	47
	16	66	62	58	54	74	70	67	63	72	68	65	61
	25	87	82	77	71	95	90	86	81	92	87	83	78
	35	104	98	92	85	117	110	105	99	111	105	100	94
	50	132	124	117	108	140	132	126	118	140	132	126	118
	70	157	148	139	129	165	156	149	140	165	156	149	138
	95	195	184	173	160	201	190	181	170	196	186	177	166
	120	226	213	200	185	232	219	209	196	228	215	205	193
	150	259	244	229	212	258	244	232	218	253	239	228	214
	185	300	283	266	246	293	277	264	248	283	268	255	240
	240	357	337	316	293	343	324	309	290	333	315	300	282
	300	394	371	349	323	384	363	346	325	369	349	332	312
铜芯截面/mm²	10	63	60	56	52	73	69	66	62	72	68	65	61
	16	85	81	76	70	95	90	86	81	93	88	84	79
	25	112	106	99	90	123	117	111	104	119	112	107	101
	35	134	127	119	110	150	142	135	127	143	135	129	121
	50	170	160	150	139	181	171	163	153	181	171	163	153
	70	203	191	179	166	213	202	192	180	213	202	192	180
	95	251	237	225	206	259	245	233	219	253	239	228	214
	120	292	275	258	239	300	284	270	254	293	277	264	248
	150	333	314	295	273	332	314	299	281	326	309	294	276
	185	387	365	342	317	379	358	341	321	365	345	329	309
	240	461	435	408	378	443	419	399	375	430	406	387	364
	300	509	480	450	417	495	468	446	419	475	449	428	402

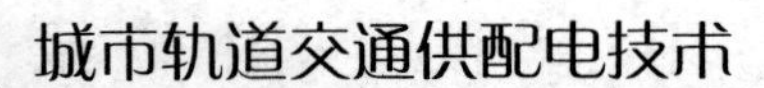

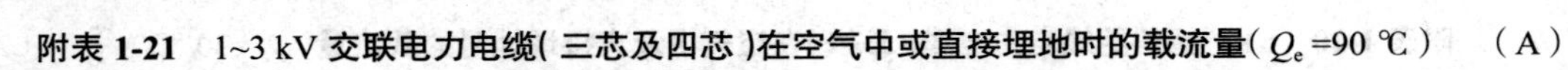
附表 1-21 1~3 kV **交联电力电缆(三芯及四芯)在空气中或直接埋地时的载流量**(Q_e=90 ℃) (A)

电缆型号		铝芯:YJLV、YJLVF、YJLV$_{22、32}$								铜芯:YJV、YJVF、YJV$_{22、32}$							
敷设场所		空气中				直接埋地(ρ_T=2.0 ℃·m/W)				空气中				直接埋地(ρ_T=2.0 ℃·m/W)			
环境温度		25 ℃	30 ℃	35 ℃	40 ℃	15 ℃	20 ℃	25 ℃	30 ℃	25 ℃	30 ℃	35 ℃	40 ℃	15 ℃	20 ℃	25 ℃	30 ℃
芯线截面/mm²	25	104	99	95	91	97	95	91	87	135	129	123	118	125	122	117	112
	35	130	124	119	114	121	118	113	108	171	164	156	150	153	149	143	137
	50	166	159	152	146	143	139	134	129	207	198	189	182	181	176	169	162
	70	203	194	185	178	177	172	165	158	260	249	237	228	223	216	208	200
	95	244	233	223	214	209	203	195	187	311	298	284	273	264	257	247	237
	120	280	268	256	246	236	230	221	212	358	342	327	314	302	392	282	270
	150	317	303	289	278	264	257	247	237	410	392	374	360	343	334	321	308
	185	364	348	332	319	297	289	278	267	467	447	426	410	381	370	356	342
	240	431	412	393	378	343	334	321	308	551	526	502	483	437	424	408	392
	300	478	457	436	419	391	380	365	350	629	602	574	552	502	488	469	450

参考文献

[1] 李明，开永旺. 供配电与照明技术 [M]. 天津：天津大学出版社，2020.

[2] 于松伟，杨兴山，韩连祥，等. 城市轨道交通供电系统设计原理与应用 [M]. 成都：西南交通大学出版社，2008.

[3] 闫洪林，李选华，贾鹏飞. 城市轨道交通供电系统 [M]. 上海：上海交通大学出版社，2018.

[4] 李建民. 城市轨道交通供电系统概论 [M]. 北京：机械工业出版社，2017.

[5] 何江海，何霖. 城市轨道交通供电系统运行与维修 [M]. 北京：中国建筑工业出版社，2020.

[6] 中华人民共和国住房和城乡建设部. 建筑照明设计标准：GB 50034—2013[S]. 北京：中国建筑工业出版社，2014.

[7] 中华人民共和国国家质量监督检验检疫总局，中国国家标准化管理委员会. 城市轨道交通照明：GB/T 16275—2008[S]. 北京：中国标准出版社，2009.